I'm Not Mad, I Just Hate You!

A New Understanding of Mother-Daughter Conflict

我没生气，就是烦你

重塑青春期母女关系

［美］罗尼·科恩-桑德勒　　［美］米歇尔·西尔弗————著

李艳会————译

北京科学技术出版社

著作权合同登记号　图字：01-2024-2948

图书在版编目（CIP）数据

我没生气，就是烦你：重塑青春期母女关系 /（美）罗尼·科恩–桑德勒，（美）米歇尔·西尔弗著；李艳会译. -- 北京：北京科学技术出版社，2024（2024 重印）.
ISBN 978-7-5714-4103-6

Ⅰ . B844.5

中国国家版本馆 CIP 数据核字第 2024L0852U 号

策划编辑：蔡芸菲　郭　爽
责任编辑：蔡芸菲
责任校对：贾　荣
图文制作：李佳妮
责任印制：吕　越
出　版　人：曾庆宇
出版发行：北京科学技术出版社
社　　　址：北京西直门南大街 16 号
邮政编码：100035
电　　　话：0086-10-66135495（总编室）　0086-10-66113227（发行部）
网　　　址：www.bkydw.cn
印　　　刷：三河市华骏印务包装有限公司
开　　　本：710 mm × 1000 mm　1/16
字　　　数：272 千字
印　　　张：22.75
版　　　次：2024 年 10 月第 1 版
印　　　次：2024 年 12 月第 2 次印刷
ISBN 978-7-5714-4103-6

定　　　价：69.80 元

京科版图书，版权所有，侵权必究
京科版图书，印装差错，负责退换

CONTENTS

第
一
部
分 ／ **理解你们身处的世界**

　　本书的第一部分将帮助你弄清楚母女关系之中存在的各
种问题，有哪些是你造成的、有哪些责任在女儿。本书还会
从青春期女孩的视角，介绍身体发育、人际关系和外部环境
给她们带来的困扰，以便你能更好地了解女儿的愿望、恐
惧、希望和烦恼。

第二部分

架起沟通的桥梁

本书的第二部分将提供实用的技巧，帮助你改善母女关系，以消解日常生活中的"刀光剑影"。通过本书，你将掌握"有所争，有所放"的智慧，你将能够谨记你的终极目标，有效地处理女儿表达出来的愤怒，并掌握化解一些重要矛盾的方法。

第
三
部　 / 学以致用
分

在本书的第三部分，我们将向你说明，相比过去，现在
的女孩必须学会处理与雇主、老师、教练、同龄人甚至是与
自己的冲突。女孩既需要有一定的思想意识去抵抗很多潜在
的威胁，也需要习得相应的方法。

01

第一部分

理解你们身处的世界

第01章

母与女

▷▷ 艾丽斯与梅拉妮

"我不知道我女儿最近怎么了。有一天,我外地
的朋友打电话说正好到了我们家这边,问方不方便来
我家吃顿晚饭。我立即表达了对她们的欢迎,并打电
话给我 15 岁的女儿梅拉妮,让她提前收拾厨房、整理
餐桌。但当我在下班后火急火燎地赶到家时,却发现
厨房还是乱七八糟的,梅拉妮则关门窝在卧室里,整
理她自己的一堆唱片。我努力压住自己的火气,问她
为什么没有按我说的收拾厨房。梅拉妮轻描淡写地说
她忘了,她若无其事地耸了耸肩膀,继续整理她的唱片。
我听到自己的声调开始升高,我命令她马上去收拾,
对她大吼:'现在就去!'她嘴上应承着,但仍然没

有起身的意思。我开始咆哮，让她扔下她的那堆破玩意儿，立即下楼干活。这时，她竟然还好意思问我干什么非要'小题大做'！她嘟嘟囔囔地说我'情绪不稳定'。这一刻，我知道我们闹掰了。当时，我只能脱口而出：'你被禁足了！除非之后得到我的允许才能出门！'"

"我妈妈简直不可理喻。那天，我正在和闺蜜打电话，因为她最近遇到了糟心事，怀疑她男朋友要和她分手。她很难过，我只能尽力安慰她。这时，我妈从另一条电话线打了过来，直接中断了我和闺蜜的通话。在我妈妈的眼里，我的事好像根本不算正经事。我刚安抚好闺蜜，我妈就到家了，她冲到我的房间里质问我为什么不整理厨房。可我能怎么办呢？如果我不整理好自己的唱片，她又会说我的房间跟'猪窝'一样。反正无论我做什么，在她眼里都是错的，她对我永远不会满意。"

＊　　＊　　＊

几乎全天下所有母亲都对自己女儿的青春期感到忧心忡忡。当然，这也不奇怪，因为和大多数女儿已经或即将步入青春期的母亲一样，你可能也搞不明白，你们的母女关系怎么忽然就变得复杂起来？为什么最简单、最琐碎的小事也能让你们剑拔弩张？为什么你和女儿对世界的看法天差地别？最重要的是——曾经那个活泼乖巧的乖乖女去哪儿了？

也许在她很小的时候，曾有人提醒你"等孩子进入青春期就有你受苦的了""趁她还是个乖宝贝，好好享受美好的日子吧！"。也许有人告诉过你，等到你女儿开始穿内衣时，你们的母女关系会开始破裂。不过，那时你觉得离她长大还有很长一段时间呢；更何况，你觉得你和女儿肯定不至于走到那一步，毕竟现在你们这么亲密，就像你理想中的母女关系那样：早上她一睁开眼，就要你温暖的拥抱；你们在一起欢声笑语不断，她为你献上充满爱意的画作，为你吟唱动人的诗歌。这些都是你珍藏于心间的美好片段。

可是转眼间，你们的世界一切都变了。她不再愿意和你聊天，不再牵着你的手、依偎着你去散步，也不再向你袒露自己的心事。这一切取而代之的是摔门而去、怒气冲冲、郁郁寡欢和恶语相加。当然，她还是有很多小秘密，只是吐露的对象已经变成了她的那些朋友。你还没走近，她的窃窃私语就会立刻停止，并且她会用一个白眼送你离开。很显然，在她的青春期"府邸"，你是被她拒之门外、受她嫌弃的"访客"。在这段时间，就算她不控诉你毁了她的生活，也会对你避之不及，她会让你赶紧走出她的房间，不要管她的事。你会悲伤地发现，原来你的一举一动都惹她厌烦。这可不是你想要的母女关系。

玛丽乔有一个 15 岁的女儿珍妮。她这么形容自己与珍妮的关系："我每天都如履薄冰，在她眼里，我大大小小的举动都蠢破天际，我说出的每个字都是错的。我甚至都不想和她待在同一个空间里。尤其是当她的朋友过来时，每次我刚一开口讲话，她就会厌恶得直叹气。当我鼓起勇气和她的朋友攀谈，她就会被激怒。我本来应该是一个大大方方的成年人，但实际上，我在她面前一个字都不敢讲。"

你是不是"家有小女初长成"？如果是的话，恭喜你，你对子女的教育将进入一个新阶段，这个阶段之艰难、之沮丧、之劳累将颠覆你的想象。你会忍不住怀疑自己究竟走错了哪一步。作为母亲，你认为自己思想开明，给女儿提供了无限情感支持；同时又与她真诚相待，是她永远的坚实后盾。按说你的女儿应该清楚，无论她遇到什么问题，有什么疑惑或烦恼，都可以寻求你的帮助，到时你肯定会冷静地回应并帮助她，而不是摆出一副傲慢的姿态对她指手画脚。你的这些育儿策略，的确可以帮助你塑造强大、亲密和充满信任的母女关系。如果你足够幸运，至少在她10岁之前，这些策略还屡试不爽。

但是随着青春期的到来，她变得喜怒无常，又开始像2岁之前那样，莫名其妙地发脾气。旁人的无心之语，在她心里就等同于别人在故意羞辱自己，于是她变得怒上心头。特里家里有一个14岁的女儿，她分享了一个非常典型的故事："有一次我开车带我女儿去参加高中开学典礼，我们坐在车里，一言不发。就在这种相安无事的沉默中，她忽然开口吓了我一跳，她说：'妈，你闭嘴别说话！'苍天可鉴呀，我当时一个字都没说。"

当你听到别的母亲抱怨女儿的荒谬行径时，你可能觉得那都是离谱的笑话，但当这些事情发生在你身上的时候，你会真切地感受到，原来事情真的会变得如此离谱。原本尊重你、喜爱你的女儿，开始让你闭嘴；她会奚落你，或者自己躲在房间里好多天不出门。一个40岁的母亲谈到了她大女儿升入中学后的变化，她是这么形容的："那种感觉就像我原来的乖宝贝离家出走了，现在是一个爱动怒的陌生人在冒名顶替她。"另外一个家有13岁女儿的母亲说："我感觉像失去了一个曾经挚爱的人。"

对别人的这些经历，你可能深有感触。当然，有时候你也会发现你曾经乖巧的女儿所遗留下来的一些美好。这些残余的美好可能令你欣喜，再不济也会让你稍感宽慰。当她得意地向你展示她的成就时，看着她龇牙咧嘴地笑，那不加掩饰的真情流露，让你恍惚之间回到了她小时候。你可能偶尔也会听别的家长谈起这样的时刻，那就像是一个可爱乖巧的孩子来探望自己的老母亲。你甚至开始因此思索，自己是不是歪打正着做对了什么事情。也许，某天你无意中听到她真诚地给自己的弟弟妹妹提出建议，或者在他们面前大显风范，你喜出望外，庆幸你的好女儿终于回来了。可一转眼的工夫，她又莫名其妙地——甚至她自己都不清楚为什么——就又变回那令人生厌的模样。她冲你喊叫，说她讨厌你，气冲冲地跑回自己的房间，客厅里还回响着她对你愤怒的指控。

女儿身上的这些变化，让你感到既不解又惊恐。你会怀疑自己是不是真如她所谴责的那般，完全不了解她的生活；或者更可怕的是，她在你身上看到了你的母亲身上存在的那些令你憎恶并且发誓决不继承的特点。那么究竟是什么原因，让你成了她攻击的首要目标？

毫无疑问，青春期的女生，对任何事情都能勃然大怒。从不值一提的心怀不满，到惊心动魄的意外，都能激起她们同样强烈的愤怒。众所周知，一些无伤大雅的话，在青少年的耳中，都可能会被误读成瞧不起甚至是人身攻击。很多母亲都说过，她们仅仅是看了女儿一眼，对方就指责自己在嘲笑她的肥胖。矛盾之处在于，正是你坚定不移的母爱给了你女儿足够的底气。于是她仗着你的爱，随意将自己的沮丧和敌意发泄到你的身上，无论你是否无辜。和很多母亲一样，你可能也会觉得无能为力，并且感觉自己在女儿面前说什么做什么都是错的。

有时候你们的母女关系甚至会更进一步恶化。一个叫安的35岁母亲，在谈到自己的烦恼时说道："我和我女儿之间冲突的强度已经完全超出了我的想象。梅根从13岁之后，就拿定主意不再听我的话，不再尊重我，她对我只有轻蔑。我们现在的相处模式让我非常痛心，也让我更担心以后的日子。如果我们总是这样看不惯彼此，以后我又怎么能帮她渡过一道道难关呢？怎么才能让她远离酒精、烟草或者其他不良嗜好呢？"

母亲不仅会因为自己与女儿不复往昔的亲密而感到痛苦和绝望，同时，她们还担心，有一天就连现在自己手里握住的那一点儿对女儿的掌控，也会化为乌有。

当然，你们的母女关系还没有进入这个阶段。也许你的女儿仍然在请求你给她扎漂亮的小辫，询问你对一些社会问题的看法，或者让你陪着她外出散步。也许她仍然在与你分享她的日常琐事，比如谁跟谁说了什么，谁和谁关系不和，谁在音乐课上惹了麻烦。也许，你正在急切地寻找方法，想要保持与女儿的关系现状，并且针对那些你觉得以后有可能会发生的冲突，提前布局防范。弗兰有一个青春期的儿子和一个 10 岁的女儿。她说："我真的很担心。我观察了我的周围，真是危机四伏。每天我都能听到关于吸毒、早孕、性侵、艾滋病的事儿。女儿那些已经进入青春期的朋友们，告诉我她们现在的母女关系有多僵。我不知道现在该怎么做，才能保证往后几年不会遇到这些麻烦。我最想要的就是和我女儿一直保持现状。"

也许你的女儿还没有进入青春期，也许你正被喜怒无常的女儿惹得心烦意乱，也许你正为日益恶化的母女关系感到焦头烂额……无论哪种情况，你都可以阅读本书。市面上的育儿书籍，可能涵盖了青春期女孩的身体发育、外部形象、同辈关系、不良习惯、性教育等话题，但本书则聚焦于青春期的母女关系，目标读者就是青春期女孩的母亲。她们可能正急于寻找有效的方法处理母女冲突（"这种争吵我一分钟也受不了了！""我受够了这一切！"）；也许，她们对自己养育女儿的能力产生了令人痛苦的自我怀疑（"我所做的选择是正确的吗？""我是不是应该改变自己？"）。我们都知道，在抚养青春期女孩的过程中，父亲扮演着非常关键并且越来越重要的角色，但我们本书的焦点仍然是母女之间独特的关系进程。

本书的两位作者，一位是临床心理学家，对母女关系这一话题有着丰富的研究经验；另一位是家喻户晓的女生杂志的资深编辑，基于独特的职业经验，她能清晰地描述母女双方的需求。本书能明确指出青春期女孩的烦恼，解读她们的弦外之音，比如当她们控诉母亲不理解自己，总是掺和自己的事或者说错话时，她们的真实意图是什么。本书还能帮助母亲了解女儿常见的烦恼、她们喜欢指责母亲的原因以及她们应该如何更好地处理自己的负面情绪。在接下来的章节中，本书会告诉你如何重建母女关系，让你恢复与女儿以往的亲密，找到更有效的母女相处模式。等到有一天，当你的女儿开始疏远你时，这些知识可能会救你于水火。

做母亲的经常疑惑，自己现在遇到的问题是不是具有普遍性。本书第一部分呈现的各种案例能够帮你好好审视你跟你女儿的相处状态。你会看到，由于女儿的年龄、基因、家庭背景和经历不同，母女关系内部的典型冲突也会呈现迥然不同的面貌。无论在什么时候，你们的母女关系都会受到以上这些因素的影响。女儿变幻莫测的情绪和反复无常的行为，也是会影响母女关系的一个重要因素。母女关系和所有人际关系一样，都有起有落。如果你们母女之间的情感纽带足够坚韧，并且你能始终专注于你的长期目标，那么你要相信，你们的关系必然能够经受考验。

青春期发育既不是统一的也不是线性的，所以，母女冲突虽然是一种正常现象，其发生的时机却因人而异。一个母亲可能会抱怨说女儿在13岁时差点要了她的命，另一位母亲则可能说16岁才是母女之间最难的时期。唯一确定的是一切都是不确定的。此外，在面对压力、需求增强或者生活环境发生变化时，女孩偶尔可能会出现早期发育阶段的行为特征。心理学家称这种现象为"退化"。比如你那坚定不移追求自我独立的女儿，以前每个新学期都会头也不回地潇洒踏入校园，但到了13岁上初中时，她可能忽然变得像魔术贴一样黏人。也许突然之间，你15岁的身高一米六的女儿开始盘坐在你的膝盖上，向你索取温暖的关怀。

同样地，母亲的抚育目标和她对女儿的期待也会极大地影响母女关系。只有你自己清楚，你想把女儿抚养成什么样的人，想和她拥有什么样的关系。当女儿喊出"我讨厌你！"时，有的母亲可能觉得这是大逆不道、无法接受的，而有一些母亲则可能会觉得欣慰，因为这代表着女儿终于有能力表达自己强烈的负面情绪了。有的母亲甚至对女儿掉落在地毯上的头发都无法容忍，而另一些母亲则可能为了避免冲突，对女儿做出的具有重大隐患的不当行为听之任之。

因为深知每对母女之间的关系都有自身的独特性，所以本书并不提供任何"一刀切"的解决方案。相反，我们不仅希望你了解改善母女关系的方法，同时也希望你主动去了解你自己和你的女儿。本书的第一部分将帮助你弄清楚母女关系之中存在的各种问题，有哪些是你造成的、有哪些责任在女儿。当今社会，抚养青春期的女孩本就会让母亲产生许多复杂的感受、承受许多艰难困苦。在你了解这些感受、克服这些困难的过程中，希望你能够对自身的态度、优势和成长经历加以反思。

此外，我们还会从青春期女孩的视角，介绍身体发育、人际关系和外部环境给她们带来的困扰，以便你能更好地了解女儿的愿望、恐惧、希望和烦恼。你只有与女儿心意相通，理解她的快乐与烦恼给你们的母女关系所带来的影响，才能真正地巩固你与女儿的亲密联结。本书需要你反思你自己从原生家庭、外部环境中汲取的经验和认知，以及这些经验和认知对你们母女关系的影响。

本书的第二部分将提供实用的技巧，帮助你改善母女关系，以消解日常生活中的"刀光剑影"。通过本书，你将掌握"有所争，有所放"的智慧，你将能够谨记你的终极目标，有效地处理女儿表达出来的愤怒，并掌握化解一些重要矛盾的方法。你所拥有的同理心，也将会帮助你分析她每天对你释放的言语性和非言语性攻击背后的动机。当她一边喊"我不饿"一边气冲冲地离开饭桌时，或者当她忘记了你拜托她所做的事情时，又或者当她穿上你禁止她穿的破洞牛仔裤赶校车时，你都能够洞见她叛逆的缘由。你会发现，即使是摔门而出这个简单动作，传达出的信息却是海量的。你将会掌握和她冷静对峙的诀窍。即便当你呕心沥血的努力付出没有产生立竿见影的效果时，你也仍然能够稳定心态，坚守你的信念和价值观。

母亲经常会问："我应该说什么？""当我的女儿说……，我应该说什么？"通过了解几十位母亲与她们青春期的女儿相处的真实案例，你将能学到一些有效的沟通策略，掌握一些能解困救急的话术。本书将以对话举例的方式，介绍一些与青春期的女孩沟通时常见的无效策略。通过设想最坏的场景，教你学会如何辨别和应对类似的情况，这样你以后才能处乱不惊。

也许读完这本书，你和你女儿的冲突还在持续，甚至有时会趋于白热化。但是至少你会明白，冲突并不一定具有危害性，也不是你需要彻底摒弃的东西。实际上，你会发现，即便你和你女儿冲突不断，你们的两颗心仍能靠近彼此，你们甚至能够从冲突中获得成长与蜕变。你也会领悟到，诸如愤怒这样的强烈情绪，原来也可以成为改善母女关系的有效工具，而不一定只会割裂或毁坏你们母女之间的亲密感情。你从本书学到的有效沟通和解决冲突的方法，同样也能被迁移到生活中的其他领域，增强你在这些领域中处理冲突的信心。

这些认知，不仅能够让你变得更加强大，也能让你的女儿变得更加强大。在本书的第三部分，我们将会帮助你将习得的这些能力迁移到其他生活领域。当青春期的女孩与朋友、老师或其他家人发生冲突时，母亲们往往对自己应该充当什么角色毫无头绪。在本书中，我们将向你说明，当你的女儿长大成人独立生活时，你所掌握的解决母女冲突的本领，又将有新的用武之地。

相比过去，现在的女孩必须学会处理与雇主、老师、教练、同龄人甚至是与自己的冲突。女孩既需要有一定的思想意识去抵抗很多潜在的威胁，也需要习得相应的方法。为了维护自身利益或者保障自身安全，她们必须学会接纳自己的焦虑，哪怕是付出被朋友冷落排挤的代价。这可不只是简单说"不"的问题。最近，有一个18岁的女孩告诉她的咨询师，上周六晚上，她与男朋友发生了性行为。当咨询师问她"你内心愿意这样吗？"，女孩回答道："不愿意，但我不想让他失望。"

像这种情况，女人和女孩必须放弃礼貌，甚至放弃女人天性中的同情心，因为只有如此才能保护自己。实际上，当你的女儿置身于这样的场景中，你肯定希望她能表达自己的想法，发起有力的自卫反击。

你和你女儿相爱相杀，虽百战而不弃，这几乎相当于你在以实战模拟的方式传授给她至关重要的生存本领。你在她身边含辛茹苦，向她证明你的爱，她终究会明白，自己有多么重要、多么值得被人善待。通过这个过程，你也终能实现一个美好的愿望：与女儿建立并维持亲密且持久的情感联结。

第02章

身为人母

　　这一边，处于青春期的女儿正在建构自我认知；而另一边，你也在同步挣扎，拷问自己："我是什么样的母亲？""我想成为什么样的母亲？"这并非简单的巧合。看着女儿生闷气、威胁你或者谴责你是这世上最差劲的母亲时，你自然会产生一阵阵强烈的自我怀疑——"我做错了什么？"这个满眼是刺的孩子，只需要扎你几下，就能让你陷入自我质疑的旋涡——"我真的像她说的这么差劲吗？"在她的整个青春期，你的一言一行都会遭到她的批判。如果你不想让她的挑衅乱了你的阵脚，就一定要清楚并信任你对自我的认知，坚守住你的价值观和目标。

　　你最需要做的是后退一步，重新获得对胜任母亲这一角色的自信。为此，本章将带领你重新思考上述重要的问题。为了增进你们母女之间的关系，你需要思考，你作为母亲给这段母女关系带来了什么。在书中你会了解到其他母亲经常体验的各种情绪感受，以及她们从原生家庭继承而来的对母亲这一角色的认知。通过对照她们的故事，你也可以反思自己的态度和价值观的来源，以及在抚养女儿的过程中，你是否愿意做出改变，又愿意做出哪些改变。在你进行自我审视的过程中，我们还会向你讲述关于三个母亲的故事，她们分别分享了自己与青春期的女儿之间的各种冲突。她们每个人都曾仰天长叹：究竟什么样的母亲才算是好母亲？自己是否真的成了一直以来所期望成为的那种母亲？

现在为何感觉与以往不同

在女儿进入青春期之前，你可能已经探索出了一条行之有效的养育路线，你照顾她、供她吃穿用、处理她带来的各种大小麻烦。简而言之，你完全能照顾好她。在她的婴儿时期，你可能会询问其他家庭成员、阅读育儿书籍或咨询儿科医生，了解关于喂养、出牙、湿疹等健康问题的知识。在她蹒跚学步的时候，你和女儿可能会参加一些游戏小组或早教活动，在那里，她学会了和同龄人沟通。周围的母亲们也会热心地与你分享，在她发脾气、与兄弟姐妹们抢东西、不好好睡觉时，或者在"可怕的两岁"表现出其他常见的行为时，怎么做才能好好引导她。她们的分享让你充满了信心。到了她上小学的时候，你可能会参加学校的活动、家长会或者关于儿童发育的讲座，你会阅读关于如何培养孩子取得成就和建立自尊心的各种文章。

当然你们也会发生口角，但往往很快就能重归于好，冰释前嫌。实际上，在这个阶段，你会觉得自己做的很多事情都是正确的；你会觉得自己已经做好了充足的准备迎接她青春期的到来。你已经想好了如何跟她聊月经，怎么帮她一起选购人生中的第一件内衣，指导她处理第一颗青春痘。可是忽然事情就开始失控了。现在，随着你的女儿进入青春期，你开始忍不住质疑自己的感受、说过的话，甚至是你自己。

你的女儿正在面对发育带来的全新挑战（我们将在下一章中对此进行详细介绍），所以你完全不用奇怪她有时会激起你同样强烈的情绪反应。她在不断地成长和变化。与此同时，你们的母女关系也会随之而变。作为关系中的一方，你必然会受到牵连。你只有先理解为什么孩子进入青春期后，母女关系会发生变化，你才能留出注意力审视你自己的情绪反应。

你可以先考虑以下造成母女关系发生变化的原因。

全家人都压力倍增

你要明白，当你的女儿进入青春期后，每个家庭成员都能感受到她的改变，并且都要被迫去适应这种改变。无论你和家庭成员的情绪和观念多么稳定，都必然会受她的牵连。有一种典型的情况是，每个人都会回归到早期的行为和相处模式，家庭成员之间的关系可能会因此变得更加紧密，也可能开始走向疏离，各方势力的强弱也在悄然发生改变，甚至夫妻关系也会受到影响。对离异家庭来说，前配偶有效参与孩子养育的能力，也会遭受严峻的挑战。其他年幼的子女，会感受到紧张的气氛，他们会因为你在青春期的姐姐身上投入了过多的关注，对你感到不满。比如，一个8岁的男孩在描述自己上初中的姐姐时，这样一语道破："我姐姐一天一个样儿，爸爸妈妈每天说的都是她。"

同时，女儿的青春期会让父母联想到自己的青春岁月，尤其是那段他们当初渴望得到父母帮助和支持的时光。但令父母感到无能为力的是，无论他们年轻时与自己的父母发生过怎样的冲突，这些冲突都会轮回一般地在自己与孩子身上重演。当"火爆"的青春期问题摆在眼前时，连锁反应就开始席卷整个家庭。卡门是4个孩子的母亲，当她最大的女儿进入青春期后，她对自己的反应感到惊讶："我早就预料到我女儿会变得不一样，但她的变化扰乱了整个家庭，这让我猝不及防。有一阵子就好像一切都乱了套，我们全家都束手无策。"

虽然青春期会让每个人都感到别扭和不安，但总体上看，这个时期不仅是暂时的，而且是可以适应的。每个家庭成员都被迫后退了一步，认真审视自己日常生活中的小事。父母不得不反思自己过去的问题和情绪，并且竭尽全力去化解这些问题给当前的家庭生活带来的冲击。这种反思可以让成年人更加理解他们处于青春期的孩子，也能增强亲子之间的相互理解，促进孩子成长。实际上，如果一切进展顺利，每个家庭成员的个性都会得到进一步发展，整个家庭也会因此变得更加团结。

母亲总是首当其冲

母亲照顾着全家人的情绪。在这个过程中，她通常扮演着"舵手"的角色，她满头大汗地驾驶着家庭的"巨轮"，想要让它安全地穿过青春期的"大旋涡"。因此，母亲们会觉得自己有责任确保每个家庭成员都能安全度过风波，迎接更美好的未来。因此，随着女儿进入青春期，母亲往往会觉得自己肩上的担子陡然加重。

在当今社会，母亲要操心的事儿实在太多了。如今，越来越多的女性进入职场，她们有时候是因为个人选择，有时候则是为经济所迫。不仅如此，单亲家庭的数量也与日俱增。在离异家庭中，获得孩子监护权的又往往是母亲。她们必须努力在育儿、工作和履行社会责任之间寻找一个平衡。44岁的玛格丽特说道："我常常感觉自己被多方拉扯，我做不到面面俱到，没有一件事能让我百分百地投入。"和以前不同，如今的大家庭往往分散居住，这使得祖父母再也不能够像以前那样，向孤立无援的母亲施以援手。家庭结构的改变、母亲承担的社会劳动者的角色，以及普遍存在的社会问题，不仅未能减轻母亲养育青春期的女儿的重担，反而极大地加剧了她们母女所面临的困境。

母女关系在青春期已经足够剑拔弩张，但除了上文所述的困难因素，还有不少其他因素在火上浇油。母亲不仅要面对被女儿青春期所唤醒的那些难忘的回忆和强烈的情绪，比如她们与自己父母之间的矛盾、过往的遗憾、骄傲、错误和伤痛，并且因为同为女性，母亲更容易认为女儿与自己是一体同根，而这无疑又加剧了母女冲突。虽然父亲可以共情女儿正在经历的不安和彷徨，但母亲却认为自己能对女儿的一切都感同身受。毕竟，每个成年人都经历过青春期，只不过有些人的青春期是圆满的，有些人的青春期是灾难性的，也有人介于其间。

蹚过青春期的"激流"，每个人都必然会保留一些当时的态度和观念。除非你能够有意识地反思你自己从原生家庭继承而来的心理和习惯，不然，这些观念会全面渗透进你跟你女儿的关系，并在暗中制造麻烦。比如，在你小时候，你的母亲对待你的方式，会在某种程度上决定你用什么样的方法和态度去应对你女儿的错误、抱怨和要求。

其实你很难把自己的欲望和感受与女儿的感受完全区分开，除非你能特意站在她的立场上思考，什么对她而言才是最好的结果。如果一个母亲，她在青春期就有交友障碍，未能融入主流群体，那么她就很有可能会鼓励女儿去做一个社交"万人迷"。这本来也没有什么问题，但关键在于母亲不能在这种欲望的左右下犯糊涂。比如，她不能鼓励14岁的女儿去参加没有成年人监管的男女派对，或者在女儿自己觉得有一两个真心朋友就很开心的情况下，强迫她广泛结交其他人。

玛丽38岁，有两个孩子，她说道："我妈是一个天资过人的舞者，她本来可以跟着一家演艺公司进行全国巡演，但因为当时她的父母离了婚，她不得不牺牲自己的梦想，照顾自己的弟弟妹妹。为了弥补这个遗憾，她想让我成为一个优秀的舞蹈家。她在我身上倾注了大量精力，但我无法满足她的期待。因为我不像她那么有天赋，也不像她那样喜欢跳舞。这使我们之间产生了很多不必要的摩擦。"身为母亲，你一定要分得清自己与女儿之间的界限，因为一旦两个个体之间的界限变得模糊，你将很难理解母女之间爆发的敌意，更不要说去化解了。

她的身心发育也影响着你

和一个在外貌、思想和情感上都在发生巨变的青春期的女孩同吃同住，可不是一件简单的事。一个显而易见的问题是：女孩日渐成熟的身体、迸发的青春活力、萌芽的性需求，都会令母亲感到不适。从发育的角度来讲，这很容易理解。一方面，女儿正值花季，年轻的身体婀娜多姿，开始经历月经初潮，并开始探索自己对男性的吸引力；而母亲这边，则早已进入或迫近中年，要面对无法避免的衰老，如皱纹出现、皮肤松弛、肌肉减少、赘肉增多，还要应对绝经期或更年期带来的症状。对尤重美貌的女性来说，看着青春洋溢的青春期的女儿，很难不让她们缅怀自己逝去的青春。

另一方面，母亲经常难以适应女儿日益增长的对独立的需求。那些以能悉心照顾女儿为傲的母亲，当听到女儿说"我不需要你帮忙"时，无异于挨了迎头一棒。实际上，无论母亲投入多少心思，青春期所带来的复杂变化和问题都是难以解决的。交出对女儿的掌控权，放弃你过去认为能帮她过激流、渡险滩的作为母亲的自信，可不是一件易事。此外，随着女儿的青春期接近尾声，在她们即将离家独自生活之际，母亲会觉得自己即将痛失至宝。在整个过程中，你会觉得自己在不断被迫适应孩子的需求，你作为母亲的角色也将发生天翻地覆的变化。

> 青春期的孩子，要重打往日童年的旧仗，为此，他们得故意将无辜的人推到敌人的位置上。
>
> ——爱利克·洪伯格·埃里克森（Erik H. Erikson）[1]

---

[1] 爱利克·洪伯格·埃里克森是美国著名的精神病学家、发展心理学家和精神分析学家。他提出了人格的社会心理发展理论。——编者注

你根本讨不到她的欢心

母亲们经常抱怨说，搞不清楚女儿到底想要什么。一方面，这些女孩激进地争取着独立；另一方面，她们又似乎留恋妈妈的照料。一个15岁的女孩子，一边声称自己已经长大成人，可以和朋友们背包旅行一周；另一边又抱怨说，如果母亲再不给她洗衣服，她就穿不了她最喜欢的那件上衣了。青春期的女孩一边叱责母亲"放手让我自己长大"，一边又求着母亲"把我当小宝宝一样照顾"。这种两相矛盾的要求，致使母女冲突不断。

同理，由于女儿将母亲视为自己既想效仿又想对抗的对象，她们经常会要求母亲为自己出谋划策。你就好比是她的一件工具，她利用你来测试自己摇摆不定的见解，练习表达她自己的观点。你千万不要指望她说出："妈妈，我有点不明白，我想听听您的看法，好弄清楚我自己的感受。"相反，她会挑起事端，迫不及待地把你拉进战场，戳你、捅你、挑衅你，逼你气急败坏地输出自己的意见。

在这期间，她必然会跟你唱反调，给你添堵。如果你喜欢某种音乐风格，她就必然要厌恶这种风格。就算你最终决定和她达成一致，她下一秒就又会触你的逆鳞，逼你发火："外婆在这里太讨厌了，我觉得你应该把她送到养老院。""克里西的妈妈是世上最好的妈妈，她就同意克里西去参加没有大人在场的派对。""你老是教我诚实，为什么你今天对爸爸的老板撒谎呢？"青春期的女孩会通过讨论和争论摸清母亲的逻辑，同时将母亲的思想和价值观与自己的进行整合和区分。

故意针对你

很多母亲表示，她们感觉女儿一直在严苛地评判自己。有位母亲曾这么形容："和我女儿生活在一起，就好像暴露在一台私人X射线扫描仪下。"母亲之所以有这样的感想，是因为女儿在努力发展自己的个性，调整自己的喜恶，而这份努力同时也促使她开始审视母亲的行为、信念、品质和言行。一旦发觉你言行有失，她就会立即不留情面地表达她对你的蔑视。这与小时候的她可谓大相径庭。在她还是个孩童的时候，你无论做什么，她都认为你是对的，她衷心地称赞你是"最漂亮""最温柔"以及"世上最好的妈妈"。

但现在她摇身一变，成了一个犀利的评论家，直言不讳地发表对你的看法。面对她的批评攻击，你很难不开启防御模式，也很容易将她的意见和批评当作是对自己的精准打击。一个母亲送她14岁的女儿去医院，关于她们在路上发生的对话，她这么回忆道："刚开始，我女儿表情夸张地指出我的衬裙露出来了。我听后，立即把裙子往下拉了拉，盖住了露出来的白色衬裙，并向她表示了感谢。接着她说：'妈妈，你头发里有东西。'我再次感谢了她，并整理好自己的头发。但还不到两秒，她又开始愤怒地指责我鼻子上也有脏东西。我的声音肯定表现出了不耐烦，她立即质问我：'你说话怎么这么冲，我不过是好心想帮你。'"

你女儿是不是看不上你的新发型，不愿意和你一起出现在公众场合？当你开怀大笑的时候，她是不是表现得局促不安，要求你小点声？她是不是殷勤地充当你的心腹和军师，无论什么时候都要指导你该如何做、做什么以及何时做？尽管你心里明白，她不过是在观察你，好确认自己要效仿你的哪些部分，但你还是忍不住黯然神伤。

当然，有时候女儿故意挑起争端并不是为了雕琢她们的信念体系，她们只是选一个最方便、最趁手的"靶子"（即母亲）来释放自己的怨气和怒气。在这段时期，女儿的情绪状态如激流般动荡，她无力控制自己的冲动，于是就把母亲作为替罪羊来发泄自己的不满。也正是因为这个原因，母亲经常抱怨，她们得一直要闪躲女儿的讥讽、无礼、憎恶、侮辱、谴责，甚至是扔过来的物件。也难怪这些日常的冲突会让母亲伤心不已。

处理冲突是件难事

一般来说，在女儿进入青春期之前，母亲就已经经历过一段处理亲子冲突和愤怒的艰难时期。因此，等到女儿进入青春期，她们尤其难以接受女儿再次展现出来的对抗行为或者赤裸裸的敌意。回想女儿还是个小女孩的时候，你时刻都能预料到，她会和小伙伴儿或兄弟姐妹争抢红色彩笔、大块一点的蛋糕或者公主裙。几个孩子聚在一起玩耍时，你也总能猜到，他们会就谁来选择游戏项目、谁邀请谁参加哪个生日派对等事情发生争执。对此你早有准备，并且也借机告诉了她如何才能有效地应对冲突。

如今，看着女儿迈入青春期，你可能会像很多母亲一样，觉得孩子早就有了解决冲突的经验，所以不会再出现人际交往的问题。你以为她早就学会了与人（尤其是与你）的和平相处之道。

但是基于我们前面所罗列的原因，你们两人之间的冲突，大概只会有增无减。即便是微不足道的意见分歧也能升级为母女双方的咆哮对战。你想和女儿和平相处、平静度日，但发现哪一天都少不了斗争、厌恶的叹气或愤怒的关门声。

我们带着你认识自己的这些感受以及思考母亲抚养青春期的女儿为何困难重重的原因，这可能会令你感到有些压抑。现在请你先深呼吸，平复心情，然后我们再接着看一看，母女冲突究竟会触发母亲什么样的情绪。接下来，我们要先介绍贝丝的故事。贝丝是一位45岁的母亲，随着女儿进入青春期，她开始产生了强烈的自我怀疑，重新思考自己作为母亲的身份。在了解贝丝的故事时，请你暂时搁置一下你自己的情绪。

▷▷ 贝丝的故事

贝丝留着一头卷发，瓜子脸，脸上散着点点雀斑，这让她显得年轻并且有点天真。她一坐下，就开始向我滔滔不绝地讲述她的女儿。她黑色的眼眸里闪耀着炽热的光芒，两只手上下翻飞做着各种手势，急躁溢于言表。她说："我不知道我们怎么会走到今天这步田地，不知道从哪儿开始就走偏了，实际上我都不知道我做错了什么。现在每一天都是不折不扣的折磨。这肯定不正常，要么就是我的感受不正常。现在我甚至都不清楚自己是谁了。"说到这儿，她开始小声啜泣，贝丝如芒刺背的痛苦，一览无余。

去年，贝丝的独生女儿雷切尔升入初中，似乎一夜之间雷切尔就开始疏远贝丝。雷切尔的做法让贝丝深受打击。因为天性多疑，贝丝琢磨了很久这背后可能的原因。作为一个有见识的女人，她最终认识到，问题出在雷切尔的青春期和升学上。这两个因素正在给整个家庭带来巨变，尤其是影响了作为母亲的她。尽管贝丝认清了这一客观事实，她还是觉得越来越空虚和悲伤。

贝丝说，她们母女关系的转折点发生在前年秋天。当时，贝丝热情地去女儿的新学校做志愿者，她报名担任学校第一场舞会的监护人。她的这一举动惹恼了雷切尔。雷切尔表示，如果妈妈出现在自己的新学校，她就不参加舞会了。贝丝深受打击，她说："我伤心极了！我做了什么事让她感到我这么丢人呢？总得有家长去舞会当监护人，所以我觉得那不如我来做，这有什么问题呢？但是，雷切尔的态度非常坚决。"

就像多米诺骨牌效应一样，这种趋势持续发展。雷切尔之后退出了女童子军，这让身为童子军队长的贝丝有种被抛弃的感觉，她说就像屁股下的垫子被人唰的一声突然拽走了似的。贝丝坦白道："尽管雷切尔一下就失去了对很多活动的兴趣，但我感觉，她退出童子军，是在针对我。为什么我突然之间就被她嫌弃了呢？"

贝丝总是很热情地参与女儿的日常生活。雷切尔出生时，她请假暂停了自己的教职，此后再也没有返岗。她一直是女儿班级的家委会负责人、童子军队长、野外旅行监护人，同时还负责管理舞会的服装。她说："我喜欢当一个能够陪伴孩子左右的妈妈，我不想错过和女儿在一起的时光，孩子长得太快了。"贝丝说，在这一点上，她很像自己的母亲。她自己的母亲在六个月之前去世，离世之前二人的关系一直非常亲密。

贝丝一边诉说着雷切尔的态度带给自己的伤害，一边泪流不止。贝丝抱怨："她对我的态度差得难以置信。"她一边说着一边摇着头，好像不愿意相信今天的局面。"无论我说什么，做什么，她都冷冰冰的。她几乎都不瞅我一眼，就算瞅我，眼神也是厌恶的。我使出浑身解数想要回到以前，但结果还是徒劳。我们过去经常一起做的事情，现在已经完全无法引起她的兴趣了。和她外出共进晚餐也不用想了，她只愿意和自己的朋友们出去逛街。我担心我们之间会越走越远。"

幸运的是，被女儿推开的贝丝，也开始更加客观地看待女儿。她说，雷切尔在学校适应得很好，不仅结交了新朋友，学习成绩也不错。她的老师们对她的评价都很正面。她还是足球队的一员，踢得一脚好球。"实际上，雷切尔一切都很正常，是我自己有问题。"我听着她继续诉说，发现她和丈夫的夫妻关系似乎也因此受到影响。

贝丝和丈夫迈克尔从高中就开始了约会，两人大学一毕业就结了婚。他们最初打算先过二人世界，各自拼一下事业，然后再要孩子。但当她打算要孩子的时候，却数年备孕未果，后来还是在大量药物干预的情况下怀上了雷切尔。在雷切尔这个天赐宝宝出生之时，二人都已经三十岁了。后来为了再有一个孩子，他们又开始接受昂贵且痛苦的医学干预，但当这些努力给他们的婚姻带来压力时，他们决定放弃。迈克尔觉得贝丝因为雷切尔来之不易，所以一直宠溺她，过于干涉孩子的生活。

贝丝觉得，丈夫在责怪自己让家庭失去了和谐。她说："这也是我怀疑自己的另外一个原因。我的女儿背弃我，我的丈夫指责我。我不知道我妈妈有没有经历过这些，我现在甚至都没有机会去求证了。医生，你觉得我需要心理治疗吗？"

贝丝当前困惑压抑的心情是完全可以理解的。她尚未走出丧母之痛，还在缅怀自己长大成家之后偶尔与母亲相聚的幸福时光。贝丝期待着和女儿也能拥有同样完美的母女关系。当然，贝丝忧伤的原因还有一部分是雷切尔不再像小时候那样与自己亲密无间了。雷切尔在成长，无论贝丝是否情愿，她都需要一步步摸索与女儿相处的新方法。此外，贝丝已经年过四十，她一方面要适应女儿，另一方面还要腾出手来面对其他的人生挑战。

冲突之后的情绪余波

一提到母女冲突，母亲们不仅像贝丝那样畏惧冲突带来的不愉快，而且会联想到各式各样的可怕场景。无论冲突多么必然，天下没几个母亲能在与女儿争吵过后，仍然觉得自己完全履行了母亲的职责，或者与女儿相处得当。相反，你和女儿之间的每次摩擦，都会给你带来不曾预想过的多种复杂感受，这也称为"冲突之后的情绪余波"。母亲们讲述最多的"情绪余波"有以下几种。

自我怀疑

母女冲突会冲击母亲的自尊心。冲突过后，母亲们几乎都会陷入自我怀疑。我们可以用一种女性心理发育理论来解释这种典型的现象。美国卫斯理学院斯通中心的研究者珍妮特·萨里（Janet Surrey）认为，女性的成长是通过她们与他人的关系来实现的。她认为，母女关系是女人正向自我感受的重要来源。众所周知，母亲们总是不遗余力地和孩子交流互动。实际上，她们为自己能与女儿建立并维持亲密关系而感到骄傲。女性追求这种你懂我、我懂你的相互理解，这种追求过程对构建自我接纳至关重要。

现在我们把焦点拉到你那个处于青春期的女儿身上。你们每天不停争吵，恶语相加，可想而知，你会觉得自己被威胁、被挑衅了。多年以来，你一腔心血倾注在她身上，让自己去理解她的情绪，现在她却指责你完全不了解她。这种评价可谓诛心。即便你内心深处知道她的指控与事实不符，但当她控诉你不是一个合格的母亲，并当着你的面摔门而去时，你的自我价值感一定会开始摇晃。

当然，就像缉毒犬能够嗅到毒品一样，青春期的女孩也同样能够敏锐地觉察到母亲的情绪，但她们顾不上照顾你的感受，因为她们急于把所有的"锅"都扣到你头上。纳恩今年38岁，女儿尼娜即将进入青春期。有一次，纳恩将泳池派对可能会因暴雨天气而取消的消息转告尼娜，不料，女儿却用嘲讽的语气吼她："我可谢谢您了！"这种态度，让纳恩瞬间恍惚，以为这事儿真的错在自己。

遇到这种情况，母亲可能会开始胡思乱想：也许我的确不是一个好母亲！也许我没有给她足够的自由！也许我给她的自由过了火！也许我没有倾听她的心声！也许我应该对她更严格一些！也许她是对的，我应该怪自己没把一切打理妥当。

薇拉在谈到自己16岁的女儿时，说得非常恰当："虽然我知道事实是怎么一回事，但我就是忍不住怀疑自己。每次发生一些不愉快，我就告诉自己，我应该多理解她，应该好好与她相处。每次争吵后，我都会觉得错在我。每当发生大的冲突，我就会想，我肯定是世上最差劲的妈妈。"

可是，哪位母亲没有这样想过呢?

伤心

面对与女儿之间日渐升级的冲突，母亲最普遍的感受是伤心。很多母亲表示，即便是女儿的阴阳怪气都足以让自己伤心甚至崩溃，更不用说她在情绪宣泄时说的难听话了。莎琳37岁，她说自己经常被15岁的女儿惹哭。她说:"我知道她受不了我这种小题大做的反应，我也在努力控制自己，但每当她出言不逊的时候，我就会忍不住伤心。"和很多母亲一样，莎琳受不了女儿跟自己对着干。她知道自己很容易产生被抛弃感。"我不得不提醒我自己，她只是一个孩子，我是一个成年人，就算我们争吵，她也还是爱我的。"

无论母亲怎样劝解自己要大度，女儿仍然能给母亲沉痛一击。因为，女儿对母亲了如指掌，她们能轻易找到并利用母亲的弱点和痛点。有一位母亲这样讲:"关于在什么时候、用什么方式、说什么话，才能给我施加最大的伤害，我女儿摸得门儿清。"

觉察到自己受伤的情绪，有两个好处。第一，有了这种觉知，母亲可以将自己的情绪反应与女儿的言行区别开来处理。也许孩子的愤怒事出有因，但在捍卫自己的权利时，她完全不用这么伤人。在这种情况下，你也许可以借机教她在主张自己权利的时候顾及一下听者的感受。第二，这种觉知还能避免你做出条件反射式或者报复式的反应，比如谴责、侮辱或者过度惩罚她。

担忧

母女冲突让母亲们产生了各种担忧。她们可能会担心，女儿这种宣泄情绪的不恰当的方式将会伴随她终生。50岁的莫莉说："我女儿阿吉，既无礼，脾气又臭。看到她，我就想起了我的阿姨菲莉斯，她是个不可理喻的疯女人，把整个家庭都搅得鸡犬不宁。如果阿吉长大后成为她那样的人，那可怎么办？"也许你女儿目前处理冲突的方式仍然有改进的空间，但把她眼下的表现一锤定音，认为这就是她永久性的性格缺陷，不仅于事无补，还可能会把你现在的担心在无意中变成未来的现实。下面我们会介绍如何帮助孩子改变她陷入情绪的行为模式，使用更友善、更有效的行为策略。

另外，母亲更为普遍的一种焦虑，是担心母女对抗会导致关系破裂、母女离心。一提到冲突，很多母亲想到的结局都是内心的煎熬和关系的破裂。母女对战，恶语交坠，很多母亲害怕由此产生的伤害永远无法消弭。无论是日积月累的小摩擦，还是惊天动地的大战，母亲们都会觉得，这一刻自己与女儿算是彻底翻了脸。她们一根筋地认为，女儿放给自己的话那么狠，恐怕连自己不共戴天的仇敌也说不出来。既然到了这步田地，那母女还能亲密如初吗？简而言之，她们把冲突当作一段关系破裂的信号。

因此，当女儿激怒自己，挑起口舌之战，质疑自己的决策时，母亲的内心都会生出焦虑。她们害怕听到刺耳的语言、讥诮的指控。当听到女儿怒喊"我烦死你了！"，她们会觉得母女关系就此结束了。而当女儿连续几天与自己冷战时，她们又开始担心"她是不是再也不在乎我了"。

为了缓解这些焦虑，我们可以听听作为"过来人"的其他母亲的故事，提振自己的信心。这些"过来人"是什么样的母亲呢？她们是那些不仅安然度过了女儿的青春期，还因为在这期间努力求索而变得更加强大的母亲。梅是一个55岁的母亲，她的经历可以给我们一些有益的参考。她说："我女儿16岁那年，我觉得日子一天都过不下去了。我经常跟我的丈夫说'有她没我，有我没她'。我和女儿总是针锋相对、水火不容。安妮对我的态度差得要命，我也不想和她待在同一个空间里。但后来，我想也不敢想的和平却突然到来了。安妮现在已经二十几岁，我们母女俩就跟朋友一样。"尽管你很难想象你女儿长大成人的样子，也很难想象未来你们的关系会破冰，甚至更上一层楼，但你可以确信，这个目标总有一天会实现。

负罪感

当有人伤害你时，你当然会感到愤怒。但当这个伤害你的人正是你自己的女儿，并且这种伤害频繁发生时，问题就没那么简单了。为什么呢？因为母亲是天生的养育者，所以敌视自己的孩子有违她们的天性。我曾经和一个善于思考的教授聊天，当谈及她家里那两个处于青春期的女儿时，她问我："你有没有生过自己孩子的气？"这一问题说明，她难以接受自己对孩子产生负面的情感这一事实。实际上，母亲一方面承认"虽然难以启齿，但有时候我真的非常讨厌我女儿""说实话，你想象不到她有多烦人！""有时候我真的很想揍她一顿"，一方面又为自己有这样的想法而产生深重的负罪感。

仅仅是因为对孩子产生了负面的想法或情绪就要责备自己，这种心理已经够折磨人的了，但更可悲的是，很多母亲在面对母女之间的任何冲突时，无论自己是不是过错方，事后都会进行深刻的自我反思。40岁的琳达讲述了一个非常典型的例子："我女儿劳伦今年上七年级，有一天放学后，她先做了半个小时作业，然后突然冲出房间对我喊'都怪你！'。我赶紧询问原因，她告诉我她今天忘了把科学课本带回来，所以没办法准备明天的考试了。这样一来，明天的考试她肯定无法及格。一旦不及格，老师就会对她产生不满并批评她。也许她放学后会被留在学校里，甚至被踢出足球队。她把这一切都怪到我身上。我惊掉了下巴。这和我有什么关系？！听完她接下来的讲述，我才明白事情的原委。原来当天放学前，她在走向储物柜准备拿书的时候，听到了学校第二天晚上会举办舞会的消息。她开始想我会不会既允许她周五晚上参加舞会，又允许她周六兼职做保姆。因为我事先给她定了一个'荒谬'的规矩，那就是每个周末只能在外面待一个晚上。正是因为琢磨这个问题失了神，所以她才会忘记把科学课本带回来。这件事发生时，我一方面觉得她对我的指责是胡搅蛮缠，另一方面却忍不住反思：是不是我给她的压力太大，让她不得已要在舞会和兼职之间做出取舍。就这样，我又开始责怪自己。"

虽然觉知自己的负罪感是非常重要的，但负罪感只会增加母亲的心理压力，并由此进一步腐蚀她们的自信心。此外，一旦母亲想要缓解自己的负罪感或者想弥补自己莫须有的过错，她们就可能在不知不觉中屈服于女儿的无理要求，并由此做出一些事后让自己后悔的决定。在你与女儿的日常对抗之中，你的愤怒有时是合情合理的，但即便是这些合理的怒气，也可能会引起你的负罪感。这个问题其实是最严重的——你生女儿的气，与此同时又心生亏欠。这种负罪感可能导致你即便对女儿的言行有所不满，也不会表达出来，而是将这些情绪压在心底。这种做法不仅不健康，还会妨碍你去解决你们之间的正常分歧。

耻辱

　　还有一些母亲走向了另外一个极端。当她们觉得自己没有处理好与女儿的争端，尤其是没有控制好自己的脾气时，往往会感到惭愧。40岁的罗娜说："我在我女儿面前没控制好自己，我知道自己不该动手打她，但当我下班回家发现她在学校闯了祸，整个下午又都在欺负妹妹，并且到了这时还敢明着跟我叫板时，看着她刁蛮的嘴脸，我忍不住动手扇了她几巴掌。打完我就觉得很不安，现在我还有这样的感受。"

　　很多母亲不知道为什么自己会在孩子面前情绪失控。"我推了她一下！""我骂了她！"即便事情过了很久，有些母亲仍然不能释怀。控制好自己情绪的第一步就是承认：当你用不当的言行宣泄强烈的情绪时，也会为自己的这种宣泄感到羞愧。也正是出于这个原因，48岁的奥德拉为自己和女儿向我求助。在下文中，我们会详细介绍奥德拉的故事。如果你也担心和女儿的冲突会失控，或者你也正深陷于这样的泥淖，不妨听听她的故事，感受她所经历的那种羞愧、挫败和焦虑。也许你会对奥德拉母女之间的矛盾有所共鸣。

▷▷ **奥德拉的故事**

　　只要看一眼奥德拉，就知道她并不是一个循规蹈矩的女人。尽管她从事着法律秘书这样的传统工作，身为两个孩子母亲的奥德拉还是给人一种叛逆的印象。初见奥德拉时，她穿着一身黑，腰里束着铆钉装饰的宽皮带，脚踩高跟鞋，与之形成鲜明对比的，是她及腰的红色卷发和烈焰红唇。她来我这里是为了给自己15岁的女儿寻求心理帮助，这次是来做初步咨询的。她脸上挂着怒色，她说："我现在一点儿办法都没有了！我女儿完全不听我的话，她不尊重我，我也不想继续和她这样相处了。"

奥德拉讲述了她们的关系是怎么一步步恶化至此的。现在，她们母女之间充斥着争吵、威胁，最近甚至还升级到了肢体冲突。母女二人的观念大相径庭，实际上她们对任何事情的看法都天差地别，这使得她们总是无法达成共识。最让奥德拉无法接受的是，女儿凯尔坚持要和朋友出去鬼混。"她觉得自己有享受自由的权利，想去哪里就可以去哪里，想在外面待到多晚就待到多晚。就算她告诉我她要去哪儿，我也明白那个地方不过是她随口编造的。而且，我非常不喜欢她的那些狐朋狗友。我听说他们中有些人已经开始沾染毒品。我敢确信，凯尔和他们在一起准没干什么好事儿。我完全不信她。"根据奥德拉的讲述，她和凯尔的关系显然已经发展成了她最害怕的样子。

在奥德拉的原生家庭里有四个孩子，作为年龄最小的一个，她一等到自己有了谋生能力，就迫不及待逃离了家。她想要挣脱的是母亲刻薄的语言和无休无止的诋毁。奥德拉直言不讳地讲："我一直都不是妈妈最爱的那个孩子，但随着哥哥们相继离家，她对我的态度更加恶劣了。那个时候，她和我的父亲离了婚，她的日子很不好过。"说到这里，奥德拉停下来补充道："也许她是在怪我，因为她的一切行为都透露着对我的憎恶。"

奥德拉说，她一直渴望能和自己的女儿建立起不一样的母女关系。本来她觉得一切都在朝着自己期望的方向发展，但就在凯尔12岁生日前不久，她和丈夫离了婚。"自那之后，凯尔就开始与我渐行渐远。我知道她对我和她爸爸有怨恨，不只是对我们离婚这件事。过去的3年里，我和前夫因为他的言而无信和不负责任一直闹得很不体面。总之，最后我们不得不闹上法庭。"奥德拉很清楚，作为唯一还留在家里的孩子，凯尔要承受父母之间的相互攻击。但对于这个现状，奥德拉实在无力改变。

因为离了婚，奥德拉不得不在工作上投入更多的时间，以获取更多的收入来支撑她和凯尔的生活。同时因为不能在女儿放学后给她足够的陪伴而感到愧疚，奥德拉又决心向丈夫索要更多的赡养费。在那些没有母亲陪伴的时光里，凯尔只能靠自己，面对困难苦苦挣扎。所以，奥德拉每天下班回家后都会觉得非常焦虑，盘问凯尔都去了哪里、干了什么、有没有完成家庭作业。

"我知道她觉得我管得太严、特别烦人，但我又能怎么办呢？"奥德拉反问道，"难道我就该放任她想做什么做什么，不管她了吗？凯尔经常撒谎说已经完成了一半的家庭作业，但事实上她连一半都没做完，所以她的成绩很差。"奥德拉和凯尔就好像陷入了一个恶性循环：奥德拉越是想要彰显自己的权威，凯尔就越是叛逆。到最后，奥德拉下班回到家，空荡荡的家里再也看不见凯尔的人影。等凯尔回来，奥德拉感到既绝望又愤怒，她会质问凯尔去了哪里，并威胁要惩罚她。面对妈妈的咆哮，凯尔有时冷着脸一言不发，有时出言不逊。每当凯尔用脏话回击自己，奥德拉就会进一步被激怒。"这个时候，我总会说一些让我事后觉得后悔的话。我说的有些话非常难听，有几次我还推了她。我曾经发誓绝对不要像我妈妈那样对待我的女儿，但现在我和我妈妈没有什么两样。"

奥德拉一方面要竭力应对离婚后的生活变化，同时还要不停与前夫拉扯。如此一来，奥德拉已经没剩下多少情感能量，来面对一个痛苦、愤怒又叛逆的青春期的女儿了。在这种情况下，她曾坚定地希望自己不像母亲，但此刻，这个愿望似乎也变得遥不可及。尽管奥德拉横下心要好好管教女儿，但她的管教方式却收效甚微，反而让女儿鄙视她，并逐渐疏远她。在某种程度上，这也使得奥德拉可以不必直面女儿的本质问题。毕竟，如果她知道了凯尔背地里做了些什么，那就会像是打开一个潘多拉的盒子，从盒子里冒出来的真相，以她目前的状态是无法处理的。就像奥德拉所言："我已经受够了！现在，哪怕是再多一件麻烦事，我都承受不了。"

为了成为和自己母亲完全不一样的母亲，奥德拉对待女儿的态度在严格和宽容之间游走不定。她说："我想要她走上正道，但又不想毁了她的青春时光。此外，每当我想管教她时，她都和我对着干，然后我们就会陷入争吵。其实，我想和她和平相处。"奥德拉不明白，正是她的矛盾心理在进一步促使凯尔不停地试探她的底线。因此，争吵成了母女之间的主要沟通方式。争吵一方面让奥德拉痛苦不已，但另一方面似乎又让她感到自在和熟悉。就这样，斗争成了她们母女间交流和保持亲密的方式，而这也正是奥德拉和自己母亲相处时所得来的第一手经验。

从自己母亲身上学到的那些事

要思考你对母女关系产生了什么样的影响，你需要进一步探究你的养育态度、对女儿的期待和养育风格的来源。你和你自己母亲的关系正是开展这种探索的恰当的起点。毫无疑问，你当前的很多育儿观念都源于自己的母亲。如果你是一个幸运的人，那么这意味着你从母亲那里收获到的是滋养、鼓励、引导、安抚、治愈等正面积极的养育方式。也许你的母亲教会了你如何成为一个勇敢、温柔和善良的人，如何用智慧和微笑面对困境。但是，人无完人，和天下所有的母亲一样，你的母亲肯定也不完美。所以，你也可能会根据她的缺点，反向构建你自己身为人母的"画像"。你可能会告诫自己：面对女儿时，一定不能对她评头论足、不能有过强的控制欲、要顾及她的感受；在她尝试独立时，要学着放手。通过探索你与母亲的关系，你将能确定，哪些是可以传递给女儿的养育"精华"，哪些是你坚决摒弃的养育"糟粕"。

心理学的临床实践表明，在谈到自己的母亲时，大部分女性都会走向两个极端。一些女性像贝丝一样，将自己的母亲视为完美的化身；还有一些则像奥德拉一样，觉得自己的母亲面目可憎。女性会给自己的母亲套上一个极端的形象，接着，她们要么效仿自己的母亲，要么努力走向母亲的对立面。这种对母亲的美化和丑化是非常普遍的。女性心理学家南希·乔杜罗（Nancy Chodorow）认为，美化母亲与丑化母亲相当于硬币的两面，其根源在于一个由社会性别观念、家庭结构和文化偏见共同塑造出的大众神话——母亲是全能的。

按照这个神话，母亲需要对孩子成年后的样子负全部责任。在这种思想的支配下，很多女性会笼统地将她们的母亲分成好人与坏人，并在这种粗略概括的基础上构建自己的育儿风格。如果你从现实出发，没有谨慎地回顾自己与母亲的关系，而是盲目地信奉这个神话，那么这种做法就算不会造成灾难，也往往是毫无益处。

可憎的母亲

有些女性在小时候经常受到母亲的忽视和虐待。有这种成长经历的女性，会有意识地走向母亲的对立面，这也是人之常情。如果母亲总是抗拒与自己的亲密关系，她们就要做如春晖般的慈母；如果母亲疏远自己，那么她们就要和自己的孩子百般亲昵；如果母亲苛刻严肃，那么她们就偏偏要对子女宽容有加。43岁的金尼表示，她的母亲无法容忍她的个性。她说："别说和她拌嘴，我甚至都不敢忤逆她。即便是我没穿她挑选的衣服，都会惹她不开心。无论我做什么，只要她认为不得体或者不像她想象的那样，她就不理我了。她一直都是这么对待我的。有好多次，我都只能去和我的阿姨同住一阵子。"金尼很早就明白，不要说和母亲有什么正面冲突了，即便是简简单单地做自己，都会让她失去母亲的疼爱。

大多数女性在回顾自己的青春期时，都会抱怨母亲没有给予自己足够的理解和指引，当然这在她们看来并不算是母亲不可饶恕的错误。也许你的母亲只是不知道如何与你沟通，你觉得她无法理解你被同学讥讽、被迫在派对上饮酒或者被一群朋友孤立是什么滋味，或者她不知道怎么和你谈论这些事情。她没有向你表达说她懂你，理解你的恐惧、不安或愤怒。因此你对她感到失望，于是你决定要做一个不一样的母亲。

也许，鉴于这些自身经历，你打定主意要向你的女儿证明你对她无孔不入的关心；你想要了解她日常生活的方方面面，急切地打探她每次聚会的细节、和朋友之间的争论、谁和谁闹翻了、谁和谁又说了什么……但可惜，你所刻意经营的母女情深，也许并不是她想要的理想的母女关系。比如，你的女儿生性内敛，不喜欢到处谈论自己的私事，或者她讨厌你问个不停，窥探她的生活。

或者，你埋怨自己的母亲在你的成长过程中频频令你失望。也许她没能完全理解你的痛苦；也许她没能按照你想要的方式给你指引；也许她和你没有那种母女连心的亲密，从而让你感到孤独。比如康妮，她的原生家庭生活非常困难，家中有六个孩子，她排第二。她说："我妈妈一直在家里照顾我们，但是她太忙了，顾及不到我们的需求，我们只能自己照顾自己，无论我们想要什么东西，都要靠自己去获取。"

正因如此，她在成为母亲后，就想事事反着来。她与子女的关系非常亲密，并不遗余力地为孩子们争取任何机会和好处。为了弥补自己儿时缺乏机会的遗憾，康妮坦言自己想方设法，不错过任何一个机会。"别人跟我说我有点过火。我就是那个报名去足球家长委员会当志愿者的妈妈，我还会对教练拍马屁，这一切都是为了让我女儿能够进入最好的足球队。我知道我现在必须收敛一下自己的行为了，因为我女儿已经这么要求我了。"

完美母亲的情结

有人反其道而行之，也有人顺势而为，只是后者没那么常见。有些女性并不想成为与自己母亲截然不同的人，相反，她们觉得自己永远比不上母亲。在她们心中，自己的母亲就像琼·克利弗（June Cleaver）①那样完美，她们掌控局面，左右逢源，大小事端无一不能解决。阿比，一位40岁的母亲，拥有两个孩子。她说："在我的记忆中，我的姐妹们和我从来没有难为过我的母亲。总体上来说，我们非常敬重她。我妈妈比我多养育了3个孩子，但是我的表现还不如她的一半好。每次来我家，她就会批评我过于纵容女儿的行为。听到这些，我感觉自己当妈当得太不像样了。"另外一位39岁，有3个女儿的母亲感叹："和我妈妈比起来，我觉得自己太无能了。她在9年间生了6个孩子，却从来没对我们发过脾气。我从小到大都没和我的母亲生过气。"这些向母亲看齐的女性，下定决心全身心投入地养育孩子，但即便付出了巨大努力，她们仍然觉得不够。贝丝就是其中的一位代表。

比照完美的母亲来衡量自己，无论得到的结论多么准确，都只会进一步腐蚀女性身为人母的信心。此外，你母亲曾经握在手中百试百灵的"利刃"，未必斩得断你眼前生活中的"乱麻"。因为你的女儿和你不一样，她所处的世界也和你当初的境遇不同。尽管各个时代母亲和青春期的女儿都面临着一些共性问题，但今时今日，女孩身处的复杂环境给母亲带来了全新的挑战。在这个时代，身为母亲，一方面要确保女儿的安全，另一方面又要给予她适当的自由。

---

① 琼·克利弗（June Cleaver）是1997年上映的美国家庭喜剧《天才小麻烦》（*Leave It to Beaver*）中的角色。作为两个淘气男孩的妈妈，她总能解决家庭中的一切麻烦，妥善处理与两个儿子的关系。——编者注

维持这两者之间的平衡是非常困难的。所以，对养育孩子这件事进行跨时代的对比，是不合理的。

即便完美母亲也有"可鄙之处"

很多女性，无论年轻还是年长，都一如既往地幻想自己拥有一个完美的母亲。有些女性能够洋洋洒洒地描述她们理想中的母亲具有哪些可贵的品质。终其一生，她们都将自己的不如意归咎于母亲。这种归罪于母亲的态度消耗着女性的活力，也不能给她们带来任何实质性的好处。实际上，在成年之后还仍然责怪与怨恨母亲的女人，既是在伤害她们的母亲，也是在伤害自己。

我们需要明白，身为人母这件事本就是一条"双向通道"，这不仅涉及母亲或女儿单方面的行为，还涉及母女之间不断发展和交互的关系。这一点既适用于你和你女儿的关系，也同样适用于你和你母亲的关系。每个孩子都有她自己独特的需求和愿望。有关婴儿性格的研究表明，人们在敏感性和易安抚性方面天生就存在差异。此外，心理学家认为，有些母亲和孩子的脾气秉性就是不易相容的。对一些孩子来说，母亲的任何付出都是不足不够的。像这类孩子，无论哪位母亲都无法满足她们的要求。

此外，女儿的成长环境对母亲的养育方式有巨大的影响。比如家庭规模就是一个很重要的影响因素。与少子女家庭长大的女性相比，那些生长在多子女家庭中的女性与母亲的关系非常不同。其中一部分原因在于，她们需要把一部分时间花在和兄弟姐妹相处上。另外，影响母亲抚养女儿的因素还包括家庭风气、经济压力、老人赡养，以及一些重大的家庭困难（如重病）。

取"精华"，弃"糟粕"

如果你的心智足够成熟，那么你可能已经与自己的母亲和解了，即便这种和解可能只存在于你自己的心中。你可能开始理解，当初她养育你时，存在着一些她自己也无法控制的情况。只要她不是那种不可饶恕的虐待型母亲，你可能就会意识到，她那时已经竭尽全力利用手上的全部资源来将你抚养成人。这种反思，就是"放她一马"——借用你女儿的话来说，这种理解和反思，也正是你希望有一天你女儿能为你做的。在这个过程中，你可能会发现你的母亲身上有一些你可以借鉴的品质，当然你也会认识到她的缺点，但你并没有执着于这些缺点，因为这么做只会令你作茧自缚。相反，你利用自己对她缺点的洞察，来调整你自己养育孩子的方式。和很多母亲一样，你一方面取你母亲之长，另一方面又避她之短。毫无疑问，你也会犯下一些不同的错误，毕竟，每代人都有自己的独特情况。

通过反思自己的养育方式及其来源，你可以跳出无意识中沿袭有害的养育方式的怪圈。你清楚自己的想法、期待和需求，并推己及人，愿意去理解你女儿的想法、期待和需求。如此一来，你的养育之路将不再仅仅基于你的个人经历——包括你自己被抚育成人的经历和青春期的经历——引发的应激性反应。相反，你身为人母的征程，是一条在深思熟虑之后打通的阳关大道，既有明确的目的地，还综合考虑了当前的现实，比如你女儿独特的性格特点和所处的环境。伊丽莎白52岁了，有两个女儿。她聪明、内向，对心理学了解并不多，也很少会对自己的母亲形象进行反思，这给她带来了非常严重的后果。通过下面她的故事，你将能够理解她内心的矛盾：究竟是继续维持自己在外部的成功形象，还是探索女儿复杂的内心世界？

▷▷ 伊丽莎白的故事

　　她身着一身合体的套装，身材高挑、纤细，中等长度的金发梳得十分整齐，一眼看去就能知道，她是一个随时要保持优雅形象的女人。她坐下时流露出些许紧张，盯着墙上我的专业证书和营业执照看了几分钟，似乎是在为接下来要说的话做心理建设。伊丽莎白跟我预约会面是因为她17岁的女儿克里斯滕主动向我寻求心理咨询。这次，伊丽莎白想先来了解一下心理咨询是什么样的，以及心理咨询能给克里斯滕带来什么样的帮助。

　　伊丽莎白一家在当地社区小有名气，他们热衷于参加青少年的体育活动并对当地政事保持关注。伊丽莎白和她的丈夫在外人看来是一对充满爱心、认知水平极高的夫妇，并且对自己的孩子极为上心。克里斯滕的姐姐是一所常青藤大学二年级的学生，在高中时期就是一位明星运动员，学习成绩也非常优异。然而，他们家里没有人接受过任何心理咨询，伊丽莎白对心理问题的了解也仅仅来源于影视作品。

　　她深呼吸了一下，开始就克里斯滕要求心理咨询的原因做了一番猜想。在伊丽莎白的描述中，克里斯滕是一个快乐、性格开朗的女孩，从没有给父母惹过麻烦。和姐姐比起来，她安静、内敛，伊丽莎白觉得自己更喜欢克里斯滕。她觉得两人的母女关系一直很和谐。事实上，伊丽莎白唯一一次流露出不满，就是在她谈起克里斯滕要求看心理咨询师的时候。伊丽莎白声音颤抖着说道："我本来以为，她可以随时来找我，对我知无不言。我现在不知道她在烦恼什么。她最近瘦了一些，她漂亮、聪明、运动能力突出，还有很多好朋友。"

在被问及她们的生活里发生了什么事时，伊丽莎白一脸茫然。她说："我想不到发生了什么特别的事，一切都挺顺利的。"她并非刻意隐瞒，她是真的不知道发生了什么，也不知道该说些什么。她和丈夫婚姻幸福，家庭生活美满。伊丽莎白喜爱自己的母亲，现在她们每周都会一起吃一次午饭。伊丽莎白觉得从大的方面来看，克里斯滕对生活应该是心满意足的。所以她为什么要寻求心理咨询呢？

对伊丽莎白来说，谈论克里斯滕和其他家庭成员令她很不舒服，因为她天生不喜欢谈论心理问题，或者吐露私事。她觉得心理咨询是一个很模糊并且在初期阶段缺乏明确目标的过程，这让她感到茫然无措。她说："我会尽我的一切帮助克里斯滕，我们现在只剩下一年的时间，我不想她带着这些心事去上大学。"另外，她还问了一句："克里斯滕需要参加多少次咨询？"

在回答这个问题之前，我们先聊了聊克里斯滕离家的问题，以及克里斯滕离家求学对伊丽莎白的影响。通过讨论，我有了一些令人惊讶的发现。伊丽莎白说："我的大女儿离开家去上大学的时候我也是难过的，但这次不一样，我不知道是不是应该让克里斯滕离开，因为她可能还没有做好准备。"当问及她具体在担忧什么事情时，伊丽莎白回答道："其中一个担忧，就是我没有办法再监督她了。"她停顿了片刻之后说："有一天晚上，我怀疑她晚饭后好像自己催吐了。"我问她是不是和克里斯滕谈论过自己的怀疑，她回答："谈过，但克里斯滕告诉我，她只催吐了那么一次，她说因为那次晚饭她吃得太饱了。她还说现在很多女孩都在做这种事，这是一个很流行的做法。"

伊丽莎白似乎预料到我要问什么，立刻补充说，她怀疑克里斯滕有饮食障碍。"实际上，"她解释说，"克里斯滕开始越来越关注身材了。我觉得这是好事，她过去有一点胖，但现在苗条了不少，的确变得好看很多。"在说这句话时，伊丽莎白的目光瞥向了别处，似乎是要终止这个话题。

伊丽莎白本人从来没有过体重的烦恼，她母亲这边的亲戚都天生苗条。即便现在，伊丽莎白的母亲还能穿上自己的小码婚纱。伊丽莎白和她的妹妹也都是穿着这件婚纱结的婚。伊丽莎白说："我从来没有谈论过克里斯滕的体重，我不想让她感到不开心或不自在。她似乎是遗传了她父亲这边的基因，我不知道为什么身材成了她的烦恼。"

从伊丽莎白的表述来看，女儿请求心理介入这件事让她措手不及。因为从表面上来看，用伊丽莎白所知的标准，无论是在学习还是社交方面，克里斯滕都表现得很不错。她自认为和克里斯滕很亲密，两人从来没有争吵过。但现在，伊丽莎白发现女儿遇到了她所不了解的问题，这让她内心非常不安。尽管她本人不适应心理咨询的流程，但还是鼓起勇气表达了自己配合的意愿，以求最大限度地帮助女儿。临走时，伊丽莎白说："如果我哪里做得不好，请一定告诉我！"这句话辛酸地点出了她的脆弱。

盘点你的优势

和伊丽莎白一样，很多母亲唯恐自己无意中给女儿造成了巨大且不可弥补的伤害。因此，女性反思自己肩负的母亲的责任时，总是把目光放在自身的不足之上。对很多母亲来讲，自我观察通常就等于自责。她们经常揭自己的短，会说"我不擅长这些"或者"我在这方面做得很差"之类的话。相较之下，大多数母亲很少去关注自己的长处，也不会盘点自己在抚养女儿或者与其他人相处过程中所具有的优势。其实，你不仅需要知道自己有哪些短处和不足，同时还需要认清自己都有哪些长处。也许你格外宽容、擅长倾听、思想公正、做事有条理、有创造力、足智多谋或具备出色的管理能力。想一想，在与别人相处时，你都贡献了自己的哪些优势和才干？

同时，认清你自己的性格也至关重要。性格没有好坏之分，它只是构成你自己的一部分，是你与生俱来的天性。也许你精力旺盛、冷静自持、容易急躁或者极富耐心；也许你爱焦虑、好相处、脾气平和或者易怒。了解你自己以及你的性格可能给别人带来的影响，能够帮助你看清你和你女儿之间的相处模式。

在抚养女儿的过程中，你先要把自己当成是一个完整的个体，而不仅仅是一个青春期的少女的母亲。其实即便是在其他的生活领域中，你也仍然要顾及自己身为人母的角色。你除了是一个母亲，你还拥有很多具有重要意义的身份：女儿、姐姐或妹妹、姑姑或姨姨、孙女、侄女、妻子、学生、志愿者、雇员和朋友。所有这些关系都可以教给你一些基本的生活经验和本领。在每一场关系中，你都需要建立与他人的联结、解决分歧，并维持不同程度的亲密关系。

花一些时间思考这些问题。你是不是一个关怀别人的朋友？一个可以给男友或丈夫情感支持的伴侣？一个忠诚的雇员？这些关系之所以能够经营下去，得益于你的哪些品质？你是不是擅长倾听、理解和共情？你是不是在语言上知进退、在行为上有分寸？你从这些关系中所获得的经验和能力，将化为强有力的资源，支撑起你对女儿的抚养责任。如此一来，在你女儿的青春期，你不仅能够把心思放在能让你快乐满足、收获信心的活动和关系之上，还能利用这些优势来改善你们的母女关系。

此外，你与女儿和其他人的互动往来，还能给你的女儿提供关于女性角色的丰富素材。当你在自己的关系网中，与父母、伴侣、朋友和雇主往来沟通时，你的女儿就在一旁观察学习。通过观察和模仿，她就形成了自己经营关系的能力、形成了对关系的期待，也确立了一套基本原则来指导自己思考和处理冲突。此外，你可以再想一想，你是否能够向你的女儿以身作则地传达以下这些极为重要的观念。

"照顾好自己"

除非你女儿看到你在人际关系中也能坚定地维护自己的利益，否则你的口头嘱咐将毫无效果。安妮莎是一个20岁的大学生，在交往过一连串不尊重她的男朋友后，来我这里寻求心理咨询。她想在人前挺直身板，强硬起来。她希望从我这里学到一些沟通技巧，用来应对她目前的男友。她想要一两句具有奇效的说辞，来拒绝男友对自己的无理要求。起初，安妮莎并不清楚，她目前与男人的相处模式实际上是她从母亲那里"继承"的。当被问及她的原生家庭是什么样子时，她说："我妈妈总是顺从于我爸爸。我爸爸说什么她都会照做。虽然她也要工作赚钱，但如果我爸爸说一声想喝苏打水，哪怕是半夜，她也会立马起床去给他拿。"安妮莎从心底就没指望男人会把她当成一个平等的个体对待，会重视她的意见、尊重她的意愿。安妮莎说："作为女人就要容忍这些，这是女人的本分。"她的言谈中透露出一种对女性身份的贬低和自我轻视。

女孩并不希望她们的母亲在生活中逆来顺受，对他人所施加的身心虐待忍气吞声。相反，她们希望自己的母亲能够抵抗不公、捍卫自身权益。一个能保护自己的母亲，比"你要在关系中保护好自己"这种苦口婆心的劝诫要更有说服力。

"有付出、有回报的才是健康的关系"

女孩需要明白，她们可以并且应该在关系中设定自己的底线。女性不一定非得让自己成为被利用或被剥削的弱者。付出和过度奉献之间的差异非常小，很多女性都很难将二者区分开来。然则也总有一些女性会主动承担那些别人避之不及的责任和杂务。每个集体确定需要这样乐于奉献的个体，但如果女性放弃自己生活中的一切，去完成别人本该做好的事情——比如当女儿没有做好自己分内的事情时，母亲总是替她承担后果——那么，这无异于是在用行动告诉女儿：在关系之中，女人就应当牺牲自己。当女儿看到母亲总是不停地取悦他人而忽略自己时，她们也会觉得这是女人的分内之事。她们一方面毫不犹豫地剥削母亲，一方面又对这段权利与义务失衡的关系感到愧疚。25岁的凯丽说自己的母亲就是一个"受气包"："即便她早就安排了别的事，但只要我临时有事需要人帮我跑腿儿，又抽不出时间请假，她就会放下自己的任何事来帮我。"如果你不允许任何人来占你便宜，那么你女儿看着你如此坚定行事，也会有样学样，在自己的关系之中划清底线。这同时也为母女关系打下了互给互取的基调。

"做自己"

你的女儿是不是看到你为了讨好他人、维系关系，而放弃了本来的自我？有些女性在面对与职业、爱好和友谊相关的重大人生决定时，会倾向于将决策权交给自己的配偶、母亲或朋友，而不是自己做决定。她们不会打造双向的关系，也并没有在自己决策的基础上寻求和斟酌他人的意见，而是为了经营关系，一味地迎合，放弃自我。你要让你的女儿看到你对自我的坚持，以此告诉她：在一段健康的关系中，女性可以一直做自己。当然，要想达到最佳的教育效果，你最好在你们的母女关系中作出表率。在与女儿相处时，你要让她看到你对自己的原则说一不二，而不会因为担心失去她的爱就对她有求必应。

"冲突是可以解决的"

请你谨记，你的女儿能够敏锐地察觉到你言行不一的虚伪。实际上，身教胜于言传。如果她看到你在遭遇不公之后奋起反抗，她便会有样学样。如果你即便觉得委屈也不愿直面与他人的冲突，那么你可能会无意识地寄希望于他人为你主持公道。这个现象在离异的家庭中尤为常见。21岁的纳塔莉说，自己的父母至今仍无法与对方和平相处。在谈及自己夹在父母之间的感受时，她说："我妈妈向我揭露我爸爸的'罪状'，说他这个月又没有给她支付抚养费，这让她没钱付房租或是更换新轮胎。听了这些，我自然感到愤怒。所以当我和爸爸一起出去吃饭时，我就会朝他大喊大叫。"

如果你的女儿看到你能有力地回击那些待你不公的人，那么她就会觉得自己也有权利这么做。你的反击，其实就是在允许她表达自己的愤怒并且捍卫自己的权益。如此一来，在和你相处时，她就会更愿意表达自己的情绪并处理你们之间的冲突。

"关系是有韧性的"

你还应该让你的女儿明白，在一段关系中，人们经常会意见不合。这不仅是正常的，而且是完全可以解决的。人们不会因为生气，就随随便便结束一段关系。不幸的是，有些女性与朋友、伴侣之间的关系都极不稳定。23岁的邦尼在谈到母亲时这样讲道："我和妹妹会问彼此，这周妈妈的朋友换成谁了？她总是会生某个人的气。虽然我老是取笑她，但其实我觉得这一点都不好笑。"当女孩看到妈妈常因一时之怒与人断交，她们就会担心自己和母亲之间的关系的结局也如此脆弱。看到母亲经常与人交恶，她们自然会担心自己也会被母亲"抛弃"。

　　相反，如果你女儿看到你能妥善处理各种各样的难题、珍视稳定长久的人际关系，她就会知道，你不会因为一两次的冲突就放弃她这个女儿。她会相信，你对她的爱始终如一，你会矢志不渝地维护你们的母女关系。

　　除了对母女关系的坚守之心，通过前文的介绍，你现在也能更深刻地理解自己身为母亲的作用。你清楚了解自己的教养思想，更容易觉察在和女儿相处的过程中产生的各种感受，同时也更加坚定地相信，女儿可以从你们的关系中学到很多有利且积极的态度和道理，而所有这一切都可以帮你重新看待和处理你与女儿之间的冲突。

第03章
女儿到了青春期

要妥善处理你们母女之间的冲突，先必须厘清女儿给你们的母女关系造成了什么影响。要弄清楚这一点并不容易。青春期的女孩并不是一眼见底的明朗画面，她们身上充斥着令人瞠目结舌的矛盾和前后不一。这一秒，她们可能还深陷在情绪旋涡中；下一秒，她们又为一个不同的观点而欢欣鼓舞。昨天她还万分鄙夷的思想、风潮、活动或某个人，今天就能突然受到她的热烈追捧。青春期的女孩充满活力，但也会产生莫名其妙的想法和感受，连她自己都无法掌控。所以，也难怪作为母亲的你一头雾水。

为了强化你与女儿之间的关系，你要积极地打造你的共情能力。你必须能够敏锐地辨别她的态度、情绪和行为之间的细微差异，识别她言语和非言语表达的弦外之音。当女儿来找你，莫名其妙地指责你或者向你宣布一件祸事时，你先要明确她的感受是什么，哪怕她自己都不清楚。这个过程就像是破解密码。为了能顺着寥寥无几的线索破译出"情报"，你需要辨认出那些最常出现的规律。

青春期：一个全新的世界

要解析女儿的动机和行为，你必须了解她在青春期的那些最典型的经历，理解她身处的世界。当然，你肯定还记得自己作为一个青春期的少女的感受，毕竟那也不是多久以前的事，但你确定吗？很多母亲觉得自己可能无法对女儿的经历做到感同身受。还有些母亲，因为无法理解孩子为什么热衷音乐短片和人体穿孔艺术，就怀疑自己是否能真的理解女儿。而女儿一遍又一遍地对自己说"你什么都不懂！"，这又会加重母亲对自己是否能理解女儿的怀疑。母亲们总是会感到疑惑："我女儿今天面临的这些问题，真的是我们之前从未经历过的新问题吗？"

这是一个好问题。对它最准确的回答是：是——也不是。青少年面临的很多问题，都是本来就存在的，只不过现在这些问题带上了新的时代特征。毫无疑问，现在的女孩在更小的年纪就要应对这些挑战。以前的女孩也知道，男孩在与自己交往时，会与她们发生超过自己接受程度的肢体接触，只是那个时候还没有"约会强奸"这样的词汇来描述这一现象，但是这种现象是真实存在的。此外，那个时候的女孩也不用担心，有人会往她们的饮料里面投放迷药或者自己会感染上致命的HIV。考虑到这些时代的新变化，本章节将会告诉你，相比你以及女性前辈的青春期，你女儿现在面临着哪些新的问题。

不过，青春期也有好的一面。女孩在青春期面对的种种危险，也会被其他一些积极的经历所平衡，比如珍贵的友谊、令人怦然心动的初恋、对自己能力和天赋的发掘、有幸遇到良师益友，或是获得引以为豪的成就。青春期的女孩最关心的仍然是学业、考试、友谊，以及如何找到自己心仪的事业、期待考取无比重要的驾照。另外还有一个好消息：你的女儿心之所向的，压根不是什么昙花一现的娱乐潮流，她的兴趣所在仍然是这个她身处的宏大的现实世界。她所关心的，仍然是你和女性前辈在豆蔻年华所关心的那些东西。你要坚信，就算你从来没看过什么"音乐特别节目"，也不了解戴脐环的风尚，你仍然能够与她共情。你并不像你女儿认为的那样对她一无所知。也许这一代的年轻女孩有她们自己的流行语，但从古至今，青春期的女孩都拥有同样的焦虑、恐惧和希望。

那些每个女孩都有的问题

为了解决那些几乎每个时代的青春期的女孩都会有的烦恼，有些女孩会选择专业的心理咨询师；有些女孩选择给杂志写信；有些女孩则希望夏令营的辅导员能开导自己。她们诉说着自己被忽视（"我妈总是偏爱我的妹妹"）、遭受不公对待（"我的老师当着全班的面给我难堪"）、被抛弃（"我最好的那个朋友抛弃了我"）的经历；她们忧心忡忡，怕自己不如别人有魅力（"我喜欢的那个男生都不知道有我这个人"）、聪明（"我必须非常努力才能追上我的朋友们"）或者酷（"我的朋友们想让我抽烟，但我害怕"）。

在一项调查中，当被问及自己对什么事感到最为恼火时，女孩们给出了下面的答案。

⇒ "别人对我撒谎。"——埃林，17岁

⇒ "朋友在背后议论我！"——达娜，13岁

⇒ "我父母不信任我。"——莱内特，15岁

⇒ "不敢挺身维护自己。"——玛乔丽，14岁

⇒ "大家都爱以貌取人。"——克莱尔，16岁

⇒ "那些不酷的老实孩子会被霸凌。"——达尼埃尔，15岁

⇒ "无缘无故就被朋友针对。"——阿沙，13岁

⇒ "男生只关注女生的身材。"——南希，16岁

⇒ "长了一颗青春痘就遭到别人嘲笑。"——安斯利，12岁

如你所见，觉得被人嘲弄、指点、孤立，或者觉得自己在某方面存在不足，仍然是困扰着你女儿这样的青春期女孩的主要问题。而且，毫无疑问，这些问题还会继续"传承"给你女儿的女儿。一般来讲，青春期的女孩普遍缺乏自信，因此她们需要再三确认自己的价值。在这个时期，学业和社交压力激

增、身心发生巨大变化，所有这些都构成了她前进路上的阻力。下文中关于13岁的雷切尔的故事，就清楚地证明了这一点。尽管在外人眼里，雷切尔是个适应力强、出身良好的女孩，但根据她自己的描述，实际上她的生活混乱不堪，她的心情抑郁难安。

▷▷ 雷切尔的故事

雷切尔长着一张娃娃脸，上面散落着点点雀斑。和她妈妈一样，她也拥有一头黑色的卷发和一双明亮的大眼睛。她见到我说的第一句话是："我知道我和我妈妈长得很像。"说完她还做了个鬼脸。她的这一表现，立即交代出了她心底的小秘密：她渴望被当作独立的个体对待。雷切尔的样子像是在宣告："我不再是妈妈的小宝贝。"她娇小的体型、双颊上的酒窝和头上的马尾，无不让她看起来比她的年龄更为稚嫩。似乎是为了摆脱身上的稚气，她全身是一副青春时尚的打扮，脚踩着一双匡威运动鞋，脖子和手腕上都戴着象征友情的项链和手链，一对耳环摇来晃去。似乎是为了强调自己的成熟，她在眼皮上涂了一层厚厚的蓝色眼影。然而，这样的装扮和她的原生长相凑在一起，显得格外突兀和刻意。

雷切尔给人的印象是一个开朗、活泼、随和的八年级中学生。她说她不明白为什么妈妈会带她来看心理咨询师，因为她明明什么问题也没有。尽管如此，她还是很乐意与我交谈。雷切尔承认："我知道她想做一个好妈妈，但是她的举动实在过火。无论我做什么，她都想掺和一下，无论大事小事，只要和我相关，她都想伸耳朵过来。"雷切尔不明白为什么妈妈有这么强烈的保护欲。她说："我又没犯什么错，或者做什么坏事。她仍然觉得我是一个小宝宝。她必须得学着放手让我自己成长了。"当我问她想被怎样对待时,她说:"我希望能拥有更多的自由,比如和朋友外出、去镇上或者逛商场的时候,我都不希望妈妈每隔五分钟就打电话查岗。"

尽管雷切尔声称妈妈是自己遇到的最大的麻烦,但她也承认自己在学校的生活并不是一帆风顺。据她说,中学是个荒诞的地方,她讲述了一些发生在朋友身上的事情。她补充道:"我的一些朋友变得和以前不一样了,不是变好,而是变坏。我不知道她们怎么会变成这样。我没有把这事告诉我妈妈,毕竟她听了只会大惊小怪。几个星期前,我和我的两个朋友一起去逛商场,她们竟然想从商店里偷东西。当时我就慌了,不知道该怎么办,于是我跑了出去,在外面等她们出来。"关于这些朋友,她还表达了自己的困惑:她们还是不是自己的好朋友?之后,她们还会做出什么过分的事情吗?

但到目前为止,雷切尔说她面临的最大困扰,是自己开始对男生产生了好感。她说:"我们班上有一个帅气的男生,他的存在,让我觉得学校生活好过不少。他叫斯科特,很多女生都喜欢他。但在我看来,他和那些女孩并不合适,因为他个头不高。我觉得我倒是和他很般配,因为我也比较矮。有了这样的想法后,有一天我主动和他还有他的朋友搭话,但他们表现得特别笨拙和不成熟。"此外,雷切尔不清楚在和男生的交往中,自己能接受的行为边界在哪里。她说,她从小学认识的一个好朋友已经开始和男生出去"约会"了,这件事让雷切尔觉得很不舒服。"希拉和肯尼当时就站在学校的台阶上,他们当众亲吻,我觉得这太过分了!"

在被问及学习时,雷切尔的回答前后矛盾。她一开始说,自己想考上一所好大学，下一秒又改口说学习是桩蠢事，不过是虚度光阴。她说："我并不觉得学习有多难，但是我的一些朋友，明明根本不努力，结果却考得比我好。这太气人了！我写了很多作业，不断备考，结果考试成绩却不理想。这太令人讨厌了！我甚至都不是优秀班级的学生。"尽管初中才刚上一半，雷切尔已经开始担心起她的高二生活。她说："高二很恐怖。我听说高一和高三的学生会把你锁在储物柜里，还会偷你的东西。"

雷切尔说最让自己感到开心的事情是踢足球。她在足球选拔赛中表现出色，还如愿以偿地加入了联谊赛球队。她说："几个外校女生装得很酷，但实际上，她们不过是在搞小团体。"当我问她还参加过其他什么活动时，她说："以前我是女童子军，但那只是因为我妈妈是队长，我从心底里不喜欢这个身份，而且是打小就讨厌。后来我退出了。这件事让我妈妈很生气，也正是因为这件事，我才觉得她总是想要事事替我做决定。"

雷切尔的想法暴露出她的矛盾心理：一方面，她想获得去逛商场的自由；另一方面，她在享受到这种自由时又感到不安。尽管如此，雷切尔还是假装对自己的需求和欲望了如指掌。一方面，她把握不准学习的重要性以及自己真正的想法；一方面又宣扬说自己知道为什么要上学。但是，一旦被问及她现在面临着生活中的哪些烦恼时，她又立即否认："我什么问题都没有。"

尽管雷切尔的学校生活并不顺利，但她最大的难题，还是在她自己身上。从她的言语中多少可以感觉到，实际上她被突如其来的各种挑战弄得狼狈不堪，但为了面子又在佯装镇定。

青春期的女孩所面临的成长挑战

下面你将了解到像雷切尔和你女儿这样的青春期的女孩，面临着成长带来的哪些挑战，以及她们在谈到这些挑战时常用的说辞。

身体发育

随着女孩进入青春期，她们体内的激素水平飙升。这些激素不仅促进了她们的身体的发育，还煽动着她们的情绪。众所周知，青春期的女孩情绪起伏较大，她们经常受到自己强烈而善变的情感的冲击，却难以有效应对。当她们终于摸清自己的心情及其产生的缘由时，心里却早已被另一种莫可名状的情绪占据。13岁伊娃的一句话，道出了很多女孩的心声："我真的很烦。前一分钟，我还因为考试得了高分或者什么别的好事而感到开心，下一分钟我就莫名其妙地想要大喊大叫，或者情绪突然低落下来。"

在女孩发展出成熟的自控能力之前，由于激素的驱动作用，她们往往会屈服于各种冲动。往常用来克制自己脾气或者忍耐坏心情的招数和修养，突然就失灵了。一个在学前阶段从未使用过暴力的女孩，在进入青春期后，可能会突然发现自己一气之下竟然会抡起拳头砸向弟弟的头。同样地，在社会课题辩论赛上能言善辩并赢得最佳辩手的女孩，到了晚上与家人共进晚餐时，却可能因为在争论中败下阵来而备感屈辱，冲着占上风的人破口大骂。

事后，她们可能也会意识到自己当时的失态，并感到羞愧。她们可能会找出各种各样的借口为自己辩解："我太累了""我压力太大了"或者"我只是想吃点东西"。简而言之，她们也知道自己的所作所为并不光彩，但她们就是管不住自己，就好像自己的舌头和手脚都有了自己的想法。在激素猛增而她又无力掌控时，女孩可能还会昏头昏脑地与别人发生性关系。假如她平时并不认可这种行为，那么事后她很可能会感到悔恨。

然而，最无奈的是，女孩们发现自己的身体也忽然脱离了控制。日益隆起的胸部将背心儿高高顶起，原来舒适的毛线衫开始收紧，最喜欢穿的牛仔裤紧贴着翘起的臀部，裤腿变短露出了脚踝，腰身不断变得凹凸有致……这一切来得太过突然。13岁的塔玛说："我这些天害怕照镜子，因为我的鼻子上长了一颗痘，我的头发也太油了，贴着我的脸。"偏偏在此"内忧"之际，"外患"又雪上加霜：青春期的女孩经常需要做牙齿矫正，比如要戴保持器和牙套。如此一来，她们说起话来口齿不清，也不敢恣意大笑。摊上这一堆的麻烦事，也难怪她们会窘迫不安，经常有失风度。

随着身体的惊人变化，女孩们开始执着于将自己与他人比较。首先，她们会衡量自己的外貌是否符合自己心中的理想形象。她们经常会问自己："我的胸够大吗？""我的胸是不是太大了？""我个子够高吗？""我是不是太高了？""我太胖还是太瘦了？"这类疑问数不胜数。有些女孩会过度关注自己身体的某个部位，甚至到了魔怔的程度。16岁的辛迪说："我讨厌我的牙齿，它们形状奇怪还发黄。每一次看别人时，我都会先观察他们的牙齿，我发现每个人的牙齿都比我的好看。"辛迪承认她一直幻想着去做牙齿整形。

其次，女孩还会与同龄人进行横向比较。你可以观察你女儿的发育节奏，是和同龄人相同，还是稍显超前或滞后。在身体发育方面，女孩们既不希望过于突出，也不希望落后于他人。由于女孩觉得身体发育令人感到难为情，她们会穿上肥大的衬衫来掩藏自己刚刚发育的胸部、把卫生巾藏在背包带拉链的小口袋里。10岁的帕特承认说："我找了无数个借口，拒绝和朋友一起去游泳或过夜，因为她们总是取笑我。男孩更加刻薄，他们会揪我的内衣带。"对发育较晚的女生来说，她们的烦恼则是相反的，她们会垫厚自己的内衣，或跟朋友撒谎说自己已经来了月经。

那些长着严重的青春痘、拥有肥胖问题或者其他健康问题（比如要定期监测血糖、特殊饮食或者穿戴矫正器具矫正体型）的女孩，除了要像同龄人一样应对那些常规的发育尴尬外，还需要承受额外的心理压力。

此外，那些有视力、听力或者活动障碍的女孩们，往往会觉得自己与众不同，甚至会因此被同龄人孤立。16岁的梅琳达是一个盲人，在谈到自己的在校生活时，她说："我觉得自己并没有什么不同，但我想别人看我的眼光肯定是不一样的。也许是我戴的这副厚厚的眼镜，把那些同学都吓跑了。他们对我的态度，就好像我是一个怪物。"

飙升的激素、快速发育的身体和恼人的冲动，已经让女孩无暇应对了，与此同时，她们还要匀出精力去处理自我认知的迷茫、社交压力和学业要求。面对这一切，绝大多数女孩都不堪重负。这些心理问题压得她们透不过气来。此外，青春期的女孩在心理上还存在一个特点，那就是极度自私。

索菲娅是一个16岁的女孩，人人都称赞她"漂亮得很"。当她得知母亲因为做腰部手术需要卧床休息6周时，她愤愤不平，抱怨道："她怎么可以这样对我。她太自私了，总是只考虑自己。接下来我要参加活动，这样就没人帮我挑选衣服和鞋了，也没人带我去逛街购物了。"当旁人批评她过于自私自利时，她勃然大怒："我当然关心我妈妈，我也不想让她经历这些。"但是，在索菲娅此时此刻的世界里，挑选合适的礼服才是天大的事，她需要努力安慰自己可以克服这场危机。伴随着身心变化所产生的焦虑、烦恼和沮丧，也都随着女儿进入了她们和母亲的关系之中了。

身份认同

青春期，对每个女孩来说最主要的成长挑战是形成稳定的自我认同，明确自身在世界中的定位。如前文所说的那样，女孩会出于这个目的而刻意与母亲进行切割。为了争取自己作为个体的独立地位，她们要弄清楚自己的优势、弱势、欲望和价值观。在这个过程中，她们有时会停下来，试着进入各种角色，尝试各种行为、着装和语言。通过这样一系列的探索，她们逐渐加深了对自己的了解。在青春期，她们可能会接受各类风尚、社会运动、潮流和风格。

她们不知道自己是谁以及想成为谁，这种迷茫让她们感到不安。为了消解这种苦闷，很多女孩会选择加入一个旗帜鲜明的组织，比如运动员小队、怪人小队、书呆子小队。无论这个小团体是什么，加入其中都能给她们提供一种归属感。16岁的米根进入新学校后感觉自己像个"局外人"，后来她遇到了一群志趣相投的女孩，从此找到了安慰。她解释说："我们在学习和运动方面的表现都很一般，不是学霸，也不是风云人物；我们不调皮也不叛逆，所以被视为是一群'怪人'。"在某种程度上，为了获取一个集体身份，女孩会甘愿舍弃一部分个体独特性。

也正是因为如此，女孩对同龄人经常抱有刻板印象。她们眼中的优劣，有时仅一丝之差，就算母亲睁大眼睛也辨别不出。是酷还是土，最终可能只取决于裤腿的长度。在你女儿的圈子里，评价一个人只需要看她穿的是直筒裤还是喇叭裤。你女儿大概会热衷于给其他女孩贴标签，她的这种行为可能会令你反感。她会说"她以前很优秀，但现在就是一个可怜虫"或"她真是个奇葩，我永远都不会和她做朋友"。她就这样把另一个人打入社交"冷宫"。这都是因为她对自己的定位尚不明确，所以也就无法容忍他人的不同。

为了确保自己富有魅力，女孩最经常采用的方法就是模仿同龄人的穿着。比如，她会坚持要和朋友戴同样数量的耳钉，穿同样颜色的上衣，或者穿同一个牌子的黑色靴子。如果你不了解这些行为背后的动机，可能会对她无脑跟风的劲头感到恼火。你好心劝她穿上适合她自己的衣服、走自己的独特路线，但她却与你死磕到底，一定要紧跟自己小圈子里的流行风尚，无论那种装扮在她身上有多么违和。实际上不论你给她讲多少道理，她都不会改变自己的想法。不过，你也不用担心，因为一旦这股热潮退去，那些衣服和首饰就会被她放在柜子里吃灰。

显而易见，女孩在自我认同处于混乱时，对家人的期望和看法会变得格外敏感。虽然她们嘴上可能说完全不在乎你的看法，但实际上，她们特别介意周围的批评和否定意见，尤其是会特别在意你的态度。14岁的艾梅最近控诉母亲伤害了她的感情。她说："我妈有一天不知道吃错了什么药，说我的朋友凯利是个出色的体操手。她这么说是什么意思？不就是想让我觉得我比凯利差吗？！"

讽刺的是，她一方面把所有的锅都扣在你身上，一方面又渴望获得你的认可和无限的支持；她一方面嘲笑你的穿衣品位，另一方面又会在为某个活动精心挑选衣服时，询问你的意见，想得到你的赞美。15岁的贾内尔，在问母亲自己选的裙子和哪双鞋最配时，母亲受宠若惊，并坦陈自己的看法："那双鞋有点笨重，和裙子不太搭。"听完这句话，贾内尔气急败坏，她说："她说'笨重'是什么意思？难道她不知道这种风格吗？为什么她总是搞得好像我品位很差一样。我妈妈就是想让我穿那些土里土气的衣服，还把我当小孩子。"尽管女孩特别想做一个独立于妈妈的小大人，但当母亲提出不同的意见时，她却又把那理解成是对自己的批评。

走向独立

你女儿应该已经或者很快会声明自己所拥有的独立地位，并郑重其事地告知你，她不再需要依靠你才能做这做那。你还记得那个喜欢与你共度母女专属时光的小女孩吗？现在的她，每天甚至腾不出一刻钟的时间与你做伴。刚进入青春期时，她就明确而冷酷地告诉你，她已经有足够多的朋友一起玩耍，不再需要你。更重要的是，她觉得如果别人看到她和你或和其他家庭成员在一起，会很尴尬。她担心你的言行会损害她在朋友面前树立的人设。她可不愿意冒这么大的风险。

她不再向你吐露心事，分享她对某个男生的心动故事。以前，你说要带她去看电影时，她欢呼雀跃；现在你再如此提议，她只会厌恶地皱着眉问你："什么？和你？"在这个阶段，你对她只有工具一般的价值，比如做她的司机、给她买衣服、给她零用钱供她社交。她梦想着有一天能够搬出去独自生活。你任何提供帮助的行为，在她眼里不是把她当成小孩子，就是在批判她，或者是在侵犯她的私人空间。

15岁的达琳说，母亲上周的行为搞得她一脸蒙。她说："上周，我妈妈带回了两张我日思夜想的演唱会门票，我自然以为她是让我和朋友一起去。我高兴地问她什么时候开车送我们去，她却气坏了，冲我喊：'是咱们两个一起去！'我的天！她肯定是在开玩笑。我才不会和我妈妈一起去看演唱会！"

有些青春期的女孩会过分主张自己的自主性。一个14岁的女孩告诉我："我在健康课上遇到一个女生，她很有意思。有一天晚上，她打电话跟我抱怨，说她妈妈特别小气，连她的电话费也要限制。因为她和以前的几个朋友打了很长时间的电话，她的妈妈就冲她发脾气。我就告诉她我的电话费也很少，并且也和妈妈为此大吵了一场。我不知道我为什么要这么说，因为其实那都是我瞎编的。但问题是，我妈妈无意中听到了这句话，她来质问我：'我们什么时候吵了一架？'"

为了强调自己的独立，消除你对她自理能力的疑虑，她有时候会贬低你。她这么做并非出于恶意，而是为了把你打发走，这样她就能沉浸在孤身一人只靠自己的幻想中了。当她大喊大叫或者夺门而出的时候，有那么一刻，她会感觉自己不再是小孩子了，不再是你的附庸了。然而，可笑的是，她证明自己是大人的方法却是两岁孩子常用的撒泼打滚。

但每当她告诉你"管好你自己"或者"别管我的时候"，你不要真的相信。事实上，你女儿迫切地希望你会在她身后持续地守护她。她越是依赖你，就越是会用一副要强的口吻，掩盖她对你的依赖心理。青春期的女孩是伪装高手，她们能够把内心的情感表达成截然相反的一面，比如，把喜欢表达成讨厌。

这是青春期和幼儿期的一个相似之处。你还记得她上幼儿园之前的日子吗？那时，她跟跟跄跄地快速跑远，一边跑还一边咯咯笑，但下一秒她就会突然转身，看你是否还在身后。一旦看不到你，她那佯装的自信和勇敢就会立刻消失，她也会直接原地崩溃。青春期的女孩就是这个样子，只不过她们的表达方式不一样罢了。

我听到太多的女孩抱怨，家长管得太严，自己缺少自由，但令人心碎的是，还有另外一些女孩，渴望母亲多管管自己。17岁的凯特最近因为抑郁和自残行为来接受心理咨询。她说自己的母亲这几周一直连续出差，这期间她都是一个人过。她说："我觉得自己过得还好，我可以和朋友一起吃饭，只是我没钱去买曲棍球设备。"于是，她开始考试挂科。她这么做，并不是为了得到曲棍球设备，而是在无声地呼唤母亲能够关心她。这种表现与幼儿绝望崩溃时的表现非常相似。

15岁的阿比选择了一种更为健康的解决方案。她说："自从我爸爸离开之后，我就尽量靠我自己，我妈妈则放任我，让我按自己的心意做事。但是，我从不给她惹麻烦。她的工作很辛苦，上下班通勤很不容易，这些我都完全理解。我只是希望，她能偶尔问问我这一天过得怎么样。我希望她像普通的妈妈那样，来检查我的作业。"无论女孩以何种方式表达自己的需求，她们都希望母亲能够多管管自己，让自己感受到母亲的爱和关心。

如今，一些重要的研究成果也证实了这一现象。根据罗珀青年报告①，当

---

① 罗珀青年报告（*Roper Youth Report*）是研究人员依托美国康奈尔大学的罗珀公共政策研究中心，收集并分析青少年对特定社会问题的看法形成的调研报告。——编者注

今的青少年普遍认为，在涉及开车、重要决策和长期规划的问题上，父母对自己的影响最大，其影响力超过了朋友、老师、媒体和广告。该报告说明，在与个人价值观和责任相关的领域，父母仍具有相当巨大的影响力。这就是为什么青春期的女孩仍然会找母亲寻求实际的情感引导。

由美国资助的美国青少年健康研究项目——针对美国青少年进行的最大综合研究项目，最近公布了一项研究成果。该研究表明，那些和父母关系紧密的青少年，可以更容易地规避冒险行为，比如物质成瘾、暴力和过早的性生活。这一发现也印证了相当多女孩的想法。这些女孩表示，她们需要母亲倾听自己的想法，同时她们也想要尊重母亲的观念和思想。

因此，当你的女儿告诉你，相比于你，她更愿意和《101忠狗》中的反派魔女库伊拉待在一起时，你不要介意。在你给她讲道理的时候，就算她对你翻白眼或盯着自己的鞋带心不在焉，你也不要在意。因为，就算她喊叫着让你"别唠叨了！把话憋回去吧！"，你也要明白，她其实是听进去了。女孩就算不同意母亲的看法，很多时候也会一字一句引用自己母亲的观点。如果你能记住这些，那么当下一次孩子对你喊"我根本不在乎你怎么想"或者"你根本不知道自己在胡说些什么"的时候，你就已经在这场对决中占据了优势。

学业成绩

你女儿在青春期面临的一项主要任务是做好一名学生。好的学习成绩是形成正面自我评价的关键源头，因此我们不能忽视学校环境的复杂性，以及学校对学生的要求。随着女儿升入初中并进一步考入高中，她这一路面临着不少重大挑战。

踏入一个新的校园，意味着女孩要熟悉一座陌生的教学楼。这个庞然大物不仅令她感到陌生，内部还如迷宫一般曲折，让她不知如何才能自如穿梭。女孩最大的恐惧之一，就是在新的教学楼里迷失方向。此外，她们在中学里面临的校规也更加严苛，违规后受到的惩罚也更加严厉。12岁的艾琳说，她发现中学里最可怕的一点是一旦学生忘写作业，第二天早上就得早早到校补完，否则一定会被老师留堂。这在以前是从未有过的事。不仅如此，校园里的学生也变得更多，并且其中大部分不是自己以前认识的同学。女孩还害怕自己作为学校新生会被高年级的学生嘲弄或者欺负。

出于很多原因，那些在小学成绩不错的女孩，到了高年级就会开始遭遇学业上的挫败，并因此感到耻辱。老师布置的作业量增加、难度提高，学生需要具备更高的组织能力。评分标准也变得更加严格，以至于有些女孩可能会遭遇人生中第一次"不及格"。不仅如此，她们还要参加期末考试，并且这些考试的重要性到了高年级时愈发凸显。很多青春期的女孩都会抱怨，她们进入高年级后竞争激烈、压力增大。

此外，老师也是一个重要的因素。在一周内，你的女儿需要接触八九位不同的老师。更不要说接触那些学校管理人员了。这些人观察她、指导她、指正她、评价她，偶尔还会惩罚她。这些老师不像她以前的老师那样，有充分的时间去了解她。她之前辛苦得来的"好学生"的声誉通通作废，只能从头再来。此外，她也很难有机会深入了解某位老师。一堂课大约40分钟，在每一段40分钟里，她都不得不置身于一个完全由老师主宰的环境中。决定课堂环境的因素包括老师的个性、教学风格、纪律要求、教学期待、宽容度、个人癖好以及心情。每当一堂课的铃声响起，她就要被迫去适应这个环境。

毫无疑问，对于老师，你的女儿肯定有自己的好恶。也许，她喜欢安静和说话温柔的老师；或者她更偏爱充满活力、幽默风趣的老师；或者她喜欢严肃一些的学者型老师；或者她喜欢搞笑的老师。相反地，老师身上的一些特征可能会引起你女儿的厌恶，比如老师用铅笔敲桌子的习惯性动作、发考试试卷时那意味不明的笑容，或者是发梢翘起的滑稽模样，当然也可能是老师太过严厉、太过无趣或者是难以亲近。她一般不会向你吐露她对这些老师的不满，如果不是为了准备期末考试不得已取消周末计划而生出一肚子气来，你才没机会听她说起这些！

有时候，她还会和老师争执不休。当老师不公正地扣掉她的考试分数或者在她明明"准时"却被批评迟到时，她会恼怒；当老师把她归入差等生的行列时，她大受打击。偶尔，她还会因老师不合时宜或者有失公允的评价而感到受辱，因其他同学所做的事情而受罚，或者因被老师区别对待而感到难过。考虑到青春期她体内激素的变化、超级敏感的自我认识、薄弱的控制冲动的能力，如果你还能看到她尊敬师长、认真学习、和个别老师关系良好的一面，那你真应该啧啧称奇或者开怀大笑。

与老师关系不和睦，往往会严重影响你女儿的学业。直白地说，和老师关系不融洽的学生，容易成绩滑坡。比如，当被问及为什么数学或语文成绩不理想时，很多女孩会解释："因为我讨厌我的老师！"她们言之凿凿，好像这个原因能完美掩盖自己学习失败的窘迫一样。

然而，尽管她会背地里批评或单刀直入地谴责自己的老师，并将自己学习不好的责任推给老师，但她心里明白，这些可怕的成年人手中握有权力，他们能决定她究竟有多少机会能参加某些课程、升入理想大学、继续深造以及找到工作。

所以，当你问你的女儿，她在学校里是否遇到不愉快的事时，她很有可能回答你"没有"。不过你要明白，她在学校的每一天都可能承受着实实在在的压力。

同辈关系

成功的社交不仅是青春期成长不可或缺的一部分，还可能是你女儿幸福感的来源。在一个十几岁女孩的世界里，友谊往往比天大。到了中学，她渴望获得同龄人的认可来证明自己的价值。现在，她也许正热火朝天地忙于交友，觉得朋友多多益善。与陪伴自己的母亲相比，她越来越喜欢和自己的朋友们待在一起，更重视朋友们的陪伴。尽管这对母亲来说难以接受，但却是现在这个阶段的常态。

尽管朋友很重要，但你女儿的那些友谊的小船，可能说翻就翻。她会发现，有些女孩喜欢保持距离，她们有些难以捉摸或是不太可靠；有些女孩则是单纯地心肠坏。每天，被你女儿视为密友的女孩，都可能会轻视、取笑或挤对她。她会发现，有人散布恶毒的谣言中伤她或背后给她使绊子。有时候，她的一些朋友甚至可能"拉帮结派"地孤立她。美国明尼苏达大学的尼基·克里克（Nicki Crick）博士和明尼苏达州阿诺卡市拉姆齐小学的莫琳·比格比（Maureen Bigbee）进行的一项研究证实，这种现象很早就会在孩子们身上出现。超过10%的青春期的女孩（而只有不到4%的青春期的男孩）都会遭受关系攻击。关系攻击是指造谣、心理操控或情感威胁，比如威胁断交等。这些女孩从中受到的伤害是永久性的，比如，她们心里压抑的愤怒会使她们容易情绪失控、缺乏社交信心，以及在未来难以妥善处理人际关系。

在年龄大一些的女孩之间，友情是出了名的不稳定。她们开始结交志趣相投的朋友，与之前那些朋友的友谊会发生变化。无论是你女儿昨天新认识的朋友，还是从她6岁起就一起玩耍的至交，都有可能会突然因为什么事而生她的气或者对她冷眼相待。对你女儿来说，仅仅是搞清楚友谊的状况这一件事，就够伤脑筋了。14岁的黛比说："我以为我和我的朋友上了高中后会变得更亲密，但现在却更疏远了。我现在不知道谁才是我真正的朋友了。上周末，我本应该和我的闺蜜一起去看电影，但其中两个女孩在最后一刻放了我们鸽子。我听说她们去了一个派对。也许是我们没有被邀请，也许她们认为我们不想参加，谁知道呢！"

尽管朋友们的背弃令她心痛，但若是你质疑或批评她的朋友，她会第一个为朋友们出头。所以，你最好别对她朋友们的言行流露出不满，不然，她会激烈且不遗余力地为她或他辩护，不管理由多么牵强。15岁的埃尼说："我不知道为什么我的妈妈和继父对汤姆都很不满。他只不过是让我一个人从比萨店搭别人的车回家，怎么就能说明他是个坏人了！他只是需要去别的地方。"

你的女儿渴望与同龄人建立紧密的关系，以至于表面上她似乎疏远了家人。你可能会觉得，对她而言朋友比家人重要。不过，她的这种选择既是青春期的普遍现象，也符合她本人的最大利益。她并没有抛开你，也在一如既往地爱着你，只不过，她现在需要向自己证明，她可以顺利融入同辈，并且可以自主"外交"，无须再向你"借力"。

然而，当女孩在家里过得不好或是遇到糟心事时，她们就会格外需要朋友。这些女孩渴求群体归属感，为此她们拼命地抓住任何她们可以触及的友情。所以，与父母关系不好的女孩特别容易受到同龄群体的负面影响。例如，下面介绍的15岁女孩凯尔，她每天都想和她的朋友们黏在一起。事实上，为了让朋友一直接纳自己，她可以做出很多无底线且疯狂的事情。

▷▷ 凯尔的故事

在前一章节中我们已经看到，在母亲奥德拉眼里，凯尔是一个愤世嫉俗、说话直来直去的女孩子，总是急不可耐地要谈论她眼中的母女关系。见到了凯尔后，我觉得这个评价倒也中肯，不过我也发现，奥德拉没有提及凯尔内心的拉扯，而她这种拉扯的心理状态，明明白白地在她的衣着打扮上得以体现：保守的灯芯绒牛仔裤、经典的毛衣和登山靴，与半蓄半剃的头发以及前卫的鼻环之间，产生了突兀的碰撞。提到母亲，她显得非常不满，开始噼里啪啦地说个不停，似乎连喘气的工夫都省了。"我的麻烦都是我妈妈造成的，"凯尔咬牙切齿，"如果不是她，我的日子会好过很多。她总是心烦意乱，我的意思是，她有点不正常。"

凯尔最介意的是她母亲对她的评价，她觉得这些评价并不符合真实情况。"我知道她一定说我不好，说我和一群没出息、不务正业的人待在一起，但这不是真的。我的朋友们都很好、很酷，反正不像我妈妈那样。他们给了我很多帮助，更不会像她那样抨击我、贬低我，也不会对我大喊大叫或是咒骂我。"当被问及她和母亲之间的不和究竟从何而来时，凯尔回答是从父母分开时开始的。"在那之前，我妈妈还好，"她说，"但现在她压力很大。她一直在编派我爸爸，她想让我恨他。她太自私了，满脑子都是自己有多难，但我也有我自己的难处要操心呀！"

学习显然是凯尔的另一桩烦心事，也是她和母亲之间的另一个争端。凯尔在低年级时被诊断出患有轻度的学习障碍，因此她多年来一直在接受学习辅导。但到了初中，她想自己独立完成。她说："我知道我妈妈认为我现在的成绩很糟糕，但实际上并不是这样的。我只是在一两门课上成绩有些退步。我的数学本来就不好。我的历史老师给我打了D，是因为他觉得我没有参加补考，但实际上我是补过考的。我不知道为什么我妈妈会因为这些事发那么大的脾气。"

凯尔道不尽自己的伤心和失望，妈妈对她的不信任让她耿耿于怀。"我希望她能看出来，我和我哥不一样，他才是有很大问题。而我不一样，我会帮助妈妈照顾家，放学后还做着两份照顾孩子的兼职。我喜欢照顾小孩子，我的雇主也都很认可我。"说着，她的声音突然变得脆弱而悲伤。尽管凯尔确确实实生母亲的气，也毫不迟疑地把自己的麻烦都归咎于母亲，但她也明确地表示，希望能得到母亲的支持和认可。尽管嘴上只有愤怒和讨伐，但她与自己的母亲拥有同样的愿景，都希望能和对方其乐融融地相处。

由于父母各自忙着自己的那些事情而无暇顾及凯尔，被青春期风暴席卷的凯尔变得孤立无援。她只能随波逐流，不知该走向何处，无力辨明自己人生的方向。尽管她拥有招人喜欢的性格，有很多优点，但她仍然前途堪忧。对于埋伏在当今女孩身边的种种危险，她显然在多个方面都疏于防范。

青春期的女孩所处的危险社会

青春期本就多灾多难，而现代社会的文化环境又会给你女儿崎岖的成长道路增加危险。根据安妮·凯西基金会（Annie E. Casey Foundation）的"儿童统计"（Kids Count；一个追踪美国儿童状况的项目）的数据，在1985年至1992年的7年里，15岁至19岁年龄段的青少年的暴力死亡率上升了6%；青春期的少女非婚生育率上升了44%；青少年暴力犯罪被逮捕人数上升了58%。也难怪，女孩面对着步步逼近的危险，会觉得自己迷茫又力不从心。

14岁的杰米说："适应高中生活本身就已经很难了，但我听说有人还会随身带刀具之类的东西，我更害怕了。"同样14岁的苏伦说："我的老师一直跟我说，等我上大学时，我会成为一个'性感辣妹'。他甚至明目张胆地盯着我的胸部看。他的举动让我很不舒服，但我不知道该怎么办。"15岁的瓦妮莎说："我有两个朋友都怀孕了，一个选择了堕胎，一个选择生下孩子。她们都过得很狼狈。"

尽管一些女孩承认，学校里、街坊邻居中的某些人让自己感到担心和害怕，但大多数女孩似乎都有着高枕无忧的心态。事实上，她们普遍怀有一种"祸不及我"的信念，她们坚信早孕、被坏人伤害等这些不幸绝对不会发生在自己身上。青少年的粗心、无所顾忌和冒险行为往往反映出，她们不相信自己会受伤。她们因为看不到危险，所以不设防备。有些女孩甚至自大地摆出"我完全可以照顾好自己"的态度。

一些十几岁的女孩经常会听到现代社会中潜藏着哪些危险，对于这类信息，她们听得耳朵生茧、心生厌倦。不仅如此，她们认为母亲如此心慌、警觉，是她自己在大惊小怪。更重要的是，在她们看来，母亲定的规矩只是为了限制自己的自由。这些想法背后的真相就是：你可能为你的女儿担惊受怕，她自己却毫无畏惧之心。因此，她自然会以为，你管她比你母亲管你要严格许多。15岁的玛尔戈抱怨道："我知道，我妈妈在我这个年纪，已经在谈恋爱了。但如果我暗示她，我要去和一个男生约会，她绝对会疯掉的！"14岁的埃琳娜说："我妈妈在学会开车之前，经常自己坐火车进城。她和朋友们聚会、购物、看演出。但我现在可以做这些事情吗？没门儿！"

你女儿不会明白，你上学的时候，学校管理人员还不用担心学生会携带刀具走进校园。再看看现在，她的一些同龄人会与陌生人相约。对于这一现象，你也许觉得骇人听闻，但她却视为寻常。当你和你女儿一样大的时候，你无法想象，今时今日就连做好事前都得先戴上防护手套。只要灾祸没有降临到她或她朋友们的头上，她们就只会认为，这些危险是正常的天灾人祸，并且无法理解，你为何保护欲这么强烈、如此小题大做。

性病和艾滋病

在你年少时，最令人感到恐惧的莫过于意外怀孕和性病。如今，从低年级开始，在卫生课上老师就会告诫女孩，面对更普遍、更致命的危险，她们要更加谨慎。老师教育她们，在性生活方面，一时的疏忽，比如一个有破洞的避孕套，就可能带来终身不孕甚至生命危险。但对许多青少年来说，这些话听听就算了。很多女孩承认，自己根本没把这些警告放在心上。当被问及她们是否采取了保护性措施时，许多人给予了肯定的答复；但当继续被追问"是每一次都采取了保护性措施吗？"这一关键性问题时，她们中的大多数人都难为情地摇头否认。《美国高中生名人录》在1997年进行的一项调查发现，即便在那些成绩优异的学生中，只有一半有性生活的学生会使用避孕套。在受访者中，很少有人认为自己有必要预防艾滋病。18岁的吉娜描述了这种常见现象："我的朋友大多都不用避孕套。"

关于不用避孕套的后果，17岁的梅雷迪思有着深刻的教训。她说："去年我决定服用避孕药来避孕，所以我男朋友带我去了诊所咨询。但不久，医生打电话通知我，说我有一项检查结果不太好。这个消息对我来说简直是晴天霹雳：我得了性病！"很多女孩都是真正吃过亏之后，才开始关注她们的生殖系统健康。19岁的海伦娜是一名大二的女学生，去年，她发现自己长期交往的男朋友将生殖器疱疹传染给了她。她说："这让我感到非常恶心。这个病毁了我的社交生活。现在我虽然上了大学，但是我没办法和别人谈恋爱。一想到我要对一个很喜欢的男生坦白这事儿，我就羞愧得要死。"一般来讲，青春期的女孩都知道这类悲剧的的确确存在着，但她们就自大地认为，这不是属于自己的"厄运剧本"，这种情节绝不会发生在自己身上。

约会强奸

现在，随着"约会强奸"（Date Rape）这一正式的名称的出现，在约会时遭受性侵犯的这一现象也得到了更加广泛和公开的讨论。很多青春期的女孩通过浏览媒体或者观看影视作品了解到，在大学之前遭受约会强奸的女孩数量令人震惊。但即便有统计数据敲响警钟，当她们审视身边的男孩或自己的男朋友时，却都不假思索地判定他们绝不可能做出如此恶劣的事。一个17岁的女孩因为遭受性侵犯来寻求心理咨询，而施暴者正是经常与她相约小酌几杯的男性朋友。她说："我怎么也没想到会发生这种事。那个时候，他的父母和弟弟可都在家里呀！"

因此，当母亲忧心忡忡地劝诫女儿警惕约会强奸时，女儿几乎总是感到又烦又气。16岁的肯德尔说，她母亲在看完一期激烈讨论约会强奸的脱口秀节目后变得非常焦虑，并开始语重心长地教育她。"我当时的想法是：'哦！不！又开始说教了！'为什么我妈妈总是这么杞人忧天呢？我早就知道这些事了。我心里嘀咕：'知道了，知道了，你可闭嘴吧！'"

很多女孩和肯德尔一样，如果从母亲口中听到那些自己已经了解过的性话题，她们既提不起兴趣，又觉得很尴尬。另外，许多女孩觉得母亲的担心就是在否定自己。比如，17岁的伊丽莎说："我妈妈警告我不要和一个男人单独在一起，她这不就是在怀疑我的朋友吗？不就是在质疑我交朋友的眼光吗？她认为我蠢，识人不清。"现实情况是，女孩确实处在矛盾的境地。一方面，我们鼓励她们与男孩融洽相处，享受健康的友谊和美好的关系；另一方面，我们又告诫她们务必留一个心眼，比如在聚会上或宿舍内，不要关上门单独和男生共处一室，以防可能遭受侵犯。显然，青春期的女孩想要维护朋友的心理，很快就盖过她们心里的一丝谨慎和担忧。

性骚扰

性骚扰并不是什么新鲜事，只是与以前相比，现在它已经成了一个可以摆在明面上讨论的社会话题。在全国性的媒体上，关于性骚扰的热点新闻屡见不鲜。媒体不断披露着各个领域的性骚扰丑闻，就算青少年想不听到都难。在谈论一些不幸事件时，女孩往往会觉得那都是与自己无关的"外部"小概率问题，但性骚扰不一样。很多女孩在学校的走廊里就曾遭受男生的性骚扰。据她们说，当男生针对她们的身体做出调戏性的评价或者用淫秽的语言侮辱她们时，她们会觉得特别羞耻。令人意外的是，根据很多女孩的自述，她们曾在学校走廊里被男生抓住并掐捏身体的某个部位。

13岁的弗兰说："学校里的男生会摸我们的胸，抓我们的屁股。他们摆出一副开玩笑的架势，但这一点儿都不好笑，我很生气。但我又能怎么做呢？"14岁的阿曼达说："遇到这种事，我们往往都是震惊得说不出话。"但她接着补充说："就算反抗了又能怎样呢？就算我没有被吓呆，他们就能停手吗？我最好的朋友有一次呵斥了一个男生，让他把手收回去，他就喊她'娇小姐'，让她别那么小气，就好像我们应该把这些事当成笑话一样。"尽管女孩可能会跟自己的朋友讲述这类经历，但她们很少愿意告诉大人。她们不想在这个话题上小题大做，因为她们害怕面对自己的尴尬和不安。她们宁愿将自己遭受骚扰的经历埋在心里，也不想在告诉别人后，换来的是别人的质疑或者嗤之以鼻。

酒精和烟草

有些学校，每个学年都会举办一次关于禁酒禁烟的主题教育。每一个青少年都受过"远离烟酒"的告诫。根据一项针对美国高中生行为的调查，美国成绩优异的学生中，有一半的学生都有饮酒的经历。对于烟酒泛滥的现象，你的女儿早已见怪不怪。她们经常目睹自己的同龄人，甚至是朋友，在学校里吸烟、饮酒以追求快感。她们似乎接受了周围朋友饮酒和吸烟的行为。

不过即使你的女儿知情，也不意味着她会和你透露这些情况。相反，她会尽量绕开关于这类话题的沟通。对于这类问题，你也许焦虑得要死，但她却可能不以为意。16岁的玛吉说："从10月份开始，我的妈妈就和我吵个不停。她从报纸上了解到我们班的一个同学因为被搜出大麻而遭到逮捕。现在，每次我被邀请参加派对，她就变得紧张兮兮，觉得派对上一定有那些东西。她的反应真是荒谬。我知道我应该怎么应对这些情况，我知道自己在做什么。"

酒精和烟草往往被女孩视为探索身体上的新感觉、对抗成年人、融入同龄群体的一条渠道。很多女孩都承认自己曾经想过尝试吸烟或饮酒，她们想"只一次就够了，这样我才能明白他们说的是什么感觉"。酒精或烟草还有一种更常见的用途，就是在派对上助兴。女孩通过使用这些东西来缓解焦虑、改善社交中的窘态。14岁的普丽西拉说："喝完一瓶啤酒后，我感觉好多了。我开始有勇气和别人攀谈，再没有那种觉得自己很蠢的感觉。我放开了很多。"目睹过朋友们饮酒或吸烟，女孩便会以此说服别人——也包括自己——那些所谓的危害都言过其实。

当然，我们也必须看到，确实有些女孩拒绝烟草和酒精的态度非常坚决，她们一口咬定自己对吸烟和饮酒绝对没有任何兴趣，也没有丝毫想尝试的想法。这些女孩能否成功融入群体，完全取决于她们自己的社交能力。虽然有些人满足于拥有三五好友，但其实大多数女孩都在想方设法地让自己能被主流群体接纳。15岁的玛雅说："我不介意参加那种有人喝酒的派对，这对我来说完全构不成困扰。因为，我也会在手里拿一瓶酒，假装自己在喝。"

然而不幸的是，即便那些女孩看起来抵挡住了酒精、烟草和无保护性交的诱惑，也不一定意味着她们没有面临别的困境。实际上，如果一个母亲看到女儿没有做出什么出格的行为就觉得她的日子过得顺利，那么这位母亲可能忽视了一个非常关键的可能：有些女孩并不会把内心的痛苦显露于外，相反，她们尽最大努力克制内心的痛苦。她们不会与别人发生正面冲突，尤其是与她们的母亲。她们只会把情绪宣泄在自己身上，从而形成一些自我伤害的倾向。正如下文介绍的克里斯滕，她不愿意表达自己真实的感受，并且她用自己乖乖女的外在形象，掩盖了自己内心的煎熬。

▷▷ 克里斯滕的故事

克里斯滕是个高个子，看起来身强力壮，走路时头向前探，不像她母亲伊丽莎白那样形体优雅。她没有化妆，除了手腕上一块质朴的手表之外，身上再没别的饰品。不过，她的衣着整洁，这说明她还是很注重外在形象的。尽管是她主动要求心理咨询的，但在我面前，她却显出一副拘谨的样子，心不在焉地扫视着房间的环境。她不自然地坐在椅子上，似乎在等待我接下来给她介绍流程或给她指示。她的沉默是一种无声的求救。

我简单问了一些她的情况，她慢条斯理地小声回答。她说她的家庭和睦、父母慈爱，尤其是母亲。因为父亲经常忙于工作，还要出差，所以她和母亲在一起相处的时间最多。她一直很想念因上学而离家的姐姐。克里斯滕觉得，和她的很多朋友不同，她自己的童年相对来说比较幸福和无忧无虑：父母没有离婚，也没有酗酒的问题，家庭条件也还可以，能负担得起舒适的度假活动。克里斯滕一板一眼地向我介绍着，似乎是在照着一个清单念。

我问她与母亲的关系怎么样，她说："很不错。我们从来不吵架。她是一个很好的妈妈。"过了一会儿，她补充说："我不知道自己在想什么。但有时候我觉得我和家里其他人不太像。"

据她讲，她已经很多年没有和母亲特别亲近了。她说姐姐和母亲相处得很愉快，但她和母亲的相处却不是这样。她最终脱口而出："我已经不是我自己了。"从她的表述中，我明白了，她所说的"亲密"，其实只是相安无事而已。她与母亲不过是默契地遵守着绝不与对方闹到撕破脸的约定。

克里斯滕说，她不想告诉母亲，她最近受到了朋友的排挤，心里很难过。谈起这件事时，她说："我和那几个朋友实际上几乎算得上是'发小'。我们一起上舞蹈课、去活动小组，我们的父母也是朋友。然而，有一天我准备坐到我们常坐的那张餐桌旁时，却发现她们没有给我留位置。我站在旁边等她们给我挪个空位，可是半天都没人动，就好像她们没有看到我一样。就这样，我的朋友们突然不再和我讲话了。我告诉妈妈，我因为痛经请假了，所以不用去学校。"克里斯滕认为，她的朋友们开始对她乖乖女的样子感到厌烦，因为她既不喝酒，也不抽烟。"我猜在她们眼里，我肯定呆板、无趣得很。"

她起初因为心情不好，食欲不振，瘦了好几斤。接着，她却迷恋上了这种腹中空虚的感觉，毕竟一直以来，她都觉得自己太胖了。她说："我和我朋友催吐过一次，我当时觉得这种行为很蠢，但吐过之后，我突然感到神清气爽。现在，每次放学回家，我都会去卫生间吐上一会儿，然后我就觉得放松很多。"就这么过了一阵子，克里斯滕发现自己催吐的冲动越来越强。

这吓到她了。因为她在学校已经了解过饮食障碍，她不想成为一个饮食障碍患者。最重要的是，她不想让母亲担心。她说："有天晚上我妈妈发现了这件事，她的情绪马上就低落了。我最怕看到她那种紧张的神情，在那之后，她几天都没说话，就一直待在自己房间里。"很明显，克里斯滕在不遗余力地避免让母亲烦心。她在学校里成绩优秀，而且表现得非常配合，会去参加那些母亲觉得重要的活动。她还会刻意避开母女之间有争议的话题。她解释说："对于那些注定会让我们产生分歧的话题，我又何必提出来找不痛快呢？"

克里斯滕竭尽全力按照母亲所定义的优秀标准来生活。她努力做一个听话的女儿，为了维护这个形象，她放弃了探索一切的自由。她压抑着自己内心那些负面的想法，因为如果她将自己内心隐藏的不满宣泄出来，她就不再是那个乖孩子了，至少这个"乖"的标签会大打折扣。最后，她找到了催吐这种解压方式，来摆脱心底的阴暗情绪的纠缠。

克里斯滕是一个典型的乖乖女，她勤勤恳恳地去迎合外界对自己的期待。她家庭里那些代代相传的严格的标准，现在终于传到了她的身上。此外，她所在的社区和整个社会环境，也在推动着她：它们一方面规定了让她安身立命的传统范式，另一方面，又暗示她及其他年轻女孩要做一个"时髦的人"。

青春期的女孩所接收到的社会言论

关于什么事情最重要、哪种价值观最正确，社会上流行着各种说法，你的女儿也不免受到社会观念"洪流"的冲击。这些良莠不齐的观念，轻则会让女孩备感迷茫，重则会产生巨大的破坏力，让女孩不敢反抗不公、捍卫自身权利，从而无法保护自身安全。除了前文所述的社会性问题，你还要谨记下面的一些因素也会对你女儿产生严重的影响。

媒体中女性的刻板印象

媒体一方面告诉女孩要警惕性骚扰、约会强奸和各种致命的安全或健康风险，另一方面又向她们强调外貌、异性缘和性生活的重要性。这种矛盾的现象在时尚和化妆行业的广告中尤为突出。电视和杂志上的模特，身材越来越纤细，而这种体型的青春期的女孩在所有女孩中仅仅占了5%到10%的比例。她们这个年龄段的模特，在造型上要么是过于性感，要么是充满性暗示。媒体或明或暗地告诉女孩们：所谓的快乐，就是美丽的外表、强烈的性吸引力和狂野的性生活。

在过去的几年里，全国性的青少年新闻杂志封面充斥着"俏皮的性报告"（The Smart Sex Report）、"每个女孩不可不知的魅力造型"（Great Looks—What Every Girl Needs to Know）、"如何既安全又不留遗憾"（How to Be Safe, Not Sorry）、"测试：你能够保持理想身材吗？"（Quiz: Can You Keep Off Unwanted Pounds?）、"如何迷倒男生"（How to Snag Any Guy in the Zodiac）这类文章标题。在这些文章的鼓动下，女孩们不感到迷茫才怪。她们一方面要追求性感，一方面又要保证自己的性安全，这两个完全矛盾的目标，又怎么能够协调一致呢？

社会允许女性表达愤怒

影视、音乐等领域终于涌现出了一批勇于表达情绪的女性榜样！这无疑是媒体（最重要的外部影响源之一）方面的好消息。电影、音乐和电视节目正在多元发展。十几岁的女孩，不再全都是嚼着泡泡糖的时尚奴隶，或是恐怖电影的受害者。事实上，年轻的女明星越来越多地开始公开表达懊恼和愤怒等负面情绪。在你女儿这样的女孩看来，这些女明星无疑是至高无上的女性楷模，也正在向世界证明：能干且自信的女性也同样出彩。因此，她们的出现，相当于媒体允许女孩表达自己强烈的情感。

　　在最近的几十年里，电影里开始陆续出现聪明能干的女性青少年角色，她们面对不公，一腔怒火。在电视剧和脱口秀节目里，越来越多的青春期的女孩在讲述她们所遭受的不公和误解。流行音乐也发生了看得见的变化。心有不平之气的女性摇滚歌手，用自己的歌词表达了年轻女性普遍感受到的恐惧、敌视和不公。与其担心女孩引用那些充满嘲弄意味的歌词，不如庆幸社会上还有这样的一些领域，让女孩明白自己完全有权利可以正当地表达愤怒等负面情绪。我们需要尊重当今女性的努力，她们正在推动女孩勇敢地表达自我。

　　事实上，十几岁的女孩会愤怒、困惑和失望，这并不稀奇，但令人震惊的是，媒体居然会将这些负面情绪主动呈现给大众。明星会影响青少年的装扮、谈吐和思维方式，这些影响有可能是积极的，有可能是消极的。尽管媒体仍然主要"贩卖"着最关心指甲油、发型、睫毛膏和超短裙的少女形象，但令人欣慰的是，这已经不是你女儿能看到的唯一的女性模板了。当十几岁的女孩看到和听到喜欢的女明星表达自己的真实感受，她们面对自己的情绪时就会感到自在和自信。这才是值得庆祝的重要变化。

成年人对女孩自相矛盾的规训

社会各个领域对女孩行为的要求，都离不开那句陈词滥调："女孩是蜜糖、是香料，是一切美好的化身。"你也许很早就听说过，女性不应当表达激烈的情绪，不应当性情刚烈。不用说，你女儿肯定也听到了这样的规训。与家庭之外的成年人的互动，也强化了这种社会意识。外界对女孩的要求，是要听话、要像个淑女，不能冒犯旁人。

女孩幼时在游乐场玩耍的时候，大人就告诉她行为举止要规规矩矩，不能伤害其他孩子的感情。如果哪个女孩只有一个固定的玩伴，那就是个大麻烦。因为大人非常忌讳女孩说的一句话就是"我不想和你玩"。女孩觉得自己没有拒绝别人的权利。如果她要举办生日派对，那就意味着她必须邀请全班的人来参加，即便明知有人会一直推辞。如果女孩对此抱怨，或者更过分地大声表达自己的不满，那么父母可能马上就会让她闭嘴，或者给她一个恼怒的眼神。

社会鼓励男孩用野蛮的方式玩耍、打败别的参赛队伍或者将竞争对手"干倒"。但到了女孩身上，又开始使用另外一套规矩：不能这样，不能那样，要温婉、安静。如果一个女孩，从小就被教育说她的职责是抚慰别人、避免冲突，那么她就很难宣泄自己的情绪，更不要说为自己据理力争了。同样的表现，在男孩身上就是值得夸赞的强大本领，而女孩就会遭受非议，被扣上"攻击性强"或者"咄咄逼人"的帽子。

社会教女孩要体谅别人的处境，但她们唯一不能体谅的就是自己的情感，她们甚至不能承认这些情感的正当性。比如15岁的艾薇，她的朋友在最后关头放她鸽子，改约了别人，她却为朋友辩护："她这么做，肯定有自己的难处。

也许，她觉得不邀请卡拉心里会过意不去。我理解她。"但当被问及她自己的心理感受时，她又说："我不清楚，我不知道她为什么要这么做。"很多女孩和艾薇一样，优先关注的是朋友的感受和需求，却忽略了自己的。

女孩把友情当成头等大事，所以她们经常愿意自降身份、甘当绿叶。她们从小就被教导心态要平和、要去体谅他人，所以，当面对不公时，她们很难果敢地反击。最重要的是，由于强势的举动不符合媒体所推崇的女性形象，她们也不敢坚定地去维护自己的利益。

同龄人的影响使女孩压抑情绪

你的女儿最清楚，将强烈的情绪宣泄出来，无异于让自己"社会性死亡"。你甚至都不用亲自向她说明宣泄情绪会对自己的人际关系产生哪些不良的影响，她自己就能从别人社交表现的细枝末节中体会到了：意味深长的眼神、轻蔑的语气、冷漠的态度。15岁的兰尼道出了很多青少年的心声："如果我告诉我的朋友，我对某件事感到特别生气——天知道我会不会说漏了嘴其实正是她们惹我生气——她们就会冲我翻白眼，让我自己到一边去平复心情。所以我都尽量保持淡定，遇事不追究，免得事后惹麻烦。"13岁的艾美拉讲到自己因为一个朋友撒谎而生气时告诉我："我把我的感受告诉了她，但她根本不当回事，所以我冲她吼了几声。她说我是个疯子，并且警告我如果再这样，以后我一个朋友都不会有了。"

因为害怕被朋友说自己是一个"坏人"，女孩就算再怎么生朋友的气，大多数时候也会选择闷在心里，不愿直接找对方算账，她们也害怕小团体会把自己踢出去。她们宁愿压抑自己的怒火、忍受不公、默默消化，也不想冒险失去一个朋友。你的女儿很清楚，指责朋友的错误，只能让自己一时感到畅快，但后面可能连派对邀请都得不到了，这无疑是得不偿失。

何况，就算你的女儿不害怕与自己的闺蜜断交，也会忌惮异性的疏远。对很多青春期的女孩来讲，男孩的态度比最亲密的女生朋友的反应还要重要。女孩希望自己的魅力能得到异性的认可。她们害怕与别人对峙，因为她们担心这可能会让男孩对自己产生消极的看法。如果一个母亲好心地告诉女儿，男生的看法其实毫无意义，那么她必将失去女儿的信任。如果女孩认为，表达真实的感受会失去异性的尊重或者被贴上"可怕""泼妇"的标签，她们肯定会压抑自己的真实情绪。

17岁的吉尔说："那个男生很受欢迎，我当时很喜欢他。我们交往了好几个月，但他和一个在聚会上认识的女孩交往了，背叛了我。我非常生气，找他对质，他却告诉我他根本不把我说的话当回事。后来他告诉他的朋友，我很爱他，现在他们都觉得我是个大傻瓜。"她接着补充说："如果能回到过去，我会选择直接和他分手，根本不会费力去讨一个说法。"

吉尔回想起来，并不佩服自己当初的直抒胸臆，而是后知后觉地多出一番悔意。不能真实地表达自己，是多么可悲的一件事。但是，现实情况给她的教训就是：此后再也没有哪个"有魅力的"男孩愿意多看她一眼，更别说约她出去了。在诸多的恶果中，青少年最害怕的就是社会性流放。因此，她们更不敢肆意表达自己的情绪了。

青春期的女孩不敢与大部分人唱反调，原因是：与一个人维持友好的关系都已经"难于上青天"了，得罪更多的人，那真是连想都不敢想。13岁的黑莉说："我和在中学里新认识的几个朋友出去玩'不给糖就捣蛋'的游戏，结果有几个人想要破坏别人家的信箱。我想，如果我们被抓到，我妈妈以后肯定不允许我出门玩了。于是，我就跟她们说'这不太好吧'，说完一个朋友就狠狠地瞪着我喊了一句'窝囊废'。我当时真不该制止她们，我本该独善其身的。"

怀着这些恐惧，女孩就算有负面情绪，也不敢声张。即便遭受不公的对待，她们也会否认正当的愤怒，甚至选择为罪魁祸首开脱，甘愿不了了之。她们虽然对外人如此，但对家人撒气的本事却不小。这一点，你应该早就有切身体会。只可惜你偶尔失控地宣泄情绪，并不能真正解决你们之间的冲突。在上文中你已经了解了你的女儿在青春期遭遇的困难、接收到的那些矛盾观点、肩负的艰巨任务。它们不计其数，上文也只是简单罗列了一些。但是你只有考虑到这些因素，才能更好地理解女儿不妥当或令你气恼的行为之下，其实潜伏着巨大的苦闷。理解她的处境，将会帮助你有效地维护好你们之间的母女关系。

第04章
来自家庭和文化的影响

　　你和你的女儿并不是生活在真空之中。你已经反思了自己给母女关系带来的积极与消极的影响、养育风格的源头以及你女儿面临的现实困难。现在，你需要探索家庭和周围环境给你们的母女关系造成的影响。你与女儿的关系，既是你们家庭生活的一部分，也是你们家庭生活的产物。这里所说的家庭，包括家庭的价值观念、传统、期望和喜好。在我们专门探究你和你的女儿之前，你先要弄清楚这些宏观要素——既不是母亲，也不是女儿，而是你们所共同居住的环境——是如何塑造你们的母女关系的。

家庭环境

当自己的第一个孩子从婴幼儿期进入儿童早期时，母亲就会开始注意到自己所处的家庭环境。你的女儿上幼儿园后，她会去同学家里做客。她的这些幼儿园同学不再像之前那样，几乎都是父母好朋友的子女。有了这种新的参照，她们开始意识到家庭与家庭之间的不同。她们会将自己的家人与这些新伙伴的家人进行比较：我的父母比鲍威尔的父母嗓门大；我们家比莫里森家吵闹、混乱；我希望我们家人在吃完晚饭后也能像苏珊一家那样，在一起玩……孩子通过这些比较而获得的认识和疑惑，也促使母亲后退一步，借助孩子的眼睛来审视自己的家庭，认识自己家庭的本质特征。

当女孩进入青春期，这个过程会再次出现。母亲不得不重新评估和思考这些旧问题。由于与以前相比，青春期的女孩面临的问题发生了很大变化，同时也更加复杂，母亲发现，自己也必须重新审视自己原有的观念。你的女儿从媒体宣传以及结识的各个朋友那里，已经勾勒出了自己心中的理想家庭的画像。于是，她开始时不时地要求你做出改变，来顺应她的愿望。按照女儿的说法，她身边的所有人都得到了父母的允许或支持，可以去大胆尝试某种新风格、享受某种权利或者体验某种经历——除了她自己。处于青春期的女儿可能让作为母亲的你，受到了其他思想观念的冲击，并由此开始内省。

你需要花时间重新审视你的家庭环境，必要时，你还需要与你的家庭重新和解。除了极端情况外，例如虐待和过分纵容，家庭风格并没有对错之分。重要的是，你对与家人共创的家庭环境感到满意，并能够认清它对你们母女关系的影响。你可能会用自己现在的家庭生活，与你的原生家庭生活进行对比，并反思你目前对孩子的期待，来源于哪里。更重要的是，通过比照自己的成长经历，你要确认自己是否希望给女儿营造一个不一样的成长环境。下面这些问题可以帮助你找到这个问题的答案。

家庭成员的相处模式

家人之间的亲密程度千差万别。在有些家庭中，家庭成员如胶似漆，大部分甚至全部的休闲时间，父母和孩子都会一起度过；还有一些家庭，至亲手足生活在一个屋檐下却形同陌路，只在偶尔的相聚或匆忙吃早饭的时候，家人之间才会简单交流几句。在你思索"相处模式"这个问题的时候，你脑海中浮现的理想的家庭相处模式是什么样的？

请你先回顾一下自己的原生家庭。在你小时候，是终日都有父母兄弟姐妹做伴，还是相反的，你有很多时间都在家庭之外度过。有些母亲说，她们年少时，喜欢和好朋友的家人们待在一起。因为与自己的家人相比，她们更喜欢这些"外人"。如果你也是这种情况，这样的经历又如何影响了你对自己女儿的看法？

要了解一个家庭中的相处模式，我们不妨来看一看，在现在的家庭和你的原生家庭中，晚餐是如何安排的。晚餐的场景各种各样、不尽相同，但每一种都是一个可以让家庭成员增进感情和谈心交流的机会。晚餐的场景通常有两种，一种是传统的家庭晚餐，用餐时长基本固定在一个小时，并且所有的家庭成员都必须出席，谈论他们当天的经历、发生的事情或者其他感兴趣的话题；另一种，晚餐场景主要存在于那些晚餐的时间与形式都不固定的家庭中，孩子们需要自己照顾自己。很多青少年晚上都是对付着吃个三明治——有时候他们在自己的房间进食，有时候就坐在电视机前边看边吃。不同的晚餐场景，给青春期的女孩传递的信息也不同。

在你直接开始处理你们的母女关系之前，请先想一想：你和你的家人对相处模式的期待。你最喜欢哪种程度的亲密？你又打算如何将这些看法告诉你的女儿？

家人间真诚沟通的频率

我们不仅要着眼家庭成员之间共处的时长，同时还要看一看他们对彼此了解的程度。你的家人会讨论他们内心深处的想法吗？他们是不是对其他家庭成员的生活表现出了兴趣？母亲经常会忽视家人之间在心灵层面的交流，但这部分的沟通恰恰对母女关系有着非常重大的影响。你的童年经历、个性和价值观将会决定你对女儿抱有哪些期望。在思考这个问题的时候，你也需要搞清楚，你和女儿之间的理想距离是怎样的。

接纳情绪的程度

不同的家庭，对情绪的接纳程度也不同。一些家庭把情绪视作洪水猛兽；

还有一些家庭则从小教育孩子要藏好自己的那些负面情绪，比如伤心、失望，尤其是愤怒；甚至还有些家庭连指代焦虑、不安、气恼、愤怒这些情绪的词汇都不会说出口；也有一些家庭允许成员宣泄强烈的情绪，甚至允许他们将负面情绪付诸行动，但不允许他们把这些情绪摆在明面上展开讨论。也许，只有在极少数的家庭中，人们才能看清楚那些微妙甚至是无意识的情绪，以及认识到这些情绪具有毁灭性的力量。

你是不是也成长在一个把情绪关在"地下室"的家庭里？如果答案是肯定的，那么你可能会和很多成年女性一样，对自己产生的情绪既不能充分理解，又无力妥当处理。想一想，你对情绪的接纳，是不是来自你原生家庭中的情绪教育？最重要的一点是，你要好好思考，在你们的母女关系中，你期望建立一种怎样的情绪表达模式？

表达爱意的方式

在不同的家庭中，家人间表达爱意的频率和程度大相径庭。你的家庭是如何表达爱意的？你们是乐于把对自己所爱之人的关心之情说出来，还是更习惯借助身体的接触（比如亲吻、拥抱和抚摸）传达情意？还是将深爱都化作无声的行动？当你回顾自己的成长背景和个性发展历程时，也不妨弄清楚，你是否习惯于用语言或者身体接触表达感情，以及你对女儿在这方面所抱有的期待和要求。

你对育儿风格的偏好

毫无疑问，你的父母是如何抚养你的，将在很大程度上影响你如何抚养自己的孩子。如果你的父母比较独断专行，而你也无意识地继承了这种育儿风格，那么，你更有可能会希望女儿安静和服从。如果你心里认为"对孩子只需审视而无须倾听"，那么你可能就不会鼓励她，甚至会直接禁止她表达自己内心的想法或者和你争论。事实上，在这样的家庭中，如果女孩敢表达自己的想法或者和家长顶嘴，多半会受到责骂甚至惩罚。相比之下，如果你采取的是一种比较民主的育儿风格，你可能会在无形之中鼓励孩子抒发与你不同的见解，并鼓励他们讨论一些有争议的话题。但如果父母对孩子过于放任，虽然孩子不会因为持有不同意见就遭受父母的批评，但也不会获得据理力争并由此学习解决争端的机会。

认清你的家庭通常会采取什么方式处理成员之间的意见分歧，是非常重要的。在你还是个孩子的时候，你的家长有没有赋予你提出异议、抒发己见的权利？你有没有将这些权利赋予你的孩子？

解决家庭冲突的方式

家庭与家庭之间最明显的差异往往表现在他们解决冲突的方式上。有些家庭从根本上就不允许冲突的存在。因此，家庭成员会千方百计地忽视摩擦、避免争论，回避可能引起矛盾的任何议题。相反，在另外一些家庭中，生活就是层出不穷的摩擦、数不尽的争吵和无休止的斗争。他们往往不会讨论该怎样制定解决冲突的规则，他们经常在饭桌上自由讨论诸如"得体的着装""取得好成绩"等话题，却从来不会共同探讨如何解决家人之间的冲突。但是，即使没有固定的解决冲突的明确规则，孩子们还是能从家庭的现状中，摸清一条冲突发展与得到解决的脉络。

家庭的冲突观

如果你想妥善地处理和解决母女之间的冲突，就需要先弄清楚，原生家庭对你的影响。下面的几位母亲讲述了自己继承而来并且有可能继续传递给自己女儿的一些有毒思想，看看你有没有"中招"。

"不惜一切代价地避免冲突"

乔治娜45岁，有两个女儿。她的原生家庭总是不惜用各种方式强调规避冲突的重要性。谈及此事，她说："我爸妈从不争论或在别人面前吵架。在我家里，根本没有生气这回事。但这并不是因为没有任何令人生气的事，而是因为我们就算遇到问题，也不会说出来，都选择闷在心里不提不讲。"乔治娜说，关于冲突，她无形之中吸收了母亲的那种态度。她觉得隐藏自己的情绪是强大的表现，是一个优点。后来，家里发生了一件事，让乔治娜更加坚定地相信压制冲突的重要性。"当时我姐姐在骂我爸爸，我爸爸大声地让她闭嘴。这些话以前从来没人说过，当时我快吓死了，尤其是看到他们开始动手互殴的时候。这样的事，在我家只发生过一次，"长大后的乔治娜意识到，她害怕任何人在她面前发泄强烈的情绪，"我不敢惹起争端，因为后果太恐怖了。"由于规避冲突的意识深入骨髓，在与女儿相处的过程中，哪怕是一些微不足道的小矛盾，乔治娜都选择竭尽全力地去容忍和淡化。

"避免冲突是你的责任"

吉莉恩56岁，在她年少时，父母离异了，她的家里有四个半大的孩子，她是老大。回忆这段日子，她说："每天下午，我都得按照大人的吩咐，照顾弟弟妹妹。我不能让他们烦到我妈妈。那时候，我在上高中，一放学我就得冲回家，管着他们，不能让他们在家里闹翻天。哪怕厨房台面上有一粒食物残屑，我们都会遭到呵斥，尤其是我的小妹妹。这时候我就会非常难受。"由于照顾弟弟妹妹的意识过强，吉莉恩已然自顾不暇了。她记得有一次自己斥责了弟弟。"听到我弟弟的喊叫，我妈妈烦透了，马上就要发火了，她埋怨我为什么要惹他，完全不理会是他挑衅我在先。"吉莉恩逐渐察觉，这个家不会容忍任何一个人的抱怨，因为自己发泄情绪而牵连到其他人更是千不该万不该的。因为肩负着照顾家人、看管弟弟和妹妹、维护家内和平的重担，她开始习惯性地压抑自己的不满情绪。但是，当自己的女儿即将进入青春期时，吉莉恩意识到，如果她不主动改变自己处理关系的模式，那么她小时候看管弟弟和妹妹的那些可怕场景，一定会在她和女儿之间重演。

"别指望谁能解决冲突"

40多岁的玛丽说，从小到大，她的家里永远都是吵吵闹闹、乱哄哄的，父母表达情绪时，不仅毫无顾忌，还十分激烈夸张。"在我家，基本上每天都有噪声和吵架声，你吼我，我吼你。有时候，两个人还能不依不饶地斗起嘴来。我爸爸尤其猖狂，他总是扯着嗓子喊我妈妈给他拿或者送东西。到了逢年过节，更是不得了。我妈妈像个陀螺一样，忙前忙后地做饭。如果有亲戚登门，他还会大声发号施令。我妈妈有时也会被惹恼，大喊着回嘴，但这丝毫没有改变我爸爸吼叫的恶习。这种状态持续了很多年。"

玛丽说，她结婚前去公婆家里度过了一个假期，在那儿，她领略了一番完全不同于自己家庭的景象，并因此感触良多。"我清楚地看到——也是第一次看到，原来这世上还有这种处理问题的方式。那一天是感恩节，他们家来了很多人，气氛热闹，和我家很像，有许多亲戚家的小孩在追逐嬉闹。但不一样的是，当他们家的人意见不合时，大家会低声细语地商量。我忘记了当时他的爸妈是为了什么事起了争执，但他们开始交谈，没有大吼大叫，并且最后达成了某种共识，事情就这样温和地解决了。这和我家里那种大吵大闹的场景完全不同。"

玛丽发现，自己家里的每次冲突最终都不了了之，所以她长大后理所当然地认为，就算受到了不公对待，也没必要费功夫去反抗。在潜意识中，她已经习惯性地忽视自己的负面感受，不追究别人对自己造成的任何伤害。但是，玛丽希望，自己能给女儿不一样的教育。她说："我希望我们能对彼此坦诚，希望我们都能明白，对于涉及自身利益或幸福的事情，我们完全有能力处理好。"

"女孩不可卷入冲突"

如果父母对女儿和儿子的行为采取不同的标准，那么女儿长大后，你们对她区别对待的所有细节，都将在她记忆中留下深刻的印记。阿曼达的原生家庭有三子三女。她说："直到现在，我对我父母的性别歧视行为，仍然耿耿于怀。我爸妈鼓励我的哥哥弟弟们要有男子气概，他们可以摔跤、打架或挥拳相向，表现得怎么暴力都没关系。我记得我一个兄弟甚至把他卧室的门砸出了一个洞，但对此，我爸爸只是轻描淡写地说'哦，他只是在撒气而已！'可是，我和姐姐妹妹连彼此推搡一下都是天大的罪过，会让他对我们怒目而视。有一次，我生气地把书扔到地板上，跺着脚回屋，我妈妈就受不了了，开始滔滔不绝地跟我讲女孩要举止得体。虽然家里人没有明说，但实际上他们认为，我们身为女孩，根本没有生气或感到冒犯的权利，我们天生就该闭嘴忍耐！"但直到48岁的阿曼达有一天被女儿指责"性别歧视"，她才醒悟，原来自己已经在潜移默化中认可和传承了这种性别不平等的思想。想起自己年轻时，是多么厌恶和憎恨父母那种性别歧视的态度，阿曼达打定主意，一定要给女儿提供一个和自己不一样的成长环境。

"冲突具有破坏性"

在有些家庭中，人们会任由冲突失控，甚至发展到造成破坏的程度。44岁的卡拉就生长在这样的家庭之中。她说："我家中弥漫着争吵。实际上，我需要练就一身防身的本领，才能在这样的环境中存活下来。在外人看来，我们是那种普普通通的家庭：有一所漂亮的房子，会定期去休假，有时候甚至还会去教堂礼拜。但是在外人看不到的地方，我们还有持续不断的争吵和匪夷所思的斗争。我14岁的时候，父母离婚了。我记得我当时在心里松了一口气，因为我终于可以睡个好觉了。我已经厌倦了每天一睁眼就听到他们的叫骂声或往墙上砸东西的声音。有一次，我甚至听到了我妈妈发疯一般地叫喊。我爸爸的脾气一直都不好，如果他喝醉了酒，那么肯定就会造成一场'浩劫'。晚上的时间最可怕，因为我只能束手无策地等待着'战争'的降临。"卡拉认识到，她对冲突深入骨髓的恐惧，就来自这些早年的经历。她告诉我："那时候，只要听到我妈妈说了什么特定的字眼，我就能准确地预判，我爸爸从第几秒开始就会发怒，那简直跟雷声响在闪电后一样规律。"很多有这种成长经历的女人都会不计后果地避免冲突，卡拉也一样。她选择避免冲突的方式是使用镇定药物以及离家。

就像暴力会催生出更多的暴力一样，还有一些女孩，在原生家庭中经历了高破坏性的冲突后，会在自己成年后的生活中，延续这种失控的冲突模式，这其中就包括语言攻击。恶言相向的杀伤力，不容小觑。40岁的格拉纳有一个10岁出头的女儿，她的女儿非常担心格拉纳会把原生家庭里的那种高破坏性的冲突模式，延续到自己的生活中。她说："我妈妈讲的话比她的巴掌更让我受伤，她把我说得一文不值，说我永远都是个废物。我恨透了这些话。每次我们吵架，我就会觉得自己是一个彻底的失败者。"

最为极端、最为恐怖的家庭冲突（比如殴打配偶、身体虐待和性虐待）会给女人留下永远的阴影，并进而影响她们对待自己女儿的态度和方式。她们从自身经历中获得的最直接的领悟就是一定要避免冲突，因为冲突就是灾难。也正是因为这个原因，作为母亲的她们，会对家庭中的所有冲突都闻风丧胆——尽管愤怒和敌意，与欢乐或惊讶一样，是非常正常的情绪。更糟糕的是，如果作为母亲的你阻止自己或女儿用建设性的方式表达这些情绪，那么其实你是在制约她的自我成长，抹杀母女关系得以丰富和深化的可能性。

社会的冲突观

女性原生家庭的经历塑造了她们避免冲突的态度，这种态度又往往被社会文化进一步巩固。实际上，直到今天，社会也在规劝女性不要表达自己强烈的负面情感。哈丽特·勒纳（Harriet Lerner）在《愤怒之舞》（*The Dance of Anger*）①中说："女性的角色是照顾者、安抚者、和平的维护者。我们总是要去取悦别人、保护别人、平息纷争。"

无论是在职场、学校还是家庭中，只要女人或女孩维护自己的利益，表达对现状的不满，尤其是当她们拒绝附和男性时，就会遭到谴责。那些敢于表达强烈的情感，或者勇于抗争的女性，往往会被贴上"傲慢"和"疯子"的标签。勇敢反抗不公的女性，往往会遭受对其自身"女人味"和性别的攻击。现

---

① 哈丽特·勒纳（Harriet Lerner）是美国著名心理学家。《愤怒之舞》（*The Dance of Anger*）是她撰写的心理自助类畅销书。在书中，勒纳揭示了愤怒情绪是如何影响女性的亲密关系的，并且女性该如何将通常具有破坏性的愤怒转化为一种建设性的心理力量。——编者注

在可以回想一下,你是否听到过下面这些观点。

"你不随和"

如果职场中的女性在遭遇不公时敢于抗议,就要承担严重的后果。49岁的琼是一家制造企业的中层管理人员。在收到平生第一次绩效差评之后,她来寻求帮助:"我的老板批评我说,我的交际手段不够灵活。他觉得我总是有话直说,说的话又难听,让别人觉得不舒服,这样特别不好。一个月之前,我和我的一个同事爆发了冲突。我的老板像教训一个小孩子那样,让我好好解决。我觉得他根本就是看不起我。如果我是个男人,他可能就会觉得我行动力强、做事果断,就因为我是个女人,在他眼里这些行为就是不注重团队合作的表现。"

这类经历对于职场上那些内心坚定、事业辉煌的女性而言,屡见不鲜。你身上是不是也发生过这种事情?关于女性如何在冲突中维护自己的权利和面对冲突的结果,你有什么经验可以传授给你的女儿?

"你太强势"

即便是生活中最普通的经历,也往往会强化这些对女性的规训。33岁的约兰达带她12岁的女儿去参加第一节游泳课,她提前约好了课,但到场后接待员却告诉她,这堂课已经满员了,她们不能参加。她说:"我很生气,但我觉得我应该用体面的方式处理这件事。我问她是不是系统出了什么错,因为从来没有人打电话通知我这节课满员了。但是那个年轻的女接待员表现得很不耐烦,好像我给她添了多大的麻烦似的。这个时候，我的女儿已经换好了泳装，并迫不及待地等着体验她人生中的第一节游泳课。结果她却告诉我，这节课上不了了。我要求和经理进行交涉。那个接待员叹了一口气，好像我的要求是多么不可理喻。她还对桌子后面的另外一个接待员使了使眼色。"约兰达意识到，对方肯定是觉得她太盛气凌人了。当时的情况是，如果她不想被别人当成一个"麻烦精"，就只能闭上嘴巴带女儿离开。事实上，她也确实是这样做的。不过，她现在非常懊悔，自己没有进一步抗争。你的日常言行给你的女儿带来了什么样的冲突教育呢？

"你太小题大做"

这项评价往往来自其他女性，甚至最令人心碎的是，有时候给你扣上这么一顶帽子的恰恰就是你的朋友。38岁的蒂娜居住在一个乡村小社区里，她偶然得知她的三个朋友组织了一场聚会，但是只有她和她的丈夫没有被邀请。她说："我感到非常受伤，但我不打算把不满闷在心里，我已经足够成熟可以应对这种事了。于是我把我心中的感受告诉了组织这场聚会的朋友，但她不仅没有表示任何歉意，反而表现得好像是我犯了什么错。她说她们觉得我很忙，还质问我为什么会有这么大反应。我太震惊了！"如果你和朋友之间发生了这样的不愉快，经历过这些事件之后，你会不会调整你对女儿的冲突教育？

寻找榜样

当母亲在家庭内部以及外部更大的范围中经历了此类冲突事件后，她们很难想象，能够直接有效地处理好冲突的，都是些什么样的女人。实际上，如果你问一个母亲，当她想表达心中的不满（更不要说是宣泄愤怒了），她脑海中想到的是谁，那么基本上无一例外，她会想到一个口中念念有词的疯女人。41岁的卡罗尔说："我会想到我的姨妈贝蒂。看她做了什么，我就能反推出我不该做什么。她就是一个完美的反面教材。她总是爱找碴，对所有事情都不满意。小的时候，姨妈贝蒂当众的一些表现，连我都会觉得难为情。我不喜欢和她外出，如果我们出去吃饭，我就会祈祷端上来的饭菜没有任何问题，我现在还记得她当时是怎么呵斥服务员的。"

> 对女人来说，与其无意识地、不计后果地将负面情绪发泄给别人，不如明智一点，那就是：即便生对方的气，也不必破坏与对方的关系。（有些人会将此称为男性发泄愤怒的范式）
>
> ——朱迪斯·约旦[①]

尽管这个世界上事业型的杰出女性越来越多，比如女教练、女校长和女政治家，但是人们却很难说出一位处理情绪和冲突的女性楷模。不过，当人们说到表达立场的男性时，通常想到的也是一些令人不悦的形象，比如某个态度粗暴、专断的男人。

---

① 朱迪斯·约旦（Judith Jordan）：美国心理学家。著有《关系文化治疗》（*Relational-Cultural Therapy*）等专业著作。——编者注

由于缺少正面的态度、坚定的女性榜样，女性很难克服家庭和社会给她们灌输的那些让人泄气的规训。因此，在最需要表达强烈情绪的场景（比如遭受攻击）中，母亲也会抑制自己的这种情绪表达。可悲的是，如此一来，女性就没有办法为她们的女儿树立好的榜样。43岁的安娜讲述了下面的故事，道出了女性通常会选择消极抗争的现象。

在一节教授自我防卫术的课程上，一个空手道教练站在教室前，面对着满屋的母亲和女儿，让她们起立。他问道："假设你们现在被人袭击，你们会发出什么样的声音？"

现场一片沉默。

他又重复道："现在有人打你们！你们要发怒呀！"

但还是没有人吱声。对于学员们的反应，这位教练说他一点儿都不吃惊。他教了这么多年的自我防卫术，早就知道女性不会调动自己的愤怒情绪，她们基本上只会呆若木鸡地站着，哪怕是在最需要进行抵抗以保护自己的危急时刻。

母女之间的冲突

也许因为看到自己与他人的冲突总是带来不好的结果，母亲和青春期的女儿开始惧怕在她们的母女关系内部所产生的那些不可回避的冲突。你可能也很担心，自己没有能力处理好抚养女儿过程中所迸发出来的那些强烈的、负面的情感。也许你害怕这会摧毁你们的关系、让女儿和你渐行渐远或者自己被贴上凶神恶煞的标签，所以，在你需要正面表达愤怒、解决分歧之时，却选择缩手缩脚，不敢有所动作。

你的女儿其实也有着同样的担忧。我们在上文已经探讨过，媒体、同辈和文化大环境也在给你的女儿"洗脑"，教育她维持和平、缩头缩脑。青春期的女孩往往不确定自己是否真的有权抗议不公，同时她们也缺乏有效的抗争手段。即便你有意识地教育女儿要重视自己的感受、自信地去表达情绪，但是面对媒体舆论、同辈影响和社会文化，你可能也不是对手。

因此，很多青春期的女孩并不具备处理冲突的能力，尤其是处理母女冲突的能力。你害怕与你的女儿针锋相对，有很多原因。但女儿的恐惧则另有缘由。她们不害怕与你疏远，或者可能害怕的不仅仅是关系的疏远，她们还担心自己会遭受惩罚、受到嘲笑和漠视。提及对母亲表达自己的强烈情绪时，女孩最常想到的是下面的结果。

⇒ "我会被禁足两周。"——安德烈娅，12岁

⇒ "我妈妈会斥责我又发疯了！"——盖尔，15岁

⇒ "如果我说了什么，她就不理我了，这让我觉得自己很蠢。"
　　——阿娃，16岁

⇒ "如果我告诉她，她会反过来对我撒气。"——明娜，16岁

⇒ "反正她也不会听，她一定要当'老大'的。"——温迪，17岁

　　可是如果你的女儿如此惧怕冲突，你们两个之间为什么又摩擦不断呢？此外，她为什么那么喜欢把别的事情引起的怒气都撒在你身上呢？

　　这都是因为在你女儿的内心深处，她知道，你对她的爱不像她与伙伴们的友谊，你的爱是无条件的、永恒的。她当然知道，当她犯了错，你一定会感到生气和失望，她也明白冲你发脾气、给你难堪后，自己也要付出代价。不过，她同样知道，通过这一系列的发泄行为，她可以测定出你的边界在哪里。在这个边界之内，她既能表达自己，又不会失去你的爱。你不会把她逐出家门或是唆使别人合伙欺负她——或者更糟糕的，彻底抛弃她。她要做的就是在你身上宣泄自己的情绪，把你当作替罪羊，但同时又不会被你打入"地狱"。

　　不过，发泄情绪并不能增强你女儿妥善处理自身情绪的能力。和大多数青少年一样，她需要学的东西还有很多，而你就是她最好的老师。通过前文，你已经反思过你的母亲、你的原生家庭和社会对你造成的影响，现在你也清楚，在抚养自己女儿的过程中，你要吸取哪些"精华"、抛弃哪些"糟粕"。通过这种反思和改变，你就能身体力行地教会你的女儿积极处理冲突的态度和方法。

　　由于你已经能熟练地辨别和管理自己的情绪、处理好你们的母女冲突，你的女儿也将以你为榜样，实现自我成长。有了你的帮助，她也能更好地辨别强烈的，甚至是负面的情绪，并以有建设性的方式来表达这些情绪。毫无疑问，如果你能让她明白，情绪既不可耻也不会产生可怕的恶果，而是可以在得到舒缓的同时又能帮助她解决问题，那么她以后的路会更加顺利。如果你们能合力学会进行有效的沟通，将能解决日常生活中产生的一切冲突。下一步，我们要学习如何具体地实现这一目标。

02

第二部分

架起沟通的桥梁

第05章
利用你的优势

　　我曾经听到几个母亲开玩笑说，生女儿的时候应该同时生一本说明书。你怀里的那个小女孩，一开始她需要的不过是爱、食物、睡眠和干燥的尿布；现在她已经出落成一个少女，开始央求你向高中老师请几天假好让她能睡到自然醒；允许她在家里喝点小酒；或者给她买票，让她去听一个有点名气的摇滚乐队的演唱会。不知不觉间，你要操心她的各种日常事务，比如家庭作业、运动、社会活动、杂事等，还要替她做决定、管教她、解决她的困难、处理她生活中的各种麻烦（比如社交危机），以及满足她的其他迫切要求，同时还要承受她的坏情绪、出言不逊和没完没了的争吵——当然这还不包括你肩负的其他事务，比如工作、管理家庭和养育其他孩子的责任。这就难怪很多母亲感觉自己就像是随时待命的森林消防员。在这种情况下，母亲们往往只见树木、不见森林，缺乏对全局——对女儿的终极抚养目标的把控。

本章的目的是帮助你巩固和增强母女关系的根基。要夯实这些根基，你需要仔细地思考。这就好比建造房屋，你先要绘制详细的图纸，再根据实际需要进行修改，从而指导整个工程的推进。尽管母亲经常会思考，自己究竟想要养育出什么样的女儿，和她建立什么样的母女关系，但很少认真地思考如何才能实现这些目标。

要实现这些目标，你需要评估当前的母女关系状态，以及现实情况与理想目标之间存在多少差距。你们的母女关系有何优势？你希望利用哪些优势让关系更进一步？另外，你想在哪些方面做出改变？通过回答这些问题，你能够厘清与女儿相处的基本方法。有了基本的方法论，还有健康母女关系的蓝图在手，即便你和你女儿陷入冲突，你也能更加坚定、更有信心地去解决你们之间的冲突。

你们母女关系的现状

毫无疑问，每一段母女关系都是独一无二的，并且它会经常随着时间发生改变。现在你们母女之间可能只是偶有摩擦，或者对彼此的语气有些冲，但本质上还是和谐的。但一周之后，局面可能变得大为不同。你可能会与女儿剑拔弩张，连与她共处一小时也无法忍受，或者你们每天都在不停地吵闹、嘶喊，而面对这些你又无计可施。你可能会觉得自己万般无奈，被卷入了与她的混战之中，只觉得疲惫和烦闷。也许你的女儿突然会面临一些重大问题，比如喝酒成瘾、饮食障碍或者情感障碍，也许你的家里有一个病人需要治疗或者住院，这些情况让你应接不暇。

无论你的家庭或者你们的母女关系受到了多么严重的挑战，本书所介绍的概念和方法都能帮助你摆脱困境。按照这些方法，你可以改变自己与女儿相处的模式。这样一来，你们才能更有效地进行沟通、疏导情绪和解决冲突。你具体该在哪个方面努力改变，则需要根据你们目前关系的状态决定。如果你们之间已经弥漫着敌意和猜忌，想要立即化冰为火是不现实的。你需要设定合理的目标，一步一步地向它攀登。但是，在开始努力改变之前，你需要回顾你们关系的发展史，这样才能高屋建瓴。

你正处于青春期的女儿，并不是一个怒气冲冲、突然登门拜访的陌生人。你已经抚养了她至少十年。在这段漫长的时期，你已经埋下了能够"结"出理想女儿的"种子"。过去，你们的关系起起伏伏，她有她的讨厌，你有你的烦人；她可能会对你发脾气，你可能也会情绪失控。你们都心情低落过，都被对方刺痛过，也都经历过只有自己才能理解的苦涩日子。

在过去的这些年里，你经历的所有风风雨雨，让你认识到你们的母女关系所具有的独特性。这是一种特殊的、珍贵的、不可替代的关系。当你们给对方带来惊喜和欢乐的时候，能够看到彼此脸上洋溢的笑容。你们之间有无忧无虑的时刻、真实质朴的乐趣、外人无法理解的只属于你们的笑话；你们知道如何取悦和安抚对方。当然，有时候你们的关系也会被焦虑、痛苦和沮丧笼罩着，在这些时刻，宝贵的快乐记忆就会暂时"隐身"。如果你不用心处理这些问题，你们母女关系的强大优势将会被这些无法避免的烦闷、忧愁和失望深深埋葬。所以，你一定要关注你们关系中积极的方面，并且时刻谨记母女关系的美好之处，这样才能够利用这些优势来强化你们母女之间的情感纽带。为了实现这个目标，你需要找到下列问题的答案。

⇒ 你喜欢和女儿待在一起吗？如果喜欢，又是在什么样的情境下呢？你们两个更喜欢待在家里还是外出？你们更喜欢和朋友、兄弟姊妹或者其他成年人一起，还是只想过你们的二人小世界？

⇒ 你们有共同的兴趣爱好吗？比如打游戏、看电视节目、散步、跑步、看电影、猜字谜或者滑雪。你们为了培养共同爱好付出了多少努力？

⇒ 你们拥有相同的观点和志向吗？比如你们都很同情难民的悲惨处境、珍视世界和平、保护濒危物种，或者都认为教育改革是十分重要的举措？你们会一起讨论这些话题或关注这方面的进展吗？

⇒ 你和女儿会欣赏并利用对方的天赋和在不同领域中的知识吗？比如对方的创造力、分析能力或者实践能力。你们会利用这些特点取长补短吗？

⇒ 即便与对方发生了冲突，你们也会表达对彼此的爱意吗？比如给对方一个短暂的拥抱、写一张暖心的便条、为对方做一件小事，或者给对方一个特别的小礼物。

⇒ 你们有共同的仪式吗？比如在床边喝热牛奶、一起购买节日食材，或者一起去书店选书。

⇒ 你们会一起讨论书籍、电影、电视节目、歌剧、戏剧或者杂志文章吗？

⇒ 你们是不是都很看重母女关系？你是不是感觉女儿更喜欢能够与你和平共处的时间？

⇒ 你们能够毫无负担地坦诚表达自己的不同意见或处理冲突吗？

这些问题旨在引导你回顾甚至挖掘，你们母女关系长时间以来形成了哪些优势，这样可以帮助你和你女儿更好地利用这些优势。

然而，你还需要关注你们母女关系中的短板。如果不重视这一点，你可能就无法改变那些无效甚至有害的行为模式，从而让母女关系恶化。虽然规则并非一成不变，但是母亲的一些行为，一定会引起女儿的反感。现在，你也许可以开始剖析自己的问题。

母亲的普遍问题

你会和你的女儿竞争吗？

母亲嫉妒女儿年轻的外表、迸发的活力以及年轻本身所具有的无限可能，这是再正常不过的情绪反应。但如果母亲将自己的嫉妒直接外化转变为行动，那就完全是另一回事了。一旦母亲的行为以竞争的方式表现时，往往就会伤害女儿，进而影响母女关系。49岁的莫娜有一对双胞胎女儿，回忆起自己小时候母亲与她争风头的行为，她仍然感到愤愤不平。她说："我的朋友们花了好大力气说服我穿了一套分体泳衣，我特别不好意思，也缺乏自信，但是她们仍然不停给我鼓气。第二个周末，我和家人还有这些朋友一起去海边玩儿，而我妈妈穿着一件和我一模一样的泳衣，只是她的尺码比我的还小了两号。我当时就想，我以后绝不会这样对我自己的女儿。"如果你发现，自己正在暗地里与你的女儿比美，或者批评她的长相，你就需要反思一下，这种争风头的心思是不是过头了。

同理，女儿日渐增长的才智，也可能让你产生强烈的嫉妒情绪。43岁的马西说她正努力消化自己对女儿的嫉妒。她说："我女儿蒂娜已经小有成就，我为她感到非常开心和骄傲，但我的心中仍然有点难受。虽然我自己的绘画水平也不错，但我已经看出蒂娜会超过我，她的成就将远在我之上。我现在正在尝试着大度地接纳女儿的优秀。"

为了帮助女儿成就自我，你可能为她提供了很多你当年没有的条件和机会，这会让你心生不满吗？你会不会觉得你付出了太多？你是否真心愿意帮助女儿充分发挥出她的潜能？

你是不是在努力成为她的闺蜜？

你希望在女儿的青春期也能和她保持亲密的关系，这种愿望非常正常，并且值得鼓励，但是很多母亲会为了与女儿建立亲密关系而走火入魔。比如她们会试图成为女儿的好朋友、偷听女儿的电话、提供本应由她的朋友提供的帮助，或者在女儿的朋友来访时，表现得就像自己也属于她们的"姐妹团"一样。我听说过一个夸张的例子：一个七年级女生的母亲，会挨个拥抱女儿和她的朋友，并且同时大声地喊着"朋友抱抱"。这种行为令在场的女孩十分吃惊，并为这位母亲感到尴尬。

这些想和女儿成为闺蜜的母亲，其实是在期待女儿能够向自己透露她们在学校生活中的社交隐私。更糟糕的是，她们可能还会与女儿谈及成年人的隐私，并期待女儿用吐露自己的隐私作为回报，可是这么做只会刺激女儿对成年人的行为进行模仿，不管这些行为是否恰当。

在女儿的青春期和她保持亲密并没有什么错，但既是好闺蜜，又是好母亲的这种两全其美的理想情况，几乎是不可能实现的。实际上，基于母亲这一角色的属性，女儿有时讨厌你、对你失望甚至恼恨你，都是必然的。为了女儿的最佳利益，作为母亲的你有时必须说一些她不爱听的话，或者阻止她去做那些她自己迫切想做的事情。如果你决心当一个负责的母亲，那就必然成为不了她喜欢的朋友。关键在于，你要想清楚，你最重视的是哪个角色？毕竟，青少年如此多变，他们可能今天亲近朋友，明天亲近母亲，基本上一天一个样。

你是不是刻意追求酷?

尽管青春期的女孩喜欢追求难以捉摸、瞬息万变的潮流，但母亲最好避免过度追求那些酷的风尚，尤其当你只是为了取悦她才扮酷的时候。尽管你的女儿会不断给你改善着装的建议，但其实她并不期望你成为整个街区里最时髦的母亲。

许多母亲为了和女儿拉近关系，会主动去追求女儿正在追求的潮流。但是当母亲的穿着过于青春时尚时，女儿只会感到彻头彻尾的羞耻。16岁的克莱尔谈起自己的母亲时说："我妈妈总想打扮得年轻，但结果却显得格格不入。有一次她去学校接我，耳朵上戴着十个耳钉，我尴尬得脚趾头抠地。"你也要记住这个教训。如果你想与女儿建立亲密的联结，就另寻他径吧！

你是不是对女儿怀有敌意？

当女儿爆发激烈的情绪时，母亲往往会选择用愤怒应对，特别是那种本能的、爆炸式的愤怒。但是，这种做法往往会让事态恶化。在这种情况下，孩子不仅不会因受到震慑而冷静下来，反而会以同样的方式进行反击，结果就是你们对彼此的攻击不断升级、事态进一步恶化。母亲有权并应当在必要时表达愤怒，但这种表达必须是受控的且经过深思熟虑的，并应该带来积极的效果。因为你需要用你的行为给自己的女儿做出如何正确管理情绪的示范。

母亲的敌对态度可能来源于对冲突的恐惧，或在冲突处理方面的迷茫，她们会抑制强烈的负面情绪，但愧疚和自我怀疑又会进一步阻碍她们与女儿的有效沟通。54岁的玛丽说："我在意识到自己应该控制一下情绪之前，就已经先被女儿惹恼，乱了阵脚。我受不了她对我的指责，我越想她就是故意让我难过，就越生气。但当我学会了控制自己的情绪，情况确实变得好多了。"母亲在试图避免冲突的时候，很可能会情绪失控。比如，她们此前被压抑的不满会转化成爆炸性的怒火，或者以讥讽、批评、惩罚等更隐秘的形式宣泄出来。这些应对策略虽然可以理解，但实际上对母女关系是有害无益的。

你是不是过于焦虑？

有些母亲会撸起袖子、带上臆想的盔甲，准备打一场为期十年的战争。不幸的是，这种紧绷的心态会引发更多的冲突，母亲最后的结果只能是"求战得战"。焦虑的主要原因在于，她们秉持着完美主义，对孩子抱有过度期待。如果母亲不能学会宽容和忽视一些小问题，而是一味地要求女儿完美，那么她们肯定会同时对自己和孩子都感到失望。

这样的心态必然会导致母女之间关系紧张。14岁的科琳经常哭着登上学校班车。这是因为，为了让女儿专心学习以取得最好的成绩，科琳的妈妈禁止她化妆和佩戴任何饰品，强迫她把浓密的头发扎成光溜溜的马尾，甚至不许她使用发夹、发箍和发带。一方面，科琳对母亲制订的严苛的着装规范感到窒息，她觉得母亲严重误解了自己，并且把自己当成小孩子；另一方面，她又感到愤怒，因为母亲剥夺了自己像朋友那样探索美妆的自由。

这是典型的那种赢了战役、输了战争的例子。科琳和她那极具控制欲的母亲屡屡抗争，每次取得的小小胜利都令科琳感到欣喜，甚至不再计较自己要付出什么代价。

然而，持续的斗争，不仅会损害母女关系，也会给所有人带来痛苦。

你是不是在逃避？

有些母亲在女儿步入青春期的时候，就会预设母女之间必然会出现巨大的隔阂。怀着这种担忧，这些母亲可能在问题还未出现时就开始退避。为了避免冲突，她们面对女儿时，总会谨小慎微地"绕行"。尽管她们表面上与女儿关系融洽，但实际上她们将母女之间的互动限制在一种比较随意和肤浅的层面上。女儿会感到母亲在心理上对自己的疏远，从而对自我产生否定，感到自己被母亲排斥。最终，那个巨大的隔阂就会成为现实。

47岁的母亲乔安娜说："我一直觉得我和女儿相处得不错。直到有一天我意识到，我其实只是在小心翼翼地避开我17岁女儿的所有情绪。她不开心时，我不想让她更难过；她开心时，我又不想扫她的兴。现在，我们之间也会有冲突，但至少我们对彼此更坦诚了，我们的关系也因此更紧密了。"

一些母亲因为害怕冲突，所以她们会避免为女儿立规矩。她们可能会向女儿的任何要求妥协，有时甚至无法履行作为母亲最基本的监督和教育职责。在这种情况下，女儿就会尽力挑战母亲的底线，甚至可能做出一些过激甚至是自我毁灭的行为。实际上，她们是在用这种方式促使母亲能够采取行动，强迫母亲重掌控制权。但女儿越是主动进攻，母亲就越会退缩。有一个17岁的女孩，因为滥用药物、学业失败和不负责任的性行为这些问题，来接受心理咨询，她说："我不知道我妈妈到底还会不会管我了。"这个母亲并非对女儿漠不关心，她只是害怕冲突、害怕愤怒，害怕自己的干预会把女儿推得更远。

你是不是认为女儿在故意针对你?

我们在第2章已经讨论过,母亲在与青春期的女儿相处的过程中,往往会产生自我怀疑,所以你一定要认识到你们之间真正存在的问题。如果母亲紧张地解读着女儿说的每个字、做出的每个表情,她的神经就会高度紧张。同样地,如果母亲过度迎合女儿的所有情绪,她很快就会感到筋疲力尽。在这种情况下,母亲会将许多本来中性、客观的事情,理解成是女儿故意针对自己的行为表现。

举个例子,14岁的女孩卡利因为社交和学习问题,正在接受心理咨询。她的母亲慌慌张张地打来电话,要求立刻进行一次紧急的心理疏导。这位母亲既焦虑又愤怒,她说自己和女儿的冲突正在不断升级,担心等不到周末两人的关系就会彻底破裂。然而,当咨询师告诉她,她女儿的表现是由在学校与朋友们之间的一些烦心事引发的,和她这位母亲并无关系时,她表示这有些难以置信。心理咨询师解释说:"她正在努力适应高中生活,学习压力很大,既要操心曲棍球比赛、融入群体,还要甄别身边的真朋友。她只是需要一些时间。"卡利的母亲叹了一口气:"你的意思是说,我能做的就只是在旁边默默支持她吗?"

如果你不再把女儿的所有问题都关联到自己身上,你就会放下很多负担,同时也会用更客观的态度看待问题,也就能更从容地给女儿提供她最需要的理解、支持和鼓励。

你是否需要进一步的帮助？

你可能会担心你的女儿在情感、社交或学业方面遇到了麻烦；或者你不确定她的行为是这个年龄段孩子的正常表现，还是她需要寻求专业的帮助。另外一种情况是：你的女儿可能会主动提出希望你帮她找一名心理咨询师，但你可能不确定她的问题到底有多严重。有些母亲一想到要寻求外部的心理服务介入，就会感到生气、失望或尴尬。因为在她们的社会或家庭文化中，寻求心理健康专业人士的帮助，可能会让人感到强烈的病耻感。上述这些顾虑可能会让你感到不知所措。

如果你有以上任何一种顾虑，要立即跟进，看看它们是否事出有因，这样一来，你至少可以让自己感到安心。寻求专业人士的帮助并不代表你就是一个失败的母亲。相反，你应该庆幸自己能敏锐洞察女儿的需求，并能迅速做出反应。无论你对孩子多么用心、多么关爱，由于你没有接受过专业的训练，你都无法评估她是否真的需要外部的专业帮助。即使你掌握了一定的专业知识，能够诊断出处于青春期的女儿的症结所在，你也应该寻求外部的客观意见，就像你会咨询专业人士处理女儿的身体健康问题一样。

如果你的女儿出现了以下任何行为或症状，那么请咨询具有专业资质的心理健康人员或医疗人员，他们会帮助你判断孩子是否需要干预治疗。

⇒ 性格、行为或朋友圈子发生了突然且极端的变化。

⇒ 连续两周、几乎每天都处于抑郁或易怒的状态。

⇒ 一个月内体重增加或减少了5%。

⇒ 失眠或嗜睡。

⇒ 疲惫或精力减退。

⇒ 无价值感或有过度且不合理的负罪感。

⇒ 反复思考死亡或有其他病态的想法。

⇒ 有自杀的念头、计划或行为。

⇒ 自我伤害行为（如割伤、划伤、烧伤自己等）。

⇒ 暴饮暴食或进食后呕吐。

⇒ 学习成绩滑坡。

⇒ 做出临终安排，赠出心爱之物或离家出走。

⇒ 冒险行为。

⇒ 疏远家人和朋友。

如何找到真正能帮助你们的专业人士

许多母亲，尤其是那些从未接触过心理健康专业人士的人，可能不知道如何才能找到值得信赖的专业人士以获得帮助。市面上复杂的头衔和专业领域（咨询师、治疗师、心理治疗师、心理学家、家庭治疗师、精神病医生）确实让普通母亲对专业人士的选择变得更加复杂和困难。然而，相比职业头衔，这个人是否受过良好的专业训练、是否擅长对青少年进行评估和治疗，才更重要。

你可以请医生、值得信赖的学校辅导员或者你敬佩的朋友向你介绍和推荐。口碑推荐通常是你最好的选择。最好不要去网上随便找一个名字，致电国家或者某个专业协会确认这个人是否拥有营业资格证书（是否具备执照或认证要求的培训和经验）。这是因为，仅仅知道一个治疗师在专业机构或某个项目认证的名单上，并不能保证这个人一定能和你的女儿以及家庭进行亲密且有效的合作。

除了基本的专业能力和素质，你所寻找的治疗师应该与你有一致的目标，在你需要咨询的时候，能够马上就位，并且有能力走进你女儿的内心并与她建立联系。他们之间必须形成足够的信任和良好的配合，这样治疗工作才能开展。为了确定你的女儿与哪个治疗师"投缘"，你可能需要与所有"候选人"一一进行会面。你需要直接且明确地提出问题，了解治疗师的教育背景、专业定位和咨询风格。你可以向他/她阐明自己对治疗的任何疑问。此外，请你相信自己的直觉。即使你面试的治疗师拥有无可挑剔的资历，但如果你的直觉告诉你这个人有点不对劲，那就果断地排除此人，另寻他人。反之，如果你在面对面接触过后，非常认可这个人，并且对你们聊天的过程感到满意，那么你的女儿在面对这个治疗师时也会有同样的感受。如果你女儿比较成熟，并且具有一定的洞察力，那么你也可以考虑她本人对治疗师的意见。当然，如果她在和你指定的治疗师进行过一两次会面后，仍然表示很难与对方交流，你可以及时换人。但是，一旦治疗开始，在她不得不直面困难问题的阶段，她也可能会因为畏难心理而声称自己与治疗师合不来，想要以这个借口回避治疗工作带来的不适感。在这种情况下，除非她能给出令人信服的理由，否则你不要轻易换人。

如果你觉得你女儿确实需要专业的帮助，但是她却对此十分抗拒，那么你有以下几个选择：你可以寻求专业咨询，告诉别人你的担忧，他们会对问题的严重程度进行评估，并能够适当地指导你如何处理你女儿对治疗的抗拒；或者你可以自己去参加心理咨询，学习如何更好地应对养育孩子的过程中产生的焦虑和要求；或者你可以坚持让女儿与一两位具有相关资质的专业人士面谈，当面询问他们的专业建议，就像身体不舒服时去挂号面诊一样。我可以明确地告诉你，实际上，如果你能给女儿提供一个让她了解自己并由此改变人生的机会，那么她对此将会心怀感激。

女儿的贡献

你从母女关系的角度审视自己的同时，也不能忽视你女儿对母女关系的影响。毕竟，她就是母女关系中的另一半。推动和实现母女关系的和谐与发展，并不是你一个人的责任。你期望女儿具备某些品格、价值观和能力，这些期待同时也会影响她对你的态度。这就意味着，能否建设好母女关系，在根本上受制于她在每个发展阶段获得的优点和存在的缺点。

你不能指望把你女儿塑造成完美的样子。一个母亲，无论她的愿望多么炽烈，她的技巧多么高超，都不能完全决定女儿的成长路线。因为在这个构成中还有很多其他因素在发挥影响，例如她的遗传天赋（性格、智力、天分），在兄弟姐妹中的排序，遭遇的人生重大事件，家庭生活（我们已经在前文讨论过）以及她的其他社会关系。另外，你还要提醒自己，女儿今天所表现出来的让人头痛的行为或习惯，有可能下周就会自动消失。不管怎样，在检视你们的母女关系时，一定要评估和接纳你女儿的显著特征。

你想"灌输"给她的品质，将会决定你对她的行为采取何种反应。比如，你是希望她循规蹈矩，还是想让她具有独立思考的能力？你的愿望将会决定你更看重她的服从，还是更愿意鼓励她行使质疑的权利。你想让你的女儿优先取悦他人，还是优先取悦自己？这将会决定你是否认可她的价值排序。你希望她活泼吵闹，还是安静顺从？希望她直言不讳，还是说话委婉？希望她随波逐流，还是勇于探索？你对她的期待，将会决定你对她的哪些行为予以惩罚、宽容、原谅或鼓励。

也许你怀着最好的初衷，但你必须承认，母女关系或许永远无法达到你的理想状态，尤其是在她的青春期。你的一些希望可能会化为泡影。例如，如果你的女儿天性内向，她可能不会主动告诉你她内心最隐秘的愿望或者社交生活的细节。如果你鼓励她表达自我，那么当你看到她沉默不语，你就可能会感到受挫。你也许会觉得自己的女儿太过黏人或者太过冷漠，而你的这些感受就取决于你自身的偏好。

那么你应该怎样处理这些潜在的让你们产生摩擦的"导火索"呢？能认识到这些摩擦，你就已经赢了一半的"战争"，另一半则要靠你的包容和大度。从某种方面来说，你要知道你所能做的，无非是帮助你的女儿认清和强化自己的优势，同时再帮助她弥补自己的不足。通过这个过程，你才能实现对你们母女关系的最优建设。

夯实母女关系的基础

每个母亲对母女关系的期待是非常不同的。没有哪两个母亲有着一模一样的优点、价值观和目标。但是，也确实有一些共同的原则，能够帮助母亲利用自身的优势，夯实母女关系的基础。这些原则是你与女儿之间形成互信持久的亲密关系的必要（但非充分）条件。

倾听与学习

对母亲而言，最有力的"武器"可能莫过于倾听。倾听是了解孩子的想法、感受和经历的最有效方式。因此，你需要尽力让自己成为一个倾听高手。一定要记住，你要学习的是倾听，不是询问，这两者之间的差异很大。绝大多数青春期的女孩都厌恶回答问题。实际上，她们尤其不喜欢那些试探性的或者入侵性的问题。比如"你今天过得怎么样？"或者"你和你的朋友怎么了？"。你可能已经注意到，面对这些问题，你的女儿总是回答得十分敷衍，比如"嗯""是""还可以"或者"挺好的"。她也可能会摇摇头，采用更精明的伪装，说几句模棱两可的话来回应。从这样的反应中，显然你会一无所获。

当然，作为母亲，你必须问一些最基本的问题，但是一定要避免那些不必要的发问。因为这些问题只会塞住她们想要和你沟通的欲望。另外，如果你打算问问题，最好先学习下面的十条策略，它们可以帮助你获取更多关于女儿的信息。

⇒ 不要问是非问题，这只会让对话陷入僵局。

⇒ 询问她的观点和想法，不要询问事实。

⇒ 听的时候，要认真，把目光落在她身上，但不要一直盯着她。

⇒ 让她完整地叙述自己的想法，不要中途打断她。

⇒ 单纯倾听，不要急着输出你的观点。

⇒ 无论她什么时候愿意开口，无论她心情好坏，你都要好好倾听。

⇒ 不要表现得好像你已经预知了她接下来要说什么。

⇒ 尊重她的想法，不要奚落或贬低她。

⇒ 如果她不想开口，那就告诉她，如果她想聊，你随时愿意听她说。

⇒ 牢记询问和审问之间的区别。

其实只有少部分女孩愿意回答母亲感兴趣的那些问题，或者针对母亲所忧心的事情袒露心声。如果你生出了这种女儿，那就偷着乐吧！但即便是面对这样的孩子，你也要记得，要做一个忠实的听众。当女儿跟她的兄弟姐妹、父亲或朋友说话时，你也要竖着耳朵听，听她是不是跟不同的人说了不同的内容。你需要根据这些对话判断这些说法是否连贯一致？她隐去了哪些部分？你能够理解她的弦外之音吗？

时刻了解你生活中的信息，也能帮助你从侧面了解女儿以及她的境遇。最有效的信息渠道往往是其他人的母亲。比如，在观看垒球或足球比赛时、在洗衣房排队时，或者在参加某场活动时，随意与别的母亲聊聊八卦，你可能就会有重要收获。比如，当贝丝从别人口中了解到雷切尔的几个同学在商店行窃时被抓个现行时，她就明白了为什么女儿突然不喜欢逛街了。尽管贝丝没有直接跟女儿挑明，但她还是无意地提起了在商店行窃的话题，来趁势敲打女儿：如果自己的朋友做出了这种行为，你应该怎么应对？

同样地，你还要时刻关注学校和周围生活区域中的时事新闻，尤其是在你很难从女儿本人口中获得信息的情况下。比如，当地高中最近突然要求每个学生在参加舞会之前都要做一项呼气酒精检测。那么，你应该了解一下，学校出台这一政策的原因，并想清楚自己应该采取什么行动和预防措施，来帮助女儿遵守规定，通过检测。

深入了解你的女儿，意味着你要了解她的特殊需求、渴望、烦恼、态度和思维方式，这有助于加固你们之间的联系。正所谓：知己知彼，百战不殆。

明确你作为母亲的作用

在你们二人之间，总有人要站出来当母亲，只有你最适合这个角色。这个道理非常简单，但往往无法引起母亲的足够重视。也许你和处于青春期的女儿关系亲密，但是你要明白你不是她的同龄人。当她长大成人后，你当然可以成为她最好的朋友，但是在她的青春期，她最需要的是一位母亲，而你就是要扮演这一角色的人。说到好朋友，她有大量的同龄人可以交往，而你作为她的母亲，则需要做那些她的朋友做不到的事：树立和贯彻明确的行为准则。当她在青春期的"海面"上艰难航行、左摇右摆时，你要做的就是以你的"千斤之重"为她压舱护航。

凯尔上八年级的时候，她在科学这一门课上步履维艰。因为她的成绩总是不及格，并且还与老师矛盾不断。奥德拉倾听了女儿的抱怨，但她为了拉近自己和女儿的关系，顺着女儿的心意也开始控诉老师的不公，甚至直接去学校对女儿最近的考试成绩表示质疑和抗议。在这件事情上，她选择作为女儿两肋插刀的朋友。这一角色的选择，使她不能保持清醒的头脑，鼓励女儿自主迎接挑战，并最终帮助她找到有效的解决方案。也许凯尔希望母亲给她的建议是如何改进学习方法，进行课前预习、课后复习或者做好笔记。最重要的是，她需要的是母亲作为成年人客观理性的视角。

你既不能上赶着去做你女儿的同龄人，也不能期待她会成为你的朋友。你的女儿在事实上并不是一个成年人，你把她完全当作成年人对待，对她而言没有任何好处。现在的社会中，流行着一种可悲的揠苗助长的风气。孩子被过早赋予了成年人的责任和权利，但此时的他们完全没有承担的能力。无论你的女儿相对于她的实际年龄是多么聪明和成熟，无论她的陪伴令你多么愉快，你都不应该把她当成你的闺蜜。把孩子当朋友的心理有很多种表现形式。比如，你正在和另一个成年人恋爱，但总是想问女儿对此的建议；也许你会告诉她你对其他子女的不满，或者向她袒露一个关于家庭的秘密。16岁的莫娜这样形容母亲向她倾诉烦恼时自己的感受："每天晚上，我妈妈会问我想不想和她一起看电视。我想，反正周一到周五我本来不应该看电视的，但既然她发出了邀请，何乐而不为呢。可是我一坐在她旁边，她就开始抱怨我爸爸，说他如何沉迷工作，说她是多么寂寞。我听了这些就觉得很不自在。这件事让我纠结了好几周，但我最终还是告诉了妈妈我的感受，之后她就没再这么做了。"

你的女儿应该好好享受作为少女的时光。所以作为母亲，你一定要明确亲子之间的界限。你的女儿需要这个基本的界限，这既是为了她自己的成长，也有利于你们之间关系的健康发展。

承认情绪，利用情绪

你需要照顾好自己的情绪，无论你的情绪是什么样的，最重要的是你不应该忽视和压抑它们。我们在前文介绍了这些情绪，包括一些不太愉快的负面情绪，比如郁闷、困惑和愤怒。压抑情绪不仅有害健康，还会向你女儿传达错误的信息。如果你表面上看起来平和冷静，那么在别人眼里，你要么是个没有人情味儿、冷漠的人，要么是个完美的人。心理学研究者发现，如果父母能够鼓励孩子表达内心的想法、抒发情感，孩子就更愿意合作并且与他人共情，从而他们的社交能力也会更强。相反，如果父母限制孩子表达自己的负面情绪，孩子在社交中会面临更多的障碍。

你要相信青春期的女儿十分精明，她知道你正怀着某种情绪。如果你压在心里，不表达出来，她就只能去猜测这种情绪究竟是什么，为什么会产生。如此一来，你就把揣测你心思的责任压在了她的肩头。有时候，也许你认为表达情绪是不合适的行为，或者认为这样做根本没用，所以会选择不动声色，在女儿面前隐藏自己的情绪。但是，你要知道，你的情绪是无价之宝，它们能提醒你需要去做些什么，或者提醒你进一步去探究自己，或者鼓励你去纠正自己的错误。

在与女儿相处的过程中，母亲会觉得有很多情绪是很难表达出来的。愤怒是其中之一，除此以外，也许还有歉意。"对不起"这三个字似乎很难说出口。母亲觉得自己只应该在女儿面前展现出她们自信、能干的一面，但其实没有人要求你完美。事实上，试图表现得完美是徒劳的，你的女儿会看穿你的任何伪装，并因为你伪装而不再尊重你。此外，道歉的能力对经营母女关系至关重要。

在说到自己15岁的女儿阿迪娜时，玛乔丽提到了一件很重要的事情："有一天，我们俩吵架了，我们都退回到各自的房间里。我忍受不了这种冷战。所以我敲了她的门，问她我们能不能和好。她还是一肚子火气，趾高气扬地要求我道歉，她说哪怕我就道歉一次也行。她的话精准地击中了我的痛处。因为那正是我在原生家庭中面对我妈妈时的感受。那时，我妈妈死不认错的态度快把我逼疯了。我对我女儿说了对不起，真心地向她道歉。她的态度也缓和了下来，我们很快就和好了。"无论你觉得愧疚、担心、悔恨、伤心或者焦虑，你都可以表达出来。见到你这么做，她才能认识到：这些情绪是正当合理的，并且是可以抒发出来的。

除了表达之外，你的女儿还需要你帮助她承认和化解自己的情绪。与她共情，理解和分享她的情绪，能够帮她认清自己的感受。青春期的女孩往往说不清楚自己内心究竟有着什么样的感受。相比认识情绪，你的女儿可能更擅长宣泄情绪。比如，她在焦虑但不自知时，她会回避与你交流，或者她会用最大的音量向你喊叫，威胁你她要离家出走，握紧拳头，用冰冷锋利的目光盯着你。但当你问她为什么这么生气时，她会回答："我没生气，就是烦你。"

如果你能容忍女儿产生的愤怒情绪，包容她为自己利益抗争的行为，那么她将从你的这种态度中学到宝贵的一课。因为你的包容和默许，其实是在允许她去体验人类最基本的天赋——产生情绪和表达情绪的能力，恰恰是这些能力使得一个人的生命变得丰富多彩。你的做法并不是在赞同她宣泄情绪的方式（比如踢桌子、把一堆盘子扔给你洗或是对你出言不逊），而是在帮助她探索自己的情感深度。你的行为是对她表示认可，告诉她你认为她有能力去认清和处理自己的情绪，她可以做一个真实的人，划定自己的界限，去争取自己想要的东西。也就是说，你是在支持她成长为一个健康的年轻女性。

抓大放小，吵有所值

如果你不想和她每天冲突不断，把自己搞得精疲力竭，那么你就要谨慎挑选哪些事情值得你与她对峙。要教训她时，你要师出有名，让每一场冲突都"值得"。这一条原则非常重要，所以我们会在这一节中提供一些指导原则，指导你去做出这些极为困难、通常是模棱两可的筛选。

我们有必要说明，如果一个母亲处在一个或者另外一个极端，也就是说她要么总是与女儿争吵不休，要么竭力回避与女儿发生冲突，分别会有哪些弊端。

显而易见，如果你总是因为琐事挑起争斗，比如因为她乱扔口香糖包装纸、在睡觉前磨蹭了一分钟或者不按时做作业，你都要进行声讨，那么你的女儿就会觉得你喋喋不休，从而不把你的话当一回事。在这种情况下，你的家里将充斥着紧张和混乱，这些争吵会消耗掉你的"战斗力"，在需要发动真正重要的"战役"时，让你失去力量。

更糟糕的是，如果母亲在女儿心中的形象是喋喋不休的怨妇或者鸡蛋里挑骨头的疯婆子，那么她们在面对母亲时就会觉得恐惧和无助。出于应激反应，女儿会变得更加叛逆，主动或被动地拒绝采纳母亲的任何建议。由此，冲突又会进一步激化。科琳和她的母亲之间的情况就是如此。她的母亲连看到她头发没有梳好、发饰过于俏皮，都会出手干涉。如此一来，科琳丝毫不尊重母亲的意见，并且不遗余力地逆着母亲的心意行事。

另外一个极端就是母亲竭尽全力地避免和女儿产生冲突。在这种情况下，她们不会设立或者执行那些必然会招致女儿反抗的规矩。13岁的杰茜卡的母亲有这样一种育儿哲学，那就是要完全信任孩子，用开放的心态包容孩子的一切。结果就是，她没有办法给女儿制订说一不二的规矩。由于母亲的过分信任，杰西卡可以随心所欲地做决定，想去哪里就去哪里，想和谁在一起就和谁在一起。可到头来，她却经常被摆在面前的诸多选项搞得濒临崩溃。这是因为没有不容忤逆的规矩来限制她，她就无法确定自己的底线，也就无从获得自控能力。并且每当她陷入麻烦之后，她会开始憎恨她的母亲，埋怨她只会事后补救。

所以最理想的做法是避免任何一种极端，谨慎地决定给孩子施加哪些规则，并严格执行这些规则。简而言之，你要谨慎选择与女儿挑起争斗的缘由。第七章将会帮助你学习折中的方法，从而确保你与女儿的每一场"战争"都是"吵"有所值的。

谈判，谈判，还是谈判

你的女儿已经不是一个小孩子了。对于你的育儿观点和给她订立的规矩，她大多数情况下都不会欣然接受。她在当前发育阶段的特点，决定了她会质问你为什么要采取那样的立场、做出那样的决策。然而，她并非在挑战你的权威，这也并不意味着她态度倨傲。因为，随着年龄的增长，她抽象思考的能力会越来越强，她也就能够将不同的思想观点联系起来，进行综合考量。在当前阶段，她虽然并不能完全理解你的立场，但想要理解你行为背后的逻辑。

44岁的雷莎发现，管教青春期的孩子确实需要另辟蹊径："我和我女儿吵了很多次架，我也请教过其他妈妈，最后才了解我女儿的意图。她一直控诉我，用对她6岁妹妹的方式对待她。我一直都是一个严厉的妈妈。在我看来，她们的想法不重要，规矩就是规矩。我并没有想到我的女儿会反驳我。所以我觉得她的反驳非常粗鲁，同时我也讨厌她的态度。我现在明白了，她为什么一定要质疑我的决定，因为青春期是一个独特的阶段。"

如果你愿意倾听女儿的抗议和辩解（当然你不一定非要同意她的观点），其实你就是在鼓励她进行思考。你与她的争论在无形中强化了她解决问题的能力、教会了她如何整合手头资源以达成自己的目标。这不意味着你在无意中屈服于她的要求，而是你给了她机会来说服你，让你相信满足她需求的同时并不会违背你的标准，从而实现她自己的目的。因此，和其他任何类型的谈判一样，你们需要对彼此让步。你的做法等于向你的女儿表明，你重视这个谈判的过程。

尽管如此，也有一些时候母亲是坚决不能妥协的。你的女儿能敏锐地察觉你的态度是否坚决。比如15岁的布里安娜询问她的母亲能否允许她参加晚上的音乐会时，尽管第二天还要早起上学。她的母亲嘴上说不行，心中却有犹豫："我不应该让她去，因为我怕为她开了一个晚归的先例。但是，想到她在学校表现得那么好，我又想奖励她。"海伦娜说："女儿就好像有第六感一样，开始用各种理由来跟我软磨硬泡。"然而几周之后又发生了一件事情，海伦娜发现女儿这次的反应完全不同："布里安娜患上了急性莱姆病①，正在恢复期。她问我能否去朋友家里睡一夜？这次我坚定地回绝了。似乎是知道我打定了主意，她什么也没说就乖乖照做了。"如果女儿的请求或计划不合适、离谱甚至

---

① 莱姆病（Lyme disease）是由硬蜱叮咬传播的一种多系统受累的传染病，临床表现主要为皮肤、心脏、神经、眼和关节等多系统、多脏器损害。——编者注

存在危险时，你要告诉她"我不想再讨论这个问题了"或者"这件事没有商量的余地"。

灵活处理

青春期充满了剧烈的变化，因此，在青春期凡事都没有绝对。同样的招数，也许昨天还能神奇地让你女儿主动完成那些她痛恨的家务，或者让她打开自己的心扉与你畅谈自己的烦恼，今天却完全失灵，明天甚至可能还会产生相反的效果。对母亲来说，最棘手的事情就是女孩子在青春期的善变。就在你觉得一切渐入佳境时，情况却急转直下。

面对变化时，保持开放的心态——不论这些变化发生在你的女儿身上还是你自己身上——这都是上上策。许多青春期女孩的母亲都承认，当她们回首往事，会因为过去对其他母亲的苛责和批判感到愧疚。比如51岁的萨拉说，在女儿小学阶段，每当自己带着她盛装出席严肃场合或家庭聚会时，自己都会斜眼看着那些穿着牛仔裤和运动鞋就来参加活动的青少年，心里琢磨着："她们的妈妈到底在想什么？"现在，当她的女儿强烈反对参加家庭活动时，萨拉才后知后觉地感到惭愧："谁还管得了她来这儿穿什么呢？只要她肯来，我就满足了。"

话留三分不说满，永远是为人处世的重要原则。你永远不知道你的女儿什么时候会表现出或者惹上那些你认为绝不可能出现在她身上的行为或者麻烦。同样地，你对天发誓说你永远都不允许她做的事情，到了明天，也许反而成了最优解。在你女儿能力日新月异、不断成熟的这一时期，你只有保持决策的灵活性，才能随时准确地评估女儿真正的需求。

不过，灵活和没有原则之间仅一线之隔。如果你是在重新权衡了利弊之后，为了做出更合理的决策而主动改变了想法，这是灵活。如果你是因为不能忍受女儿与你无休无止地讨价还价、威胁或者哭闹，从而放弃了你原本的决断，那这就是没有原则。

别将你的感受投射给女儿

当你共情女儿的遭遇时，应该把她的感受放在第一位，而非你自己的感受。你需要了解自己的敏感点，认清哪些事情会让你感到尤为恼火。这样一来，你才能够区分开你们各自的情绪反应，从而看清你的女儿的遭遇究竟困扰的是你还是她。下面我们以青春期的女孩经常遇到的场景——与朋友相约——举例。下面的两位母亲发现，她们都是用自己的情感反应来解读女儿的经历的。

45岁的珍妮特说自己是一个非常有条理的人，做任何事都要提前做好计划。"我最受不了的就是优柔寡断或者在最后一秒才拿定主意。我的这个性格，使我和我十几岁的女儿经常发生矛盾。比如，她的好朋友经常在周六下午打电话约她当天晚上见面，对此我感到非常生气。我觉得对方并不尊重我的女儿，她肯定是在无聊或者实在约不到别人出来玩时，才在最后一刻想到我的女儿。我的女儿却认为我这是在恶意揣测她的朋友，她很生气，怒斥我什么都不懂，说她们这么大的孩子都是这样的。我理解不了，为什么我的女儿和我在对这件事的看法上存在这么大的差异。"

38岁的奥利维娅有一个12岁的女儿克劳迪娅，她讲起了自己把情绪投射到女儿身上的一件事。"我最讨厌别人让我失望。所以，当一个人承诺过后又食言，我就会怒火中烧。我的女儿告诉我她邀请了一个好朋友在参加完学校舞会后来我家过夜。然而在舞会前一晚，她随口提到那个朋友忘记了她的邀请并安排了别的事情，所以过夜只好取消了。她忘记了？怎么可能忘记？她简单的一句'忘了'，搞得我女儿在舞会之后没有其他活动可以参加了。"当被问及她是怎么处理的，奥利维娅说："我本来很想告诉我的女儿，那个撒谎精以后都别再来我家了。我当时气得想大吼大叫。但我能看出克劳迪娅并没有觉得遭受了严重的背叛，也没有生气。于是我保持冷静，等着看她会怎么做。"奥利维娅的做法非常可取。如果她向女儿表达了愤怒，很可能会扼杀克劳迪娅探索自己感受的机会。如果你对女儿所经历的事情——无论这些事是发生在家里还是朋友之间——反应极其强烈，你最好先确定一下，你究竟是在同情女儿的遭遇，还是自己一个人在演有关情绪的独角戏。

保持（培养）你的幽默感

这条原则不言自明。如果你向来不能在窘境中洞察到幽默，你最好开始培养自己的这种能力，并且越快越好！幽默感是任何母亲都需要掌握的、最宝贵的生存技能之一。在你已经无计可施时（比如，初中校长打电话来告诉你，你的女儿竟然穿着细高跟鞋踉踉跄跄地走进了校园！），你不妨捧腹大笑，这样你会觉得心情舒畅很多。更重要的是，如果你的女儿能与你一起大笑——甚至自嘲一番——你就该意识到，你真的进步了。

我们来对比一下伊冯娜的女儿经历的两个"坏日子"，这是两个截然不同的故事。"在我女儿13岁那年，有一次她回家跟我说，她这一天过得非常糟糕。我就问她发生了什么，她瞪着眼睛愤怒地说：'什么？你不相信我？'当时我在心里嘀咕，哎呀，我是不是做错了什么？然而，大约一年后，我们又有了类似的对话，结局却截然不同。这天，我的女儿又一次脸色阴沉地放学回家，气急败坏地控诉这是她有史以来最糟糕的一天。我问她出了什么事，她说她最喜欢的酸奶卖光了；她的手还被一张纸划伤了；去扔口香糖的包装纸时，口香糖又掉进了垃圾桶！听到这里，我没绷住，笑出了声，我觉得这简直太荒谬了！我看着她，努力控制着自己的表情。令我意外的是，过了一会儿，她突然也跟着笑了起来。我俩的笑声此起彼伏。就这样，本可能郁闷漫长的一个夜晚，变成了母女的开心时刻。"

在女儿的日常"小惨剧""矛盾"和"滑稽"中寻找幽默感吧——即便有时她自己看不到。开怀大笑，真的可能是和青春期的女孩和谐共处的灵丹妙药。

为女儿赋能

要想让你的女儿对自己的某项能力感到自信，那么她必须实实在在地具备这项能力。相比以前，如今女孩的自我评价更多是基于她们的内在人格和外部行为，而不再是身材外貌。所以你要鼓励女儿去历练，磨砺自己的技能，证明自己的能力。你觉得她能承担多少，就给她多少"重量"去擎举。随着她的成长和发育，你要学会逐渐放手，放弃那些不再需要你亲力亲为的事务。并且，如果她没有主动寻求你的帮助，你就不要自告奋勇。

你需要把女儿当成这个家庭中重要的一分子，让她参与家庭事务、分担家务。我们可以观察到，当一个劣迹斑斑的青少年进入精神疗养院后，通过融入治疗团体、为团体做贡献，他能取得很明显的进步。比如16岁的利娅在疗养寄宿学校待了一年，她说："看到我'家'里的那些孩子依赖我、理解我的付出，我有一种被需要的感觉。这种感觉很好。"女孩只要能感受到别人认可自己的付出，就会变得更加积极、阳光。

鼓励你的女儿分享自己的想法。征求她对社会时事的意见、对政治问题的立场以及对家庭决策的看法（这并不意味着你完全让她来做决定，而是向她表示你非常重视她的意见）。就她感兴趣的话题向她请教，让她帮忙上网搜寻某个话题，或者让她贡献自己的好主意。要记住，你要让女儿感到你非常感激她的付出。

此外，帮助女儿承认和利用她丰富的情绪，也是认可女儿自身价值的一个表现。当青春期的女孩因遭遇不公对待而愤愤不平时，母亲要特别注意，给她自主决策的权力。当她身陷愤怒等强烈情绪时，你要鼓励她摆脱羞耻感或无力感，要让她明白，这些情绪不仅是自然、合理的人类反应，同时还是非常有效的工具，她可以用这些情绪来解决冲突、改善关系、促成必要的改变。随着她处理母女冲突的能力与日俱增，今后她在面对不公遭遇、解决与其他人的争端时，她的手段也会越来越强。当青春期的她在一个更大的集体中，因为存在的不公现象而愤怒时，你更应该出现在她身边，帮助她以建设性的方式疏导情绪。

43岁的安妮特讲述了几年前的一件事。那时，地方政府否决了建立青少年活动中心的提议。"我的女儿和她的朋友们希望政府能专门规划一块地方，能让她们安全地玩轮滑、做游戏。但商户们坚决反对这个提议，理由是这会给人行道造成安全隐患。得知投票结果后，孩子们非常消沉，她们很生气，却无计可施。所以我们几个父母聚在一起，帮助她们制订了一个计划。这大大振奋了她们的精神，尤其是当她们最终成功获得了多方支持时。我想，她们不会忘记，正是她们自己的努力和坚持促使这个青少年活动中心最终落成。"

每一次你放手，鼓励女儿勇敢地说出自己的想法、承担责任、向自己的目标前行，都是对她未来的一笔投资，同时也是对你未来的投资。在这样的教育下，她将会成长为一个具备强大能力与自信的成熟个体，一个能让你由衷欣赏并喜欢与之相伴的人。

积极地看待冲突

记住，冲突有益无害。与其将冲突视为离间你们母女的"敌人"，不如将其视为拉近你们二人关系的"黏合剂"。《关系中的女性成长》（*Women's Growth in Connection*）的作者亚历山德拉·G.卡普兰（Alexandra G. Kaplan）指出："冲突是关系中必不可少的一部分，是关系内的人做出改变、实现成长的必要条件。"你可能对冲突的影响仍抱有疑虑，如果是这样，那么你需要先了解冲突的以下三个关键功能。

释嫌。无论是与女儿、配偶还是与室友生活在一起，人们之间难免会出现分歧（"你没有把牛奶放回冰箱！"）、误解（"我以为你会去遛狗！"）和怨气（"我讨厌你吃麦片时哼哼唧唧的声音！"）。而在母女之间，这些摩擦只是冰山一角。为了保持和平、避免"战争"，母亲经常会压抑自己的情绪，努力压制日益增长的怨恨。同样地，女儿也会尽力避免抵抗，有时候她们不惜歪曲事实，甚至是撒谎，来避免与母亲发生不体面的冲突。

只有你和你的女儿表达出你们各自的不满，诉说自己的愿望，你们两个才有可能一起化解冲突、握手言和，从而翻开新的生活篇章。

改变。如果你和你的女儿都把对彼此的不满和自己内心的愿望，藏在心底、一言不发，你们又怎么能化解冲突呢？记住，冲突是促成改变的巨大推动力。你的女儿正在青春期的"激流"中沉浮，她需要试探你能否调整自己来适应她的新变化、新需求。比如，她想要知道，你是否会允许她刮掉腿毛或者当她有朋友来的时候你是否愿意给她一些私人空间。同样地，你也可以说出你的顾虑。这样做有助于你的女儿形成你所期望的态度、调整自己的目标、做出适当的行为、维护家庭的价值观。

冲突促成合作和妥协，而合作和妥协又会进一步带来尊重和亲近。汉纳是一位54岁的母亲，她有一个18岁的女儿阿里尔。她讲述了引起母女二人关系发生转折的一件趣事："在阿里尔十几岁的时候，我们之间的关系很糟糕。有一次我因为一件小事彻底爆发了，我已经记不清具体是因为什么事了。但当时，我滔滔不绝地控诉她，说她故意狠狠气我，对我爱搭不理，而我都不知道自己究竟犯了什么错。阿里尔立刻回击我，也对我提出各种指控，说我刚愎自用，给她带来很多痛苦。但真正触动我的是她那句'你总是对我评头论足'。一开始我并不服气，但接着我反思了自己，觉得我确实平时说话不经大脑，发表自己看法的方式太过直白了。也许这就是她不愿意和我聊天、躲着我的原因。从那之后我努力控制自己不再多嘴。渐渐地，我们的关系改善了很多。"

拉近距离。母女之间的冲突，可以让你们更加亲密。表达强烈的情绪、倾听对方诉苦、解决分歧，这些经历实际上会加固你们的情感纽带。因为通过这些冲突，你们可以开诚布公地交流，增强了对彼此的信任，而且也在冲突的过程中向对方表达了自己的关心。相反，如果母亲和女儿不能坦诚地交流她们对彼此的感受，比如母女之间的交流并不真实坦白，仅仅停留在表面甚至很少交流，那么母女关系毫无疑问会受到影响。如果母女之间没有强烈的情绪"风暴"，或者只有稀薄的情绪甚至没有情绪，只有一种陌生的氛围，那么，母女关系会陷入停滞，因为缺少冲突也就意味着无法成长。

＊　＊　＊

因此，你不如把与你的女儿之间的每一次冲突，都看作是拉近你们关系的良机。每次碰撞、每次争论、每次挣扎，都意味着你们正在积极地靠近彼此。你需要做的是培养自己有效处理这些冲突的能力。实际上，处理冲突并没有什么神秘之处，你只需要掌握一些具体的技巧即可。就像学骑自行车、学手语和逛菜市场一样，你也能够通过学习与练习掌握它们。掌握了这些技巧后，你就能够给自己的女儿注入表达情绪的底气。其实，这方面的教育要比音乐鉴赏、计算机技能、足球技术重要得多。

第06章

认识你的情绪管理风格

由于缺乏相关的良性社会化过程以及正面的榜样，很多女性都没有掌握管理负面情绪的健康有效的方法。当负面情绪出现时，你可能会把它们深藏在心里，或者在你的女儿最讨厌被批评的时候对她恶语相加，发泄怒气，或者你会干脆转身逃避，让她产生负罪感。这些做法的本质，是我们无法直接面对自己的情绪，也不会利用它们来表达自己的立场，从而达到自己的目的或解决冲突。

说得更直白些，这些处理情绪的方式不仅是"无效"的，毫不夸张地说，它们还会对你、你的女儿、你们的母女关系产生破坏性的影响。我们在下文列举的例子会揭示其中的原因。当我们的情绪被忽视、被压抑时，它们往往就会变得像"高压锅"一样，累积到一定程度就会"爆炸"。有时候，你可能会无意识地以破坏性的方式宣泄自己的负面情绪，事后又悔不当初："我为什么会那么做？"或者"我怎么会说出那种话？"其实，以破坏性的方式宣泄情绪是你的内心为你做出的选择，它选择了为你"炸开"一个通道，让那些十分强烈但从未被你正视的情绪得以释放。

当负面情绪驱动着你的行为时，你会感到难以自控，就好像自己是一个无力的傀儡，你的口舌和四肢仿佛都生出了它们自己的意志。实际上，一些女性会清醒地觉察到自己正在说着非常不恰当的话、做着非常不体面的事，甚至是一次又一次。对此，她们认为这些言行非常愚蠢，她们感到难为情甚至是羞耻，但无力让自己的理性重新掌控局面。

尽管如此，母亲和女儿还是会采用这些无效甚至有害的情绪管理方式。她们可能意识不到自己在做什么，也不知道还有其他情绪管理的方法可以使用，或者她们只是习惯了自己的"老套路"，无论这些套路是否健康。这些女性经常使用的借口就是"我就是这样的人"和"我一直都是这样做的"。

承认自己的错误固然可贵，但更可贵的是知错能改。为什么我们一定要做出改变？因为如果我们一直重复有害的行为模式，母女关系就会受到破坏性的影响。第一，如果两个人之间的相处总是充满失望，或者给彼此带来痛苦，那么你就会一直感受到羞耻和挫败。每次你看到自己重复这样的错误行为，你的自尊就会被腐蚀。第二，如果你继续使用这种无效的方式来处理冲突，你的女儿也只会有样学样。第三，你无法为女儿提供一个榜样，教她以一种负责任的方式表达自己的情绪。这样一来，她不仅处理不好母女关系中的矛盾，在她人生的其他关系里，类似的困难也会让她无法招架。第四，不能有效地疏导情绪会给关系本身带来极大的伤害。你的行为与你的养育目标背道而驰，不经意间，你和女儿之间的伤害和憎恨会聚滴成海，这些会刺激她做出不适当或者报复性行为。

正是基于这些原因，要经营好你们的母女关系，你就必须管理好自己的情绪，也帮助你的女儿管理好她的情绪。如果你已经有了这样的觉悟，你肯定能改变你现在那些错误的行为模式。当然，改变自己并不容易，你需要为之付出极大的努力。另外，你还要鼓起勇气，去正视自己那些有害的情绪管理方式。这可比指出女儿的毛病难多了！要学习更有效的情绪管理方式，请先了解你现有的情绪管理方式，看看你或者你的女儿是否符合下面的描述。

激烈反应或情绪爆发

尖叫和大喊

母亲和女儿对彼此最常见的抱怨莫过于大喊大叫的行为。偶尔提高音量并非问题的关键，相反，用恰到好处的音量进行表达，能更有效地强调我们的观点。另外，在一些家庭中，就像我们在第4章中讨论的那样，大呼小叫可能是所有家庭成员习以为常的一种沟通模式。一些母亲会说："我就是一个大嗓门。"然而，当母亲或者女儿无法接受对方的这种行为时，大喊大叫就成了一种问题。

更重要的是，当母亲和女儿通过比试音量来争夺话语权，或者当讨论陷入混乱，变成了猛烈而刻薄的言语攻击或者大声的指责时，它们造成的伤害会让人久久难以释怀。在一些家庭中，母亲或女儿会用喊叫来终结交流。当她们大喊大叫时，就相当于在告诉对方："我已经受够了！"然而，当这种模式开始占据交流的主导地位，特别是当它阻碍了理性的讨论时，冲突往往就会变得无解。

扔东西、跺脚和摔门

当你的女儿无法用言语表达她的情绪时，她可能会选择摔门、推搡兄弟姐妹、踢东西、扔东西，有时甚至会气鼓鼓地跺脚离开。虽然这些方式可以在短时间内带来满足感，但其实它们只会分散人们对愤怒情绪的注意力，而且还常常会激化矛盾。27岁的克里斯蒂娜说："我小时候就是那种一生气就会失控的人。随手抓到什么东西就扔出去，这能让我瞬间平静下来，但之后我又会对自己的过度反应感到内疚，特别是当我的姐妹们叫我'疯子'时。"像克里斯蒂娜一样，你的女儿也会有情绪爆发的时刻，但这种不良的表达方式却是以失去自控、背离目标为代价的。而更糟糕的是，这种方式让她无法清晰或准确地传达自己的困扰，或者提出解决问题的途径。

母亲当然也会情绪失控。可能你也曾经在盛怒之下，无法控制自己，扔餐具、摔门，甚至推搡自己的女儿。每个人都有自己的忍耐极限，你也不例外。你不必对这些偶尔出现的冲动行为感到自责，只要这些行为不是你们母女关系的主导模式，它们在一般情况下就不会对你的女儿造成深远的心理伤害。

实际上，让青少年了解母亲情绪失控的界限在哪儿本身也无可厚非。只是请你千万不要忽视当女儿看到母亲乱扔东西、摔门时，她所感受到的恐惧。你的女儿知道她缺乏自我控制的能力，所以她一直希望你能在这方面给她提供正确的范本。有一点需要你明确记住：肢体冲突永远都是具有破坏性的，不论对青少年，还是对母女关系而言。

间接表达情绪

如果你总是刻意避免与真正冒犯你的人直接进行沟通，你可能会选择间接表达你的情绪，或者拿别人撒气，将情绪发泄在完全不相关的人身上。你也许很熟悉下面的五种情况。一些母亲和女儿往往会采取这些具有吸引力的策略，尽管她们深知这些策略的效果有限，但还是觉得这样做总好过直面那些招惹她们的人。

被动攻击

表面上看，你的女儿似乎对你唯命是从。然而，她可能正在反抗你的要求、挑衅你的权威，却又能同时表现得非常无辜。这种方式让她在可以发泄敌意的同时，又能巧妙地逃避责任。21岁的贾妮承认，她经常"忘记"把重要的电话信息转告给母亲,而这可能与她对母亲的不满有关。"当时我还对妈妈在这方面指责我而感到愤愤不平,"她坦白道,"但现在想来,她的指责是有道理的。毕竟,我怎么可能对妈妈大吼大叫呢?除了私底下搞点小动作发泄对她的不满,我还能怎么办?"其他常见的被动攻击行为包括:你的女儿"忘记"告诉你她会晚回家、拖延家务、背地里批评你、破坏你精心制订的计划。此外,想要被动攻击你的想法也许可以解释你的女儿一些匪夷所思的"失误",比如在洗衣服时不小心损坏了你的衣物、弄丢你的首饰……你懂的。

同样的行为也可能是由母亲发起的。如果你经常"忘记"为女儿做事、未能及时接她放学或者没有兑现你的承诺,她可能会从这些小事中感知到你没有明说的不满情绪。因此,她会感到困惑,无法理解你口是心非、阳奉阴违的行为。如果你让她感到失望,她可能会愤怒地反过来指责你,说你"鲁莽""不负责任""幼稚",或者使用你曾经用来指责她的词。最糟糕的是,你的女儿正在潜移默化地学习这样一种观念:不能直接对抗他人,因为这是一种过于恐怖,甚至难以想象的事情。

让对方自责

如果你的女儿用尽各种方法指责你身为母亲是多么不称职(这里说的各种方法,并不包括直接告诉她对你感到生气),那么她这么做只是为了让你感到内疚、自责。你会在不经意间发现她抽鼻子、唉声叹气、闷闷不乐,或者频频向你投来"可怜巴巴"的眼神。青春期的女孩之所以经常使用这种伎俩,是因为这招有时候确实有效。15岁的德娜说:"每当我妈妈对我感到厌烦或疲倦时，我只需要板着脸，她通常都会让步。”尽管你的女儿像德娜一样，可能会通过这种方式得偿所愿并沾沾自喜，你要相信实际上她自己也知道这么做并不光彩。装可怜是弱者的手段，她知道这种做法恰恰说明自己没勇气和你正面对抗。

当然，母亲也会通过让女儿内疚，来表达自己的伤心、烦闷和愤怒。你也许有过这样的经历：你勉为其难地答应了女儿的请求，比如送她出门，然后在她没有表现出你所期望的感激态度时，你便抱怨头痛，大声地打哈欠，或者连续叹息。如果你经常这么做，那么在你女儿看来，你这种博取同情的做法恰恰透露着上不得台面的矫情。这种行为存在另一个更大的危害——你其实是在变相地教会她通过操纵他人的情感来获取关注。最后，她可能会认为，女性不能也不应该有自己的界限，只能成为别人情绪的“奴隶”。我想，这肯定不是你培养女儿的初衷。实际上，你一定要让你的女儿明白：你允许甚至鼓励她，从自己的利益出发，对别人说“不”。

冷战

如果你的女儿总是一副不恼不怒、波澜不惊的样子，只是安静地坐在房间里，刻意避免与你进行眼神交流和对话，那么实际上她已经开始了一场冷战。这类表现还包括：你问她才答或者她尽可能简洁地回应你。12岁的玛雅说：“如果我生我妈妈的气，我会用‘嗯’和‘啊’来回答她的所有问题。这会立刻让她急躁不安，但让我感到有点开心。”你女儿使用这种招数的时候，你当然明白她的意图，但是她的这种表达方式是被动的、非直接的。如果她对别人使用这招，那么她将会在沟通中一直处于被动的地位。一般来讲，除非别人愿意放低姿态迁就她，不然她就只能自己一个人待着生闷气，而至于她能否实现目标，只有天知道。这种处理情绪的策略一般会引起一种无力感。

用冷战来表达敌意的母亲，其实是在刻意回避冲突，不想关注女儿。你在情绪失控时故意走开，不与你的女儿讲话，你的本意是"给我时间冷静下来"。但是冷战的意义与此完全不同。如果女儿看到你避免与她进行眼神接触，并且用最少的话来回应她，她就不得不猜测你的真实感受究竟是什么，还要揣摩你为什么不愿意直接表达你的情绪。

讽刺与挖苦

对一些女孩来说，讽刺和挖苦母亲，是一件让人欲罢不能的乐事。你可能已经尝过你的女儿这一招的滋味。比如，如果你禁止她去什么地方，她可能会刻薄地用反话讥讽你："没什么大不了的，我才不想和我的好朋友去参加什么沉闷无聊的海滩派对，我宁愿和你们一群兴致高昂的中年人在一起！"或者在你猝不及防的时候，她莫名其妙地抛出一句正中你内心痛处的讥讽："我的天！千万别告诉我，你要穿那个出门。"

这种策略确实能起到两个方面的作用。一方面，她让你明白了她现在心里很不痛快；另一方面，她在伤害你的同时也满足了自己小小的报复心理。然而，如果她希望你能去猜测她敌意背后的真正原因，那么这种策略既被动又无效。而如果你猜不到问题的原因，你们可能就无法解决问题。这种策略带来的更常见的一种结果是，她在激怒了你的同时，也彻底葬送了你满足她愿望的机会。

对母亲而言，讽刺也是一把双刃剑。当你看到女儿因为她的弟弟未经许可就动了她的CD而向他大喊大叫时——这时你想起她向你"借走"的那件已经不知所终的毛衣——你可能会说："哦，你不也是个不告而取的高手吗？"同样地，如果女儿的数学考试分数很低，而她正在抱怨准备数学考试很累时，你可能会故意不直说，而只是故作惊讶地嘲讽："不应该呀，你又不在意数学这门课，你有那么多休息的时间呢。"从你的语气中，你的女儿听到的只是你的敌意，而并非你的担忧："我担心你没有充分备考。"你并没有说出一个合理的言语来鼓励她，相反，你选择了说阴阳怪气的话来激发她对你的报复欲望，让她感到被孤立，同时教她用讽刺表达自己的观点，并且将这种行为视为恰当的沟通方式。

用玩笑做幌子

在幽默的掩饰下，有些女孩会发表尖酸刻薄甚至残酷的意见。例如，你的女儿可能轻描淡写地说你懒散、丑陋或者刻薄，当你对此表示不悦时，她却辩解说她只是在"开玩笑"。这种笑话往往都蕴含着一丝认真，其内核是一种根本性的冒犯，而这正是令你恼火的地方。然而，她可能并没有意识到自己的玩笑背后怀有敌意，所以当你因为她的玩笑感到受伤时，她只会变得更加愤慨。你对她的玩笑的"误解"在她看来不仅荒谬，而且"令人讨厌"。就如14岁的黛比所说："有时候，我妈妈真的一点幽默感都没有。比如，前几天我告诉她她长得像《芝麻街》里的艾摩，她非常生气。她听后怒视着我，然后夺门而出。她应该放轻松点，我只是在开玩笑罢了！"或许，你有时也会通过嘲笑你的女儿来宣泄自己的不满。可能你会"开玩笑"说，如果有人能替你打理一切，你也可以每晚安稳地睡十二个小时。或者，你笑着说，根据你女儿现在笨手笨脚打碎碗的频率，等来年夏天家里可能有望换一整套全新的餐具了。然而，你必须清楚，对处于青春期的女孩来说，由于她们脆弱的自尊心，这种玩笑会使她感到困惑和不安，她们甚至会因此在夜间辗转反侧，反复思考那些言论是否真实。即使你的女儿平常在家里总是一副嘻嘻哈哈、满不在乎的模样，你也要明白，任何以她为笑柄的玩笑，都会让她感到难以接受。

转嫁情绪

很多时候，当女孩生气，尤其是对自己感到生气时，她们会把过错推到别人身上。其中她们首选的替罪羊就是自己的母亲。如果你的女儿开车发生了刮蹭、考试挂科、酒后失态或者和朋友闹了别扭，无论她犯了什么错误，最后都会变成你的错。在她眼里，如果你不是那么爱管闲事、粗暴、偏心，糟糕的事就不会发生。女儿的这种做法，是因为她不想对自己的行为负责。对她来说，更简单、更令她自在的做法就是责怪你，而且这样做几乎没有什么危险。

另一种情况是你的女儿会把对你的不满或者愤怒情绪转嫁到自己身上。当你拒绝在购物中心给她买最新潮的牛仔裤，或者因为她违反规矩而惩罚她时，她可能会躲在房间里闷闷不乐，并且拒绝接听任何电话。（实际上她是在惩罚自己，因为她内心非常渴望能和朋友们出去玩，而不是待在房间里。）或者，你说的或做的某件事让你的女儿感到不开心，她就会放弃为考试认真复习。有些女孩在情绪低落时甚至会伤害自己：她们可能会用头撞墙，抽烟，节食，或者划伤、烧伤、割伤自己的身体。她们希望通过这些自残行为让母亲感到痛苦。

有时候你的女儿可能还会煽动其他人替自己表达情绪。比如，当她对自己的妹妹说："你不觉得妈妈今年给我们准备的生日礼物很寒碜吗？"她就是想要挑起妹妹对妈妈的不满。如果她挑拨成功，那么妹妹就可以同时为她们两个人出气。然而，遗憾的是，这种做法其实只会让你的女儿学会如何巧妙地操控别人，而不能让她学习到任何与人直接沟通的技巧。

母亲有时也会将自己的情绪转嫁给女儿。回想一下，你是不是每次和丈夫吵架、被老板批评或者感到被朋友怠慢之后，就很有可能和你的女儿陷入争吵？青春期的女孩确实经常会说一些气人的话、做一些气人的事情，这让你有了充分的理由对她发火。但是，如果你是因为自己由别处产生的不满，而拿她们撒气时，她们能够敏锐地察觉自己已经成为你的"出气筒"。理所当然地，日后当她们觉得自己受到不公的对待时，也会有样学样，把向别人泄愤作为一种反击的方式。假以时日，你的女儿可能会越来越抵触你的意见，即使她确实有错在先。因为，她已经不再相信你能公正地对待她了。

压抑情绪

压抑情绪有很多种表现形式，但它们的共同点都在于避免直接表达情绪。如果你要求你的女儿做她不喜欢的事情，比如去探望长辈、参加特定的聚会、观看兄弟姐妹的比赛，她可能会突然表现出头痛的样子，这样的身体状况名正言顺地豁免了她的义务。如果你问她是不是故意找借口逃避，她会坚持说她是真的不舒服，并且会委屈地控诉你竟然怀疑她："这些事很有意思呀！我怎么会抵触呢？！"这样一来她就成功地避开了冲突。

不幸的是，青春期的女孩往往非常善于隐藏内心的感受，并且她们往往会隐藏得过深。当她幻想着报复那个冒犯她的人，或者在暗暗谴责自己时，你很难看出端倪。当青春期的女孩难以承受强烈的情绪时，有些女孩就会通过不正常的饮食、药物滥用或自我伤害，来宣泄自己积蓄的压力或愤怒。我们在前面的章节中提到了这些行为，一旦你留意到你的女儿有类似行为的苗头，就要积极为她寻求心理援助。

母亲也会压抑自己不愉快的情绪。有时候，你可能会幻想着早点从母亲的岗位上"退休"，跑去一个无人的海滩；你可能想把你的女儿换成一个年龄更小、更贴心的孩子；你可能会幻想和别的母亲交换女儿，因为你们每位母亲都觉得对方的孩子更容易抚养，相处起来也更愉快。

白日梦虽然无法直接化解冲突，却能够缓解我们内心的紧张和压力，而且白日梦本身没有任何害处。但是，一旦母亲为了营造出无懈可击、大局在握的完美形象，而强行压抑自己的负面情绪时，问题就会出现。你可以停下来反思一下，这是否是你的真实写照？问问你自己，你心目中的"超级女性"形象是什么样的？这个形象是否要求你必须永远开心、积极付出、无论面临何种困难都能泰然处之？也许你的生活看起来完美无缺——你有热爱的工作、一群知心好友和令你感到满意的外表，可是面对女儿，你是否还是在教育她一定要力争完美？这种做法带来的后果就是：你的女儿不仅会为自己设定过高的严苛标准，还会误以为表达负面情绪就是软弱的象征。

也许在你了解上述无效甚至会起到反作用的沟通方式时，会至少有那么一次，觉得"这一条说的不就是我嘛！"这种"对号入座"可能会让你觉得尴尬或者内疚，但这并不是我写下这段内容的初衷。这些行为其实非常普遍，每一个母亲或女儿在某个时刻可能都有过类似的经历。最重要的是，我们需要意识到自己的行为，这样才能真正领会到它们对母女关系造成的影响，从而更有意识地使用那些更健康、更有效的沟通方式。

第07章
择战而斗

　　最近，你可能会觉得你和女儿的生活就像一场巨大的躲球比赛。你的女儿向你连续投掷的"橡皮球"，就是没完没了的可以引发冲突的"导火索"。今天，她穿着一条超短裙出现在你面前；明天，她对即将到来的家庭聚会嗤之以鼻；下个星期，她又会在你认为她应该认真复习的时候，偷偷和她最好的朋友煲了一个小时的电话粥，又或者她拖拖拉拉不做自己该做的家务，甚至可能会言语尖酸地评价你的新裙子不适合你，说那是给更年轻、更苗条的人设计的……

　　这些事情让你疲惫不堪、心怀不满，甚至可能还有一点伤心，并最终能引发你们之间的斗争。你觉得自己又陷入了一个熟悉的日常场景中，你紧握拳头对她大声喊："你敢！""你这么做是不对的！"或者是你经常说的那句"不经过我的允许，就待在你的屋里反思吧"。你具体会对女儿说什么、做什么，取决于你当天的心情怎么样，以及你自己的忍耐水平。就算你暂时吞下了这口恶气，也会暗地里气得冒烟。有时候，这些冲突还会升级为喷发的怒火，或者好几天的冷战。你觉得如果你和你的女儿一直这样下去，你们的关系肯定会破裂，连同你自己也会疯掉。

不要贪战

那么，面对这一切，你又该怎么做呢？如果冲突没有得到妥善解决，它们就会在你的内心深处折磨着你，让原本困难的处境变得愈发难以忍受。然而，你真的有必要去追究所有细小的麻烦或者不满吗？如果你对一些小事淡然处之，你们两个之间的对立状态会持续升级，变成无法收拾的残局，值得庆幸的是，你和女儿之间的那些鸡毛蒜皮的账目，不必也不应该每一笔都算得清清楚楚。

很多情况下，你最好的选择就是放弃争斗。很多母亲觉得放弃争斗为她们省去了很大的麻烦。但是，她们这样做的部分原因是"对抗"在她们看来是令人畏惧的，意味着大吵大闹、暴跳如雷、情绪失控等。有必要在此澄清的是，"对抗"其实只是一种直面问题、正视问题，而非回避或者以拐弯抹角的方式处理问题的方法。你会在后面的章节中看到，"对抗"其实可以是有条不紊、深思熟虑、自信果断的。实际上，在阅读完本书后，你就会看到——我们也期望你能亲身体验到——你和你的女儿正是通过一次又一次的正面对抗，受益无穷。

即便是从最积极的意义上来理解对抗，有时候最好的选择也是不对抗。面对你和女儿之间的冲突，你需要后退一步，理智地评估形势，并选择性地忽略一些事情。放弃那些相对没有那么重要的冲突，可以让你和你的女儿把精力用来解决那些真正重要的问题。不仅如此，随着你的能力的不断加强（在后面的章节中我们会详细介绍），把自己的精力都聚焦在那些对你而言最重要的问题上，你将能取得更大的突破。一旦你弄清楚哪些冲突是值得应战的，你就算是掌握了冲突管理的"法门"。

这个策略对所有母亲来说都非常有效，但对那些母女关系已经剑拔弩张的母亲来说，它尤其重要。如果你不想再和女儿一次次地单挑，如果你已经想用尽一切办法来改善你们的关系，你就需要尽力贯彻这一原则。简单来讲，就是作为母亲，你要少说话，防止冲突进一步升级，以此来改善你们的关系。你这么做不是"躺平"摆烂，也不是逃避，更不是推卸你作为母亲的责任。相反，你是在努力做出正向的改变。

或许对一部分母亲来说，这的确是一种从疲惫的争吵中得以解脱的方法，但对另一部分母亲来说，这可能会引起她们的顾虑。毕竟，如果你不去应对所有的争端，又怎么能保证没有错过严重的问题呢？如果你有时追究、有时放手，会不会让女儿更加猜不透你的真实想法？如果你这次放她一马，会不会反而纵容了她？你又如何确保自己能选择出最应该应战的那场斗争呢？

答案就是：你做不到面面俱到。无论你多么小心谨慎，也总会有马失前蹄的时候。你会发现，自己就是会因为一些微不足道的事情责骂女儿。比如雷雨之前她忘记关窗户、牛奶瓶盖没拧紧或者看了太久的手机。而另外一些时候，你的做法可能又走向了另一个极端：面对她的言语攻击，你会选择干脆"遁"入自己的房间当个缩头乌龟。

你的目标不是成为一个完美的母亲，从一开始你就要明白，对于是否要开启斗争的决定，你无法做到百分之百的精准预测。但是你可以制订和保持基本的原则，尽最大努力避免将时间、精力和情感资源浪费在一些不必要的母女对抗上。换句话说，你可以最大限度地缓解你自己、女儿和母女关系面临的压力。因为你的女儿很快就会离开家，去开辟自己的新生活。在后面为数不多的母女共处的时间里，你们更应该好好珍惜彼此。

当你已经忍无可忍

金尼有一对16岁的双胞胎女儿，她说自己只希望和平多一点，耳根能清静一些："如果我和我的两个女儿一直这样吵个不停，我会疯掉的。几乎每一天，我们都会为各种各样的问题吵架，比如她们为什么不能穿皮夹克，为什么不能化太浓的眼线，为什么不能用车，为什么必须洗碗……有的时候吵着吵着，我都想不起来为什么开始吵架了，这个时候她们就会抓住我的破绽，给我施压，让我顺从她们的意思。我想知道我怎么做才能让接下来的三年好过一些？"

面对女儿接连不断的请求，尤其是在这样尖锐且棘手的冲突中，母亲往往会感到无比疲惫和厌烦。母亲经常会忘记，其实她们没有必要对孩子所有的要求做出回应。如果你并不确定哪些是值得争一争的问题，你就会被卷入一场不断升级的持久战——并且，我敢说没人能经得住这种持续不断的战争！

一位母亲向我抱怨："有时我甚至怀疑，我的女儿会故意提出一些过分要求来挑衅我。就像上周，她说她想和一个年龄跟她爸爸一样大的男人约会。她的表情就像在说'看你打算怎么办！'我完全不知道该怎么应对，所以只能直接拒绝，让这件事到此为止。结果，她立马反击，说我不信任她。我到底应该怎么做呢？"

哪些问题值得你与女儿对抗

一开始，明智地选择为哪些问题进行争论，可能会让你觉得如履薄冰，茫然无措。你可能会发现，即使你已经细心衡量了各方面的因素，自己仍然无法确定是否应该就这个问题与女儿进行正面交涉。遗憾的是，我们也没有一成不变的公式或绝对的答案可以供你参考。在你做出是否进行"战斗"的选择时，能指导你的是抚养女儿的目标，是你希望灌输给她的价值观念。

花时间仔细思考这个问题是非常值得的。如果你没有应对一般情况的统一原则，那么在陪女儿度过青春期的过程中，你就可能被无尽的挑战搞得筋疲力尽。同时，一套统一的应对方法也可以确保你做出一致的决策。这样，每次面临新的情况时，你都不需要重新"搭锅起灶"，再构思新的对策了。

在判断是否需要就某个问题与你的女儿进行交涉时，下面是你最应该考虑到的一些因素。你是否完全赞同这些因素的重要性无关紧要，因为我们的目标不是说服你采纳这些策略或者特定的价值观，而是帮助你建立起一个大的决策框架，从而让你能够甄别哪些是值得你出手的"高价值问题"。

安全问题

⇒ 案例1　你的女儿去朋友家参加聚会，本来说好朋友的父母会把她送回家，结果你发现送她回来的人竟然是她朋友的哥哥，而你知道这个男生经常酒驾。

⇒ 案例2　你去女儿的卧室里想给她留一张便条，却发现她半掩的抽屉里放着一盒香烟。

⇒ 案例3　你的女儿在网络上"结识"了一个男人后，打算在邻近的城市与这个陌生的网友见面。

青春期的女孩需要父母为她们设立清晰的边界，确保她们的健康和安全。你的女儿可能在试探你们作为父母的忍耐底线。也许就安全问题展开争论可能让你们闹得非常不愉快，也许她还会向你保证"我知道自己在做什么"，抗议说"你根本不信任我"，但实际上，你的女儿迫切地需要你在涉及她安全的问题上保持坚定且一致的立场。只要涉及女儿的人身健康和安全，你必须做出明确的决断。但凡有一点安全隐患，你的态度就必须强硬起来。在这个问题上，你的态度越是简单直接，比如"不""不可以"或"在这个问题上你没有讨价还价的余地"，效果就越好。

学业成绩

⇒ 案例1　尽管你的女儿向你保证"会更加努力地学习"，但她的期中考试成绩仍显示有两门科目不及格。

⇒ 案例2　虽然她说她想上大学，但她却迟迟不去了解相关院校的信息，也没有为高考好好准备。

⇒ 案例3　你给她买的全新长笛已经躺在她的衣柜里吃灰了，她已经两周没练习了。

如果你希望你的女儿笃行致远，你就有责任去提醒她学业成绩的重要性。此外，她还需要你帮助或督促她制订每天具体的学习和练习计划。她可能也需要你定期提醒她，你希望她能设定合适的目标，并坚定执行，做到善始善终。如果你的女儿参与了这些目标的制订，而这些目标与她自己的志向或者兴趣一致，那么她可能会更配合你。确保你们抱有符合现实的合理期望，这一点同样重要。

独立自主

⇒ 案例1　尽管你为明年暑假做好了家庭旅行计划，你的女儿却希望暑假能去外地探望她的一个同学。

⇒ 案例2　即使你提出愿意开车送她和朋友们去参加学校活动，她还是坚持选择乘坐地铁。

⇒ 案例3　尽管你的家庭氛围和睦，她还是想要逃避家庭聚会等活动。

你是担心她的人身安全，还是感觉自己或者家庭受到了她的冷落，还是你期望她的思想和兴趣能与你统一。这样，你才能够决定是否每一个问题都值得与她正面交涉。如果她的计划或者她的想法并没有违反重大的原则，也没有对任何人包括她自己造成威胁，那么就算你对她的决定心有不满，也最好选择容忍。但同时，她寻求独立自主的发展需求，也必须和家庭标准以及你的忍耐底线进行平衡。无论你是否妥协，在她寻求独立自主的过程中，都不要去谴责她渴望独立的思想。

品格塑造

⇒ 案例1　你的女儿因为另外一个朋友邀请她去参加音乐会，在最后一刻取消了与表姐早就定下来的约定，并且她还坚持说表姐不会在意的。

⇒ 案例2　当你经过她的房间时，听到她向朋友透露了她之前向妹妹保证绝不会告诉别人的秘密。

⇒ 案例3 你的女儿满怀自豪地向你展示她在科学实验考试中取得的
优秀成绩，但你确信她在考试中抄了朋友的答案。

众所周知，青春期的女孩往往把自己当成宇宙的中心，她们似乎认为所有
的行为规则和标准都只是为了约束他人，而并非用来束缚自己。也许你曾特意
向女儿强调：她不能为所欲为地践踏别人的权利、无视别人的感受。虽然你的
女儿不必取悦所有人，因为每个人在生命中都会经历一些不愉快，但是你并不
希望她残忍、冷漠地对待别人。如果你看重诚实这一品质，那么你更应该向女
儿强调实现目标的手段要光明正大，而不是一直只向她强调成绩的重要性。因
为实现目标的手段必须是正当的，所以当女儿的行为不合理甚至不合法时，你
必须不留情面地指出来。这样，在她成长的过程中，她也会慢慢学会守规矩。

当她利用你的信任时

⇒ 案例1 你通过电话账单发现，女儿在被禁止使用电话的那一周，
仍然打了五个长途电话。

⇒ 案例2 你大度地允许她邀请几个朋友来家里过夜，然而她们却在
半夜喧闹、大笑、大声播放音乐，让你无法入眠。

⇒ 案例3 你允许女儿在跨年夜喝半杯香槟，后来却发现她和朋友把
整瓶香槟都喝光了。

当女儿对你阳奉阴违，不顾你的警告做出不恰当的行为时，你需要用不容置疑的态度告诉她，她正在践踏你对她的信任，而信任是你们母女关系的关键所在。虽然她可以为自己争取更大的自主权，但她的这些行为只会促使你更加怀疑她、更严格地监督她。如果母亲没有向女儿表达出自己被她伤害或错误对待时伤心失望的感受，没有和女儿就此开诚布公地沟通，那么母亲会觉得女儿只会利用自己。为了让你接纳自己，同时也为了建立亲密的母女关系，你一定要要求女儿，用光明磊落的方式对待你，尊重你对她的信任。

当她需要你的时候

⇒ 案例1　你在厨房台面上发现了一张被随意丢弃的便签，它的内容
　　让你发觉女儿最好的朋友可能在抽烟。

⇒ 案例2　你听说她的一个朋友在进行不安全的性行为，甚至可能
　　已经怀孕了。

⇒ 案例3　你怀疑最近社区财物失窃与女儿的朋友相关。

你的女儿可能正在犹豫，是否应该与你分享这些问题。她想对朋友忠诚、帮助朋友，并且她觉得把这些事情告诉你就是对朋友们的背叛。然而，对于这些严重的问题，她又因为缺乏经验而感到茫然无措。如果你能冷静客观地向她表示你已经知道了这些事情（不要透露你的消息来源），并主动提出来你想要为她出谋划策，她可能会就此卸下心理负担。毕竟，现在秘密已经不再是秘密了，所以和作为母亲的你讨论一下也不至于让她有背叛朋友的罪恶感。即使她

164

拒绝和你谈论这些事情，你也必须确保她的安全，并让她明白只要她想找你聊一聊，你的"沟通大门始终为她敞开"。看到你主动就这些事情发起对话，她也会明白这个话题并不是沟通中的"禁区"。

哪些情况下不应与女儿对抗

你想要证明自己是对的

昨天，我的女儿埃莉问我为什么不去看电影。我告诉她，我觉得以前的电影远胜于现在的电影。她不服气，坚称现在的电影也有一些精品，于是我们就此进行了激烈的争论。在这个过程中，她变得越来越生气，而我又坚持要论证老电影的优越性。最后，我意识到，我把"证明自己是对的"看得太过重要了。

尽管许多女性都承认，出于"证明自己是对的"而进行对抗并不理智，但人们往往会被自己的情绪所左右。很少有人喜欢被别人质疑，尤其是被自己的孩子质疑。当母亲陷入谁对谁错的争执，她们的视野便会变窄，因此就会产生一些不必要的冲突，母女之间的信任和尊重也会随之减少。这种争论也会误导女儿，让她们觉得逞口舌之快是正确的。为了避免这种情况，你最好是在开始讨论某个有分歧的问题时，就思考一下，坚持自己的立场真的那么重要吗？

她萌芽的独立意识让你觉得不安

上个月，我的女儿萨曼莎问我能不能为她举办一个生日派对，我欣然同意了。我买了一个火锅套餐，以便让她的朋友们可以享受一顿美食。当我把火锅套餐给萨曼莎看时，她看着我的样子就像我是从火星来的。她坚持她们要自己点外卖：比萨和碳酸饮料。我心想，这种快餐食物怎么能配得上这样隆重的生日仪式呢？我不知道为什么，我开始喋喋不休地告诉她这个火锅套餐多么实用又美味。现在想想，我的做法真是荒谬，但也无所谓了，因为她根本也不愿意听。

随着女儿逐渐形成自己的观点和品位，你要放手让她尝试。这并不意味着你纵容她去给自己的身体穿孔、和那些瘾君子鬼混，或者将卧室都刷成黑色。你只需要确定，在你们相处的过程中，什么是你能够容忍的，什么是你无法容忍的。但是作为母亲，你最明智的做法，仍然是允许和支持她去展现自己的个性。比如当她弹奏让你头皮发麻的乐器，或者和一个你觉得神经兮兮的女孩交朋友时，你要给予鼓励，或者至少不做批评。

她做出了与你完全不同的选择，这并不是在侮辱你，也不代表她已经决定要摆脱你，去过成年人的生活。她这样做仅仅是因为她已经开始探索"我是谁"的这个问题，尝试如何才能在这个世界呈现自己。她今天的爱好，可能很快就会被她抛在脑后。你在对女儿大动肝火之前，先想一想这些深层原因，这将对你很有帮助。

如果你不赞成她的选择，也不要对此感到生气或者焦虑，甚至给她一个鄙夷的眼神。你要鼓励她去探索自己的喜好。此外，如果你想把自己的偏好强加在她的头上，她可能会更加坚决地要将头发染成红色或听饶舌音乐。如果女儿看到你能够尊重她的选择，那么她会明白你的爱并不取决于她有多像你。鼓励女儿探索自己的多面性和走向独立，能够提升她的自我价值感。

把你的坏情绪转嫁给她

上周我得到消息，我的父亲可能患了重病，我当时在非常焦虑地等待结果。那天晚上，我的女儿杰茜带了一个朋友回家，我让她先把碗洗了，然后再去干别的事情，她问我她们能不能先看完电视节目后再洗碗，我对她吼道："我让你马上洗！"我的女儿觉得很没面子，第二天她告诉我，我当着她朋友的面让她下不来台了。她说得对，晚点洗碗又有什么关系呢？我当时只是心烦意乱，而她又恰好在场。

这也是母亲经常会犯的错误。当你有焦虑、生气、伤心或者其他不良情绪时，你可能没有意识到你在寻找一个"出气筒"——不管是谁。这时候你的女儿出现了，而你正好本来就对她有所不满。这一刻，她成了最完美的攻击目标。几乎每个母亲都曾在某种场合犯下这样的错误，然后事后追悔莫及。如果你经常把自己的坏情绪宣泄在女儿身上，无非会造成两种后果：要么女儿会变得逆来顺受以肩负起你的重担（你肯定也不希望女儿形成这种心理倾向）；要么女儿觉得你不可理喻，会尽量避免与你接触。所以，当你感觉这些令人生畏的发泄场景快要出现时，请停下来，尽你所能控制自己。如果你需要几分钟来冷静一下，就告诉女儿你需要冷静。你的女儿会理解并尊重你所提出的需求，并通过你的示范，明白她自己也可以要求拥有冷静的时间。

你一定要展示自己的掌控力

尽管是暑假，我依然觉得女儿应该继续好好遵守规矩。我不希望她们把我的宽容当作无底线的纵容。因此，当我下班回家，发现吉娜看了一部两个多小时的电影，而没有像约定的那样只看一小时的电视节目时，我觉得自己不能就这样坐视不管了。另外，我的另一个女儿在某个晚上超过宵禁时间二十分钟才回家。为了纠正她的行为，我也对她进行了惩罚。但随后我又感到有些内疚，因为女儿们很委屈地说，她们平时都很乖，只不过偶尔犯了一些小错。我也认为她们说得有道理，毕竟她们一直都是乖巧的孩子，我本应该对这些小事更宽容的。

如果女儿大体上遵守了你制订的规矩，这说明她们已经在尊重你的权威了。期望青少年能完全按照你的期待行事是不现实的，并且这种期望本身就是错误的。母亲常常发现，如果自己对轻微的过错也进行惩罚，常常会取得相反的效果。尤其是女儿一旦认为母亲是在小题大做时，她们可能会感到怨恨，并开始反叛。重要的是，作为母亲，你要时刻记住你的终极目标：当你因为某件事开始出手管教女儿时，你究竟想教会她什么？在这种情况下，为了赢"大战"，我们可以败"小仗"。

母女冲突的经典导火索

有些母女之间的对抗，不仅不可避免，而且会一触即发。这些对抗包括但不限于恋爱、聚会、宵禁、化妆、驾车。虽然你已经对女儿持续不断的"攻势"感到厌烦，但最佳的做法还是保持开放的心态，给她倾诉的机会。即使你已经打定主意对她说"不"，也应该给予她足够的礼貌和尊重，倾听她的观点，让她说说为何这件事对她而言如此重要。这不仅可以帮你深入了解她，也有助于她认清自己。和她沟通还能帮助她厘清自己的思维。她甚至可能会在与你交流的过程中发现，这件事并不像她一开始想的那么重要。不管哪种情况，她都能学会用语言表达自己的感受，而这正是有效交流的必备条件。下面的一些问题，是让母亲和女儿冲突频发的"战场"或导火索。围绕着这些问题，母女二人经常一言不合就会开启战斗。

她的卧室环境

在选择与女儿就哪些事情进行对抗的时候，你可能会发现，最常出现的对抗理由莫过于女儿卧室的问题。就像一位母亲所说的："你或许无法想象，一个小小的房间，竟能在母女关系中掀起如此大的波澜。"这是因为对母亲来说，卧室仅仅是一个房间，一个让女儿换衣服和睡觉的地方。但是对女儿来说，那是唯一一个能让她感到舒适、可以自由自在做自己的地方。如果此时此刻你怀着不太愉悦的心情想起女儿卧室中那满地的废纸或衣物，那么你就能明白许多母亲的无奈。

绝大多数关于卧室的纷争，核心都是主权问题：这个房间到底是谁的？当她嚷嚷着"别在我的房间里待着！"时，她似乎并不理解，她的卧室其实是属于你的，因为你是整个房子的主人。你可能觉得，女儿的卧室，就像你家的其他任何地方一样，都体现着你的品位、卫生状态和打理家务的能力。如果你需要一个指南针才能在乱糟糟的卧室里找到她衣柜的门，你或许不会想要向朋友和亲人展示你的家。你认为，女儿应该保持自己房间的整洁，以表示对这个空间以及对你的尊重。所以，问题出在哪里？

问题的核心在于，在女儿的内心深处，她觉得自己才是这个房间的主人。只有在唯一属于自己的这个小空间里，她才可以思考问题、悄悄欣赏自己的身体、写日记、检查青春痘、和她的朋友说悄悄话等。此外，她的房间还是她的"避难所"。毕竟，你的女儿从早到晚都需要向老师、教练、父母、朋友和同学证明自己。但是在她的房间，她不需要去回应任何人，也不需要向任何人证明自己的价值，她可以做她自己。所以当你攻击她的房间时，你实际上是在攻击她的个人隐私领域。

由于你的女儿对她的卧室怀有深深的热爱，她觉得以自己的方式来打造这个空间无可厚非。她并不觉得自己的行为有什么不妥，比如把墙壁刷成石墨黑（"我没有抑郁，我只是觉得这样很酷！"）；衣物散落得满地都是（"我当然知道每件东西都放在哪儿了！"）；播放着刺耳的音乐（"如果你不喜欢，就别进来！"）；挂上你认为图案过于露骨的海报（"你可以不看，这是我的房间！"）；拒绝整理床铺（"我为什么要铺床？反正晚上又要弄乱！"）。卧室是引发母女冲突的一个巨大触发点。在处理关于卧室的争执时，你可能会觉得自己像是在穿越一条困难重重的障碍赛道。

尽管你需要尊重女儿以及她对个人空间的需求，但这也并不意味着你必须放弃自己的立场。毕竟，这是你的家，你的房子，你有权决定自己容忍什么，不能容忍什么。或许，你可以思考一下这些经常出现的问题，从中筛选出哪些是你真正关心和看重的。

"她的房间简直是猪圈！""看起来像龙卷风肆虐过一样！"

作为母亲，有些真相你需要铭记在心。首先，无论你的女儿的房间看起来多么令人头痛，它都是女儿个人品位和风格的直接体现，而非你的。其次，青少年的房间看起来被洪水冲击过一般，这是正常现象。偶尔的懒散并不代表她这个人永远邋遢。最后，如上文所述，让她在自己的地盘内享受自由至关重要。

那么，你能做出哪些具体的妥协呢？或许你可以忍受房间杂乱，只要她同意将门关上，这样也就眼不见心不烦了；或者，她可以按照自己的意愿乱扔东西，但不能在房间内吃东西；或者，在房间里用过的餐具必须及时放回厨房；或者，你为她购买的那些衣物必须在衣柜里挂好；或者，不可以乱扔可能招虫子的东西；或者，在有客人来家里参观整个房子的时候，她必须好好收拾一下。总之，选择那些你真正关心的问题，并向她清楚地说明这一点。如果需要，你们可以共同商讨并签署一个书面合约，以避免未来出现"我不知道我们曾有过这样的约定"的争议。

"我的女儿真是毫无品位！"

即便你觉得自己的女儿品位很差，在鼓励她培养自己的品位和审美时，如果你有不同意见，最好在仔细思考过后再去对她的品位发表评论或表达抗议。比如一位母亲无法接受"上面画着穿紧身游泳裤的男子的滑稽海报"；另一位母亲则看不惯女儿睡在地板的垫子上；还有一位母亲，当她看到一盏"我的女儿觉得非常有趣的、像男性生殖器的蜡烛"时大惊失色。那么，你又该如何分辨哪些审美是你不赞同的，哪些是你不该容忍的呢？

答案就是做出妥协，同时也要保持镇定，不要攻击她的个人品位。或许你可以允许她按自己的心意装饰房间——只要她的行为不会对房间产生永久性的损坏（如墙上打孔，损坏壁纸，拆毁家具等）。如果房间里有明显违反你的价值观的事物，你应该直接告诉她。"你那张抽烟图案的海报让我感到非常不适"会比"你有五秒的时间把那玩意儿从我的房子里扔出去！"更有效。同时，请记住，你的否决权应该留给那些真正让人心惊肉跳的邪恶画报，而不是那些你只是觉得有点低俗或者自己不喜欢的装饰物。你的女儿需要明白，尊重你的价值观仍然至关重要，即使她并不完全赞同你的这些观念。当她离家上大学或自己独立居住后，她就可以随心所欲地装饰属于她的空间了。

她的着装

另一个必定会引发母女冲突的问题就是着装问题。面对因为着装引发的大大小小的冲突，你应该如何做出选择呢？究竟是她那种半截衬衫、硕大的耳环和破洞牛仔裤的新装扮更值得关注，还是她连续四天都穿着最爱的上衣却不觉得有丝毫不妥的问题更重要呢？也许这两点同样重要，因为它们肯定都会让你看不惯。你怀念过去你们着装审美一致的好日子，现在你觉得自己已经无法阻止她穿得乱七八糟。毕竟，你不能一直跟着她到学校，阻止她换衣服或在学校的卫生间化妆。

请你记住她所面临的压力，这会让你更有同理心。如前文所述，某些服装在她的同辈中被视为时尚，而穿着其他服装可能会让你的女儿被同龄人贴上"土老帽""书呆子"和"跟不上潮流"的标签。母亲很容易就忘记自己以前在面对这种来自同龄人的压力时，是多么崩溃。关于个人着装，朋友们会认真地关注、评价甚至是批评，而且如今这种趋势更加明显。别忘了短视频、电影和电视都在告诉我们什么是潮流，什么是过气。那些声称"人不靠衣装"的人，显然不了解，一个正值青春期的女孩每天是如何根据自己的穿搭来塑造自我形象的。

有些女孩稳定地保持着一种让她们感到自信和舒适（这在一定程度上让她们不会被同龄人排斥）的风格，而另一些人的着装风格则会像她们的情绪一样频繁变换。今天可能是经典的休闲装扮，明天可能会变成复古的碎花连衣裙。谁知道她后天穿什么？此外，在青春期之前，你的女儿非常看重你对她的着装的赞同，但现在，你的赞同恰恰可能是她抛弃某件服装或某个造型的原因。以下是你可能会遭遇的一些具体问题。

"我不敢相信她竟然会穿成那样！"

你惊骇地发现，你的女儿毫无时尚感。你知道她对你的看法也是如此，但至少你的穿着并不会在公众场合引人注目。你不明白，她为什么要故意打扮得如此惹眼？作为母亲，难道你不应该帮助她培养良好的品位吗？有位母亲说：
"我的女儿迷恋复古风，我简直无法相信她会穿着那些丑陋的裙子去参加派
对。"另一位母亲说："我告诉女儿，她穿的宽松牛仔裤和T恤让她看起来太
过中性，但她说她就喜欢那样。"母亲总是在担忧，别人"会怎么看待"她
们的女儿，以及作为母亲的她们自己。

虽然这个观点可能会让你感到难以接受，但最好的建议就是：如果这只是
你的女儿的个人品位问题，那就放手吧。幸运的是，我们讨论的是着装而不是
整形。如果她的选择只是暂时的、相对无害的，那么最糟的结果不过是多一套
"奇装异服"。所以你在这个问题上保持冷静、远离争吵就是最理智的做法。

但你可能会问，如果她一件衣服穿了一个星期都不愿意换，我又该怎么
办呢？青春期的女孩如果恰巧买到了一件合身并且令人称赞的衣服，她往往舍
不得脱掉，这会让不少母亲发疯。如果你的女儿连续四天穿着同一件白色高领
衫，你可以建议她和你一起去购物，再买几件类似的衣服；或者你们可以商定
她在一周之内可以穿这件衣服的次数（比如两到三次）。如果她想知道你为什
么对她执着于某件衣服的事情这么介意，你可以告诉她，这是因为衣服需要清
洗，如果她真的在意自己的形象，那么她就应该注重个人卫生。

"她会冻成冰棍的！"

你的女儿在过去也许会听取你的建议，如果你叮嘱她要戴好手套或者拉
紧外套的拉链，她通常会乖乖照做。但在青春期，在冰冷的冬天，她可能连外
套都不穿就冒着冷风出门。你可能忍不住想追出去给她拿件大衣或者围巾，但
你知道她一定会拒绝。而且，你还会被她批评一番，说你把她当小孩子对待。

那么，你何苦不放手呢？你的女儿必须学会倾听自己身体的信号，照顾自己身体的需求。如果她在外面真的感觉冷，她会打寒战并找到保暖的方法，不一定就会生病。她不仅能挺过来这一次，而且可能在下一次就会记得带件大衣。显然，我们更应该把注意力集中在更严重或无法挽回的问题上。

"她穿得过分暴露！"

怪异的时尚感是一回事，过分暴露身体又是另一回事。青春期的女孩迫切想要赢得男孩的青睐，这就促使其中许多女孩选择了一条捷径：迷你裙、露脐装、背心、蕾丝透视衫等。这种着装风格的转变可能会突然发生。一个15岁女孩的母亲抱怨道："我送女儿去夏令营的时候，她还穿着卡其色短裤和短袖衬衫。她回家那天，却穿着破旧的短裤和几乎无法遮住胸部的吊带衫。我的心脏病差点发作了！"当母亲看到女儿穿着不当的衣服出门时，她们会有怎样的反应呢？许多母亲会慌乱、尖叫，并威胁女儿（"你有两分钟的时间上楼，去换一件能见人的衣服！"）。在这种情况下，母亲需要坚决地要求女儿穿得更得体。

具体的可行办法是认可她对自己身材的自信，毕竟她的身材的确很棒，但是要坚决反对她穿着你认为过于暴露的衣服。你可以向她详细阐述你的标准，比如你不想看到她露出乳沟、肚脐或者大腿根部；你不希望她穿着高跟鞋噔噔噔地走来走去；你不赞同她在身上穿孔或文身。在一波又一波新的时尚狂潮中，你都要明确你的底线。如果她哭闹，告诉你她讨厌你，声称她是班里唯一一个遭到母亲苛待的孩子，你可以表示你理解她的痛苦，但你仍然会坚持自己的立场。如果她穿着不得体的衣服偷偷溜出家门，你就要让她明白，她必须为她的错误行为付出代价。在面对这些情况时，你的女儿会最终因为你订立规矩并且能严格贯彻规矩而尊重你，尽管这听起来难以置信。

化妆品、配饰和穿耳洞

如果你有机会翻看你的女儿同学们的衣柜，你很可能会发现她们的衣物风格类似，可以互换着搭配。青春期的女孩对他人的穿着特别敏感，她们遵从时尚潮流如同遵守法律一般。每当你的女儿坚决向你表示她缺某种样式的牛仔裤、毛衣、靴子和运动衫时，你都能感受到这一点。在发挥个人风格上，女孩最大的自由，就是能与同龄人在"大同"之下保留自己的"小异"。别致的项链、夸张的指甲油颜色或者亮丽的发色，都能让她们在人群中独树一帜，但同时又不至于招来讥笑和孤立。然而不幸的是，青少年眼中那些微不足道的个性化装饰，在母亲看来往往是不堪入目且过于极端的。

"她那样化妆看起来就像个小丑！"

起初只是轻微地遮瑕——毕竟她长出了第一颗青春痘，你总得允许她缓解下心中的恐慌吧！然而，她逐渐开始使用新的化妆品。你觉得透明唇膏没什么问题，所以你就没有管。但是那双如同浣熊一样的烟熏妆黑眼圈呢？绝对不行！那种一看就令你犯恶心的鲜红色口红呢？没门儿！随着你的女儿看到班上有越来越多的女生开始尝试化妆，你可以肯定，她也会开始"装修"自己的脸。在这个问题上，与她一起商量并设立明确的界限仍然是你最好的策略。比如，你可以接受唇彩、遮瑕霜、睫毛膏，那就试着确定几样你能接受的化妆品，帮她挑选适合她的产品，并教她正确地使用它们。你可以告诉她，她本来就很美，不需要化妆。即使她会叹息说："当然，你会这么说因为你是我妈妈。"但听到你说出这句话，她还是会感到宽慰。然而，有一点需要特别提醒你：永远、永远不要建议你的女儿化妆，这样的建议只会让她觉得你认为她不好看。

"我才不管她的配饰是不是暂时的，它们实在太丑了！"

绝大多数母亲都认同，永久性和临时性的配饰有着明显的区别。当你的女儿告诉你，她想染一缕亮色的头发、贴一个临时的文身贴或者戴一个脚趾戒指时，你可能会妥协。就算你觉得这些不好看，你也会告诉自己：反正这些东西很快会消失。但如果你实在看不惯你的女儿戴着一摇一晃的耳坠，或者贴着一个临时的脚踝文身去学校，你可以和她谈一谈。比如告诉她说你只允许她在周末或者放学后佩戴。如果她坚持要把某个图案永久性地文在脚踝上，你就需要慎重思考。如果你完全无法接受，就告诉她如果她坚持要这么做，就只能等到她长大成人离开这个家之后。

"我理解不了她为什么那么想在身体上穿孔！"

在身体穿孔的问题上，几乎所有的母亲都会感到恐慌。以前母女之间最大的冲突焦点在于什么时候可以允许女儿给双耳打洞（每只耳朵只打一个洞），然后戴上一对小珍珠或者宝石耳钉。如今的母女冲突则围绕着是否允许你的女儿在眉毛、鼻孔、肚脐、乳头或其他身体部位穿上小环。当涉及永久性或者影响到身体健康的身体改造时，如文身或者身体穿孔，即使再开明的母亲也会坚决反对。你的女儿往往无法想象，几年之后当她走进面试室时，脚踝上的文身会给她带来什么影响。这时，就需要你这个身为守护者的母亲出场了。尽管你暂时"破坏"了她的"美好愿望"，但如果幸运的话，总有一天她会感谢你今天的阻拦。

教女儿明智地判断是否要对抗

正如前文所述，若想最大限度地改善你们之间的关系，你的女儿也要出一份力。你可以教她挑选那些值得与你抗争的事项。与其不断挑衅你、指责你、事事挑刺，点燃令你们双方都劳神费力的战火，她还不如先学会抓大放小。这件事的难点在于你需要帮她找到一个恰当的平衡，让她既能为自身权益抗争，同时又不至于变得好斗。如果她学会了与你保持恰当的"战争与和平"，她也会将这点智慧拓展到其他的关系经营上。

一位母亲谈到她13岁的女儿时说："我的女儿朱莉就是为了吵架而吵架。上周，她回家时问我她能不能读一本限制级的书。她知道我不会同意，所以早就准备好了一大堆有关公民权利与自由的大道理。那一天，我实在是太累了，不想再和她争出个对错。所以我只是问了她一句：'朱莉，咱俩为了这事儿争来争去，你觉得真有必要吗？'她看出来我根本不吃她这一套，于是就耸了耸肩，一声不吭地走了。"

这只是母女间万千争吵的一个缩影。每次你让她生气、失望或恼怒时，对她而言，都是挑起事端的好时机，但其实她也可以选择不生是非。在你开始筛选哪些事情值得你们母女对抗的同时，你也可以告诉女儿，你不喜欢频繁地争吵，你也想和她共同努力改善你们之间的关系，或许她会从你的坦诚中受益。你可以向她保证，以后遇事你会更加谨慎细致地思考，不再像以前那样，不分青红皂白就找她算账。但同时你希望她能投桃报李。你需要协助你的女儿构建起她自己的一套准则，用这套准则来衡量何事值得争、何事应妥协。若你们能改变各自的应对模式，日常生活肯定能顺遂不少。

制订是否对抗的衡量标准

当你的女儿在不确定是否应该与你发生冲突时，她可以问问自己下面这些问题。事实上，将来当她（以及你）想在其他人际关系中表达不满的时候，这些准则同样具有很大的指导意义。

发生冲突是否会让情况恶化？

比如你之前告诉过你的女儿，只要她的数学成绩提升至B，就可以去旅行。她一口答应，但事后却把大部分本该用来学习的时间用在打电话上，并在一次考试中得了一个低得出奇的D，成绩不升反降。最终，她自然无法如期去旅行，愿望落空的她无疑会怒从中来。如果这时候她为了缓解内心的自责，将失望和愤怒的情绪发泄在你身上，那么，她可能会陷入更深的痛苦。

理想情况下，你的女儿应当好好想一想，如果她在成绩出来后仍然苦苦哀求你让她去旅行，这会给她带来什么后果？她需要明白，不能去旅行的事实并不会发生改变（你不会违反约定放她一马）。实际上，为这个问题与你争吵，只会证明她还没有成熟到敢作敢当。她的一通哀求，可能会让你更加生气。对你的女儿来说，她应该关注的是下一次如何言出必行、谨慎计划，而不是事后翻脸耍赖、拒不认账。如果考虑到这些，她还会与你对抗，把你当出气筒吗？

如我们前文讨论过的，青少年往往会对日常生活中的事件产生戏剧化的夸张反应。评价她发型"搞笑"的朋友、因觉得她"人太好"而提出分手的男生、通知她戴牙套的正畸科医生……每天，都有无数的因素会让她情绪爆炸。这时，你可千万别劝她用平常心看待问题，她只会反咬一口，把你当作发泄不良情绪的对象。

艾丽西亚这样谈起自己15岁的女儿玛丽："上周六晚上，她气呼呼地从一场聚会回到家。我询问她发生了什么事，她却开始斥责我：'你还夸我的发型好看？！这发型丑死了，我看起来像个不伦不类的怪物！你为什么要哄骗我？'我坐在那儿，惊愕地说不出话。第二天我才知道事情的来龙去脉，原来，送玛丽去派对的那个女孩喝醉了，她把玛丽的一个秘密告诉了所有人。这时我才知道她真正的烦恼是什么。"

指望一个少女总能认清并正确处理自己真正的困扰，显然不切实际。事实上，基本上没有哪个青少年能做到这一点。然而，这并不意味着每次她烦闷时，你都要忍受她对你发泄情绪。向你的女儿坦言，你愿意倾听并与她聊一聊心中的疑惑，但你不能容忍她无端冲你发脾气。你的不容忍并不意味着你就是一个"冷酷"或者不称职的母亲。

这个问题真的有那么重要吗？

有时候，你的一些行为和言语会让你的女儿感到厌烦（"你为什么总是把爱我挂在嘴上？真尴尬！"）。这对母亲而言无疑是一种负担，对担心每一件事都可能左右人生走向的青少年来说，压力同样沉重。

14岁的杰米回忆道："上个月，我因为妈妈不同意我和几个朋友去露营而暴怒。听到她拒绝我的要求，我很生气，我对她说我讨厌她把我当小婴儿一样对待。可是奇怪的是，事后我意识到，其实我对那次露营也没那么感兴趣。但当时，我却以为那是个好计划。"

你应当让女儿明白，如果她能理智地忽略无关紧要的琐事，你们将更有可能共同解决重大问题。要实现这一点，最好的办法就是在每一次决策之前，细细思考这件事情的重要性以及是否要据理力争。这在她与其他人打交道的过程中，也是一种极为宝贵的生活智慧。

表达感受永远不晚

有时候，你的女儿会反复琢磨上述的几个问题，却仍然无法下定决心是否应该和你就一件事进行对抗。她可能担心，如果她没有立刻告诉你她的感受，事后就再也没法追究了。然而，幸运的是，决定是否进行对抗这件事，并不拘泥于这个规矩。你要让女儿明白，无论是与你还是与其他人，如果存在未解决的问题，根本不用担心这个问题"已过追诉时效"。一件事情发生之后，过了两周或两个月也好，两年也罢，只要她心中仍有不平，都可以直言不讳。当然，最好的情况是她能学会遇事迅速处理，防止问题进一步扩大，事态进一步恶化。然而，在改正错误这件事上，并不存在"太晚了"一说。当然，你也需要向女儿证明，你一言九鼎，言出必行。当她告诉你，你三周前说的一句话令她非常伤心时，你要克制住自己下意识的冲动，既不能轻飘飘地置之不理，也不能质问她为什么要等这么久才跟你说。你要立即拿出诚意进行处理，让她看到，无论什么时候，只要她鼓起勇气来谈论她的感受，你都会给她应有的尊重和重视。

16岁的玛格丽特这样说："我妈妈总是告诉我，有任何事都可以告诉她。但当她开始频繁地介入我和朋友们的事情时，我不知道该怎么告诉她，她这么做让我感觉很硌硬。我连续几周都没有提这事，但我发现越是这么拖着，我就越是难以启齿。最后，我开始对她有了抵触情绪。我当时想，如果我再把这件事憋在心里，后面真的会和她大吵一场。于是，我跟她说了实话。开始，她既尴尬又难过，但后来她就不再打扰我们了。这事的结果真是太好了。"

如果你像玛格丽特的母亲一样，重视女儿的想法，她会更有信心表达自己的感受。这里要再次重申，我们的目标是通过这些事，让你的女儿形成对维护自身权益的正反馈。通过在你身上实践这些维权策略，当她以后遭遇不公时，就能更有力地应对。

奖赏她的努力

你的女儿在衡量是否该与你扬旗对垒时，未必总能准确把握形势。有时候，她可能会犯错，比如在无理取闹后又追悔莫及，或者在应该慷慨陈词时又默不作声，接着又因为一点小事就跳脚。在这些情况下，许多母亲下意识的做法就是惩罚女儿。但其实，你可以在指出她错误的同时，给她一定的容错空间。毕竟谁不是在试错中进步的呢？女儿常常会（不管她们本人是否承认）从母亲认错的行为中得到慰藉（"还记得我那次因为什么事骂你吗？那次是我错了。"）。看到你这么做，她会明白，她应该把承认错误当作一项需要培养和提高的本领。向对方认错的行为，最能向对方表明自己在意这段关系。

最后，当你察觉到，她在心里仔细盘算过是否应该与你就某事进行正面对抗时，你要奖励她，让她形成正反馈。如果你告诉她，你对她三思而后行的稳重感到自豪时，她自然会知道，你认可了她的努力。一点点的赞赏，就能鼓励她在与你交锋之前多加掂量。她也将因此获得更多的信心，并将这些方法运用到与他人的交往中。

第08章

有效地表达自我

　　一旦明确了在哪些重要的方面需要引导女儿，并且心甘情愿地卸下过多关注的负担，你或许会觉得更有力量和信心。当你领悟到"好钢用在刀刃上"的道理时，你想和女儿产生建设性冲突的愿望，就会变得触手可及。无论是她对待弟弟妹妹的恶劣态度，成绩滑坡，还是你们之间的信任问题，只要是一直以来困扰你的疑难问题，你都迫切地想要下手扫清。

　　然而，你心里仍有一丝不安。或许你之前也试图表达过你的意见，你带着好意开口，但结果还是以泪水、骂声或怒目相视告终。因此，你可能对这一次能否成功抱有疑虑。然而，即使你忐忑不安，你还是要义无反顾地披甲上阵，因为你知道这个问题必须得到解决。你和女儿之间势必会出现紧张、伤害或冷战，但这一切终究会散去。既然如此，那么现在的问题是：你怎么做才能确保冲突结束后，你的心情是舒畅的，并且你很满意你们母女二人处理问题的方式？

本章介绍的沟通技巧就可以帮助你清晰、有效地表达自己的想法。更关键的是，这些技巧会让你的女儿更有可能聆听和理解你的想法。也许你曾经在课堂、研讨会、咨询会甚至是婚姻课程中听说过其中的一些技巧，只不过我们现在要把它们迁移到母女关系中。你在现实生活中可能已经掌握了其中的一些方法，我们只不过对它们做了专门的定义或是取了一个新名字。还有一些技巧，可能会让你认为"它们可能真的有用"或者"我要试试看"。

没有哪个技巧能够成为解决你们母女冲突的灵丹妙药。有些可能有所帮助，有些可能毫无效果。我们并不鼓励你挨个实践，而是希望你从中选择一些对你有用的技巧。你会本能地发现那些更适合你的技巧，但请记住，所有这些技巧都是可以学习的。

无论你过去有什么经验，也无论你现在用什么样的教育风格，你都可以改变你和女儿的交流方式。一开始，母亲通常会觉得现状是自己无力改变的："我就是这个样子。"但如果你能专注并持续练习一项行为，无论是使用下文的第一人称句式还是二十秒法则，你就会发现自己确实可以改变与女儿的沟通走向。你会看到，改变说话内容或方式，可以带来翻天覆地的变化。记住，要一步一步慢慢来。

在你摸索有效的沟通方式的过程中，你的女儿也会以你为榜样，学习改善自己的沟通技巧。如果她看到你认真努力地改进自己的行为，她可能也会跟随你的脚步。

负责任的沟通

前一章中我们讲到，与女儿就某个问题进行对抗，仅仅意味着你在正面处理问题。虽然处于青春期的女孩不喜欢听母亲批评自己，但是你仍然要坚守自己的信念。你的坚持其实是在向女儿传达这样一条信息："我知道你不喜欢听，但我还是必须说，因为作为你的母亲，我有责任指出你的问题，而你也得学会对自己的行为负责。"当你和女儿对话时，不仅要注意你所表达的内容，还要注意你的表达方式。相较于你说的话，你怎么说出这些话也同等重要，甚至更重要。

一个常用的办法是把你因为当前问题而产生的情绪与你要表达的意见区分开。也就是说，你可以告诉女儿，她令你感到不安、难过、困扰、担忧或生气的事情究竟是什么，但不需要浓墨重彩地突出这件事让你产生的情绪。虽然你的情绪确实是提醒你采取行动的关键因素，但你并不一定要把它们完全地展现出来，除非抒发情绪有助于你实现你的教育目的。

比如，你的女儿已经连续三次错过校车，因此需要你开车送她去学校。虽然你心中非常不高兴，但也最好收敛情绪，只需要简单直接地告诉她："我希望你能设早一点的闹钟，安排好你自己的时间，不要让这种情况再发生。"在这种情况下，你的最终目的是让女儿在未来改善她的行为，对此，宣泄你的不爽毫无效果，甚至可能会减小你传达信息的力度。但是在有些情况下，则需要你强调自己的情绪。比如，当你发现她透露了你们约定不会告诉其他人的秘密时，你只对她说"你背信弃义是不对的"，效果可能并不理想。这种情况下，你的目的是要让她认识到她的行为对别人造成的糟糕影响，为此，你只有表现出你强烈的伤心和愤怒，才能让她有深刻的体会。

有效沟通的关键在于，根据你对自己和女儿的了解，运用你的直觉，因事制宜。没有人能教会你这个本领，但是你可以自学。只要不断练习运用这些基本技巧，你就能无师自通地掌握一套有效的沟通技巧。你会摸索出哪些方法与你的个人优势十分匹配，并且学会识别女儿独特的行为和情绪。掌握了这些技巧，无论何时面对何种情况，你都能快速地拿出有效的招数应对。例如，你发现，如果你的女儿一直盯着门把手发呆，就意味着她此时基本上听不进去你说的话。因此，你最好先搁置与她的沟通，另择时机。你要记住，最了解你女儿的人是你，没有人比你更有能力或动力去学习如何与她相处。所以，你一定要有信心。

应用这些技巧，可以让你与女儿的对话更加顺畅，同时促使你们积极地调整自己的行为，从而改善你们的母女关系。正面沟通可以促进你们的合作，推动双方都做出让步，从而达成共识。在这个过程中，你也向女儿展示了沟通和解决冲突的办法。学会这些技巧，对她建立健康的人际关系也大有裨益。以下是十个已经被证明确实有效的沟通步骤和技巧。

第一步：测量你的"情绪温度"

我们在前文已经讲过，与女儿正面对抗的第一步，是先确定开始这次对抗是否明智。测量你的"情绪温度"，是为了确保你对当前状况的认知是准确客观的，并且确认你的情绪状态是妥当合适的。在抚养处于青春期的女儿的过程中，母亲会产生丰富而多变的情绪反应，因此先认清自己的情绪状态，往往有助于避免不必要的母女冲突。所以在你和女儿进行对话之前，务必确定你攻击的是她做出的实实在在的行为，而不是一些还没有结果甚至不适合你插手的事情。举个例子来说明：两个14岁的女孩是朋友，她们打算在学校舞会结束后，留在篝火晚会上过夜。她们的母亲对这一请求的反应不尽相同。露西尔觉得这个请求荒谬透顶。她直接表示反对，甚至对女儿说"你这是搞笑呢！"然后她的女儿就气鼓鼓地回到了自己的房间。而玛丽安娜则表现得异常愤怒。她后来坦言，她之所以反应这么强烈，是因为她自己在青少年时期的一段经历。那时候学校举办了一场活动，活动结束后她整晚都待在外面玩，结果差点被一个醉酒的高中生侵犯，幸好朋友们及时赶来才救了她。这段经历多年以来一直让她心有余悸。因此，当她的女儿提出舞会后在外过夜的请求时，这段回忆让她瞬间就"失去了理智"。

玛丽安娜说："我一开始气坏了，这也造成我的反应过激，我们俩发生了激烈的争吵。当我告诉我的妹妹这件事后，她跟我说：'你不觉得这和你以前的经历有关吗？'突然间，我意识到我可能并没有生我女儿的气。我真正害怕的是她会陷入我曾经经历过的那种险境。"玛丽安娜明白了这一点后，改变了与女儿的沟通方式，圆满解决了眼前的难题。

愤怒是对焦虑的绝佳掩饰。母亲肩负着为青春期的女儿保驾护航的重任，所以自然常常会感到焦虑。但在你发火之前，你要弄清楚：你的女儿做错了什么？是让你失望了吗？是不尊重你了吗？还是你错怪了她？像玛丽安娜一样，你可能会觉得女儿的请求让你感到焦虑或者不适，但你要搞清楚，她的本意并不是让你痛苦。只有明白了这一点，你才能妥当有效地处理问题。牢记你的女儿在青春期需要完成的成长任务，这样你才会理解她那些看似无理的请求背后的真正动机。有了这种洞察能力，你才可以有针对性地解决问题，或者明智地选择睁一只眼闭一只眼。

同样地，当你对女儿的行为感到生气时，也要三思而后行。还记得你反思过的那些自己的敏感点吗？现在，是时候把你的这一番自我认知，运用到你和女儿的互动中了。例如，对一个重视学习成绩、讲西班牙语的母亲来说，女儿西班牙语成绩不及格这件事就很可能会激起她的怒火；或者如果母亲同时也是一名教师，那么她可能会觉得女儿的学习成绩太差，会令自己蒙羞。在这些情况下，你要审视自己想与女儿就此进行对抗的真正原因：是因为她学习不努力或态度不认真，还是因为她的成绩令你感到失望或者尴尬？

如果在深思熟虑后，你决定去与女儿沟通，要先确保你的"情绪温度"处在合适的状态。情绪状态的判断是相当主观的。正如拉尔夫·瓦尔多·爱默生（Ralph Waldo Emerson）所说："人与人之间的沸点不同。"你可以借助激烈的情绪（如愤怒）增强自己的战斗力，但也要防止过度激动妨碍你保持头脑清醒。换句话说，你不能愤怒到无法清晰思考的地步。如果你想与女儿有效地沟通，你就需要保持精神的专注和思维的敏锐。

第二步：必要时，先平复情绪

有时，你的情绪已经进入了红色预警的危险状态（这时的你就像一座即将喷发的火山，愤怒的岩浆随时能喷涌出来）。美国评论家乔治·吉恩·内森（George Jean Nathan）曾说过："人在拳头紧握的状态下，无法清楚地思考。"作为青春期女孩的母亲，你也不能免俗。能平息你情绪风暴的办法有很多种。

冷静一段时间。"等待十秒"的方法正是基于愤怒会随时间平息这一理念。如果你觉得自己已经过于激动，无法冷静地审视女儿，那就让时间来平复你的情绪。你可以安静待一宿，或者给自己一段冷静期。除非情况紧迫，不然，你应该等自己可以重新控制情绪的时候，再去与她交涉。这么做并不会妨碍你实现自己的沟通目标。

转移注意力。读一本书或者去做一项需要集中注意力的任务（比如对账或者全身心地去处理一桩需要你凝聚很多心思的事务）通常很有帮助。你不可能在算账或准备工作演讲稿的同时，还有余力去让自己的怒火越烧越旺。

放松。去做一些一直以来都能给你减压的事，比如静心冥想，或者做一些无须思考的琐事（运动、泡澡）。此外，给朋友打电话也是一个不错的选择。

换位思考。同理心的力量是巨大的。设身处地想想女儿可能会有什么样的感受，站在她的立场上进行换位思考也许可以让你的怒火转化为理解。

运用幽默感。用幽默的眼光，在当前情况下寻找有趣之处。或者设想一下，如果你在十年后回看这件事，会觉得它多么荒诞或讽刺。你还可以看一部你最喜欢的搞笑电影，或者打电话给一个乐观幽默的朋友聊聊天。

第三步：提前确定你的目标

经常会出现这样的情况：当母亲与女儿就某一问题展开沟通时，并没有提前确定自己想要通过这次沟通实现什么目标。当你与女儿当面锣、对面鼓地对峙时，她可能会不耐烦地双手叉腰盯着你。在这种情况下，要现场整理并清晰表达出你的核心观点，恐怕是非常艰难的。如果让她花费时间耐心等你捋清思路，她不仅会轻视你，而且在你下次找她谈话时，她可能会更加不耐烦。因此，你需要提前确定好你要表达的内容（"你在朋友面前取笑我，让我感到很受伤""我需要随时知道你的行踪，以确保你的安全"或"我希望你能诚实"）。如果你没弄清楚自己的困扰，可以写日记记录，与配偶、朋友聊一聊，或者简单地给自己留出更多思考时间。

第四步：选择恰当的时机

既然你已经做好了向女儿开诚布公的准备，那就选个她最愿意敞开心扉的时间。你可能需要在她相对平静、没有要解决的迫在眉睫的烦心事时找她谈心。这并不是说你一定要等到女儿无忧无虑、心情大好的时候，这种纯粹的状态在青春期压根就不存在。我们只是说，总有一些时刻，她会更愿意听你倾诉烦恼。每个人都有想要独处的时刻，所以不要在女儿尤其需要一个人静一静的时候打扰她。回忆一下，当女儿还是个需要你照顾的婴儿时，你在晚餐前那段"非常"时刻也会濒临崩溃，除了手忙脚乱地做饭、安抚饿得哇哇大哭的她以外，再也无法多应付一件事，对吧？同理，女儿也有她自己的"非常"时刻。

以下是你选择沟通时机时需要考虑的一些要素。

选择合适的时间。你的女儿的作息时间可能与你的并不完全一致。所以，如果她早晨起床时总是睡眼惺忪，你不妨把严肃的对话推迟到她放学后再进行。当然，也有可能到了晚上，你的女儿刚刚开始焕发活力，而你却已筋疲力尽，没有精力再和她谈论任何严肃程度超过天气预报的话题。还有一种比较罕见的情况：你的女儿可能在早晨有很强的交流意愿，因为这时候她的心情还没有被当天的其他事情打扰。所以，你最好先摸透女儿的生活习惯，并抓住那些她最乐于交谈的时刻，开始主动出击。

保护女儿的自尊。通常来说，青少年对"丢面子"这件事极为敏感。无论你打算如何教育她，只要当时还有其他人在场，她都会觉得自己在人前"丢了面子"，于是她一个字都不会听。在朋友面前被母亲训斥，这对她来说简直是奇耻大辱，在这件事上没有例外。同样地，你也不能在你的朋友、亲戚或陌生人面前，追究她的过错。在青春期，你的女儿甚至会介意兄弟姐妹对她的看法。如果你要与她交涉，就私下和她单独沟通，这样可以避免她因为顾忌别人的看法而心神不宁，从而能确保她在最大程度上接收你想要传达给她的信息。

理解她所承受的压力。每个人都可能承受着或大或小的压力，而青少年面对的压力是巨大的。如果你知道女儿正在为一件事情（例如考试、体检、转学等）感到焦头烂额，你就需要相应地调整你与她进行谈话的时间。此外，即便她面临的明显是一件令人期待的好事，你也不能掉以轻心，因为好事同样会给青春期的女孩带来很大的压力，而父母常常会忽视这一点。当女儿正在为一场比赛、一次心潮澎湃的聚会或一次考试做准备时，根本无心与你谈论那些你认为天大的事。

第五步：直接与她沟通

你在与你的女儿对峙时，务必要亲自上阵，不要让其他家庭成员在中间传话，替你干"脏活"。有些母亲会颇费心机地安排其他子女替自己传递坏消息（"你有麻烦了！妈妈说她很生气。"）。还有一些母亲则委托自己的丈夫去管教孩子，即便要谈论的事情与父亲没有一点关系（"你妈妈说你对她很粗鲁。"）。

间接传递的信息通常不会引起信息接收人的重视。而且，假手于人会让你错过向女儿示范如何直接进行沟通的机会，而她可能正需要这样的示范教育。青春期的女孩通常会依靠复杂的朋友关系网来处理问题，这种做法通常会造成很多误解和谣言。而你通过直接向女儿明确表达你所关心的问题以及你期望她如何解决这些问题，可以给她做出不一样的示范。

然而，直接与女儿交涉并不一定意味着要与她面对面地谈话。考虑到你的首要目标是让她听到你的观点，你可以问问自己哪种交流方式对女儿最有效。以下每种方式都有其独特的优势。

面对面的谈话。面对面的谈话直接、快速，能确保女儿准确地理解你所表达的意思，因为你可以在现场立刻纠正她的误解。对那些注意力不集中、容易分心或合作性较差的女孩来说，这种方式可能更有效。

书面沟通。书面沟通可以让你在平静的状态下表达自己的见解，你可以思考得更周全，甚至可以回头修改语言（比如用橡皮、电脑上的删除键和涂改液），并且书写时你没那么容易就陷入慌乱或者跑题。同样地，女儿也可以反复阅读、揣摩你传达给她的信息，她可以慢慢理解、逐步消化这些信息，然后再做出反应。如果你的信息让她尴尬，她也可以私下里阅读，避免"丢面子"。之后，她还可以选择是书面回复你，还是与你面对面地讨论这个问题。传达书面信息的方式有很多种，比如在门下塞便条、在书包里留张字条、发电子邮件等。

电话沟通。许多女孩习惯通过电话进行社交，所以，她们更容易接受电话沟通的方式。当母亲打电话回家，女儿可能会乐于接听。有时候，一通简单的通话可以自然而然地引出一次具有深度、令人满意的对话。

各种方式的组合。就算你写好了一张便条，也不是一定就要送出去。你可以把书写当作一种"排练"，来组织你的关键信息，直到你满意为止。然后你可以和女儿面对面地谈话；或者你也可以写个便条，简单地表达你想要在她方便的时候和她聊一聊，让她自己选择时间和地点与你沟通。

第六步：让她更愿意听你说话

如果母亲在心平气和的状态下，与女儿的沟通往往会自然而然地有礼有节，但一旦母亲心烦意乱，就会变得毫无顾忌、面目狰狞。为了尽可能地让你的女儿接收到你要传达的信息，你需要提醒自己采用以下策略。

言简意赅。你不必长篇大论，滔滔不绝地倾诉你作为母亲的焦虑。相反，你最好使用"二十秒法则"。此法则建议，对青春期的女孩进行训话时，黄金时长一般是二十秒左右。如果你无法在这段时间内准确地传达你的信息，那么你最好重新组织下语言。很多母亲不知道，对女儿来说，冲突是多么恐怖。她们在翻白眼、叹气、东张西望的时候，其实是在进行自我防卫，因为她们认为你接下来会用毁灭性的恶言恶语攻击她。因此，你越是言简意赅，沟通效果就越好。问问你自己："如果我的女儿只能听进去一句话，我希望她听进去什么？"

例如，14岁的内尔正在和她的母亲争论，高一开学后，她是否可以在上学期间短暂离校外出。

> 💬 **女儿："我能离开学校去买比萨吃吗？"**
>
> ☒ 妈妈："这绝对不行，你听到没有？这肯定是不能做的事，永远都没门儿。我最担心的就是你坐其他同学开的车，有的孩子才拿到驾照两天就敢上路！你竟然要求我放你去冒这种险？你在想什么呢？对我来说，最重要的事情是……"
>
> ☑ 妈妈："我知道你迫不及待地想要更多自由，但我觉得，怎么着也得等到你升入高三。"
>
> ☑ 妈妈："如果我知道谁开车带你去，我可能会更放心，或者等你拿到驾照的时候吧。"

将理由、逻辑、信念、经验以及智慧进行浓缩，可能非常不容易，但一旦你能够做到，将会极大地提升你的沟通效果。坚持"二十秒法则"，具有水滴石穿的作用。如果你能持续坚守，你的女儿将不再担心被你的一大堆说教淹没。相反，她知道你说话素来简明扼要，所以可以集中注意力去理解你真正想要传达的想法。

注意语气。交谈时应保持平静、随和的态度，语气要愉快、中性，不要言语间夹带挖苦、怨恨或抱怨，也不要带着明显的敌对情绪与她沟通。否则，你的语气会刺激到女儿，从而使她忽略了你要表达的内容。在这种情况下，女儿可能会立即为自己辩解、打断你说话，或者干脆忽略掉那些让她难以接受的信息。就像塞缪尔·约翰逊（Samuel Johnson）① 博士在三个世纪前所建议的那样："只有在强调你的论点时，你才应该提高你的声音。"

温和有礼。和女儿谈话时，要把她当作好朋友一样对待。否则，你只会引起她的反感。当你和颜悦色地对待她时，也是在告诉她：无论她犯了什么错误、有什么缺点，你都永远爱着她。这种做法向女儿示范了如何在与一个人发生冲突的情况下，仍然对对方保持尊重。你当然希望她在生你的气时，也能这样尊重你。正如古老的谚语所说："别用利斧去砍杀一只落在朋友额头上的苍蝇。"

专注于当下。忘记昨天、上周或她九岁时发生的事情。翻旧账只会触发她的防卫机制，分散你们对当前问题的注意力。

---

① 塞缪尔·约翰逊（Samuel Johnson），活跃于18世纪的英国诗人、文学家。1755年，他独立编纂完成了《英语辞典》（*A Dictionary of the English Language*）。——编者注

> 💬 女儿："求求你让我参加这个派对吧！只要你让我去，我干什么都行！"

> ❌ 妈妈："上一次我顺了你的心意，结果你说话不算话，利用了我。"
>
> ❌ 妈妈："算了吧，看看你上次和德雷克出去后搞出来多大的乱子！"
>
> ✅ 妈妈："你怎么保证你会履行诺言？"
>
> ✅ 妈妈："我希望你说话算话。"

当你不断翻旧账，唯一的结果就是让女儿对改变现状感到无望。她会想："改变又有什么意义？"只有你关注当下、从眼前的事情出发，她才能够拥有做出改变的动力。

使用第一人称表述。用第一人称表述你的观点和感受，不失为一种有效的沟通方式。这样你说出的话既不带有指责的意味，也不是某种臆断。大部分人都更容易接受以"我"为主语的陈述。

> ❌ 妈妈："这么晚才回来，你连累得全家人都没法睡觉！"
>
> ✅ 妈妈："你超过规定的时间回家，我担心得睡不着。"

❌　妈妈："你的嘴巴有时真的很毒。"

✓　妈妈："听到你那样跟你爷爷说话，我感到很伤心。"

直接而简洁地陈述。你的语言应当简明扼要以避免造成误解。你也不想在你长篇大论一番后，听到你的女儿问："你到底想说什么？"所以，你只需要阐述自己的主要观点，试着用尽可能简单且直接的陈述句，不要做任何铺垫或跑题的延伸。

❌　妈妈："有一件事我很想找时间和你聊聊。我想起我在你这个年纪的时候，也是糊里糊涂不知道该做什么。那时候我和你外婆也有过一些争执……那段日子我到今天都记忆犹新。"

✓　妈妈："我一直在想，我们俩好久没有一起出去了，我希望我们能多花一些时间在一起。咱俩周六一起去吃个午饭怎么样？"

说出你的要求。一定要让对话保持积极的基调。重点不要放在指出女儿的错误上，而是要放在向她说明该如何改正错误上。通过对比下面这两组陈述，你能很清楚地理解这一点。

✖ 妈妈："你简直就是个撒谎精！"

✓ 妈妈："不管你觉得这件事有多严重，我都希望你告诉我真相。"

✖ 妈妈：为什么每次我让你做点家务，你总是那么敷衍，不把我的话当回事呢?！"

✓ 妈妈："我希望你现在能把洗碗机里洗好的餐具拿出来。"

要求要具体。含糊其词或笼统的要求听起来或许显得更有礼貌，但这样的方式往往难以让你取得想要的效果。

✖ 妈妈："希望你能尽量保持整洁。"

✓ 妈妈："我希望你每天早晨上学前，能将你的脏衣服放进脏衣篓里，别再随意丢在一旁。"

理解她的心情。当你必须让她失望、斥责她、向她提出要求或者与她对峙时，别忘了表达你对她心情的理解，因为这就是在为你们的"母女感情账号充值"。哪怕你的女儿提出了一个荒谬至极的请求，你也要向她表示你理解她的心情。

> 💬 **女儿："克莉茜的哥哥邀请我下个周末去他的大学参加派对。"**

❌ 妈妈："你一定是疯了吧！你觉得我会同意吗？"

☑ 妈妈："我能理解你的期待，但是很抱歉，我不能同意。"

这样一来，即使她仍旧怒气冲冲，心里不痛快，在理智上她也知道你是在关心她、认真对待她的请求。她明白你的反对并非出自愤怒、恶意或所谓的"仇恨"。虽然她依然会因为被你拒绝而感到不快，但这种方式能减轻失望带来的伤害。

寻求她的帮助。如果你遇到了一个关于女儿的棘手问题并因此一筹莫展，不妨向你的女儿求助。这不仅是因为这个问题也关系到她，同时，这样做也表明了你重视和尊重她。

❌ 妈妈："算了吧，我实在不知道有什么办法能送你去参加周末的远足！"

☑ 妈妈："好吧，关于这个交通难题，我实在是无计可施了！你过来给我出谋划策吧，帮我想想，看怎么才能带你去参加那个远足活动。"

举例。当你和女儿都感到无法打破某个问题的僵局时，可能是因为这个问题触及了你们各自的痛处。为了跳出主观情绪，不妨设想一下，如果这个问题出现在你们认识的某个人身上，当事人会如何处理。

> ✖ 妈妈："我实在跟你说不通。我们还是别继续讨论了。"
>
> ✔ 妈妈："如果是你的朋友丽莎告诉你，她的妈妈偷看了她的明信片，你会怎么劝解她，让她理解她妈妈这么做的初衷呢？你觉得丽莎的妈妈又该怎么做呢？"

第七步：注意你的肢体语言

纵然你说话妥帖、滴水不漏，但如果你的肢体语言与言语不匹配，女儿必定能察觉到二者之间的异样。你的肢体语言要温柔自信，以便强调你的观点，不然它就会削弱你的言语效果。谨记，女儿正从你的行为中学习。以下是一些需要注意的要点。

眼神接触。你既不能避免目光接触，显得回避、冷漠甚至退缩，也不能直勾勾地盯着她看，最好的做法是在二者之间找到一个恰到好处的平衡点，但这并不容易。但你可以放心，如果你还没能掌握这个微妙的平衡，表现得令她不满，她一定会给你反馈，比如她会问你："你总盯着我看什么？"

手臂的位置。批评女儿时，母亲往往会用手指着她们，也不知道这是哪里来的坏习惯。就算是几岁的儿童，也不需要指着鼻子提醒她，自己正在被训话。被母亲指着鼻子批评时，青春期的女孩看到的是一个格外嚣张跋扈、居高临下的可恶女人。双臂交叉在身前也不好，因为这通常是表达心理防卫和疏离态度的肢体信号。最好的手臂姿态，应该是轻松自然的，比如双臂自然地放在身体两侧。

身体姿势。当我们和他人交谈时，出于礼貌，通常会选择与对方保持同等的视线高度，当你和女儿对话时也不例外。由于她常常喜欢躺在床上或卧室的地板上和你说话，如果你站在门口，居高临下地看着她，会给她带来一种压迫感或威胁感。为了能让你们双方更舒服地交谈，你可以坐在床边或地板上（当然，前提是要经过她的同意）。

身体接触。无论是母亲还是女儿，在对身体接触的接受度上，都存在相当大的个体差异。有些青春期的女孩会像小猩猩一样紧紧依偎在母亲身旁，有些女孩甚至连轻轻一碰都忙不迭地避开。如果你的女儿可以接受触摸，你何不试试轻拍或握握她的手，摸摸或挠挠她的后背呢？当你做出如此爱抚的举动时，无论你说什么，女儿都很难觉得你"讨厌"她。

第八步：根据女儿的需求灵活调整

与女儿对话时，尽管你无法左右她对你说的话会做何反应，但下面这些建议有时能让她更愿意接纳你的意见。

让女儿决定谈话的时间和地点。让她选一个自己最方便的时间和地点，比如在她的房间里、在客厅等。

如果女儿喜欢长篇大论，设定一个合理的时间限制。你们需要提前约定好中途的休息时间。反之，如果女儿想要逃避即将到来的紧张对峙（心里期望着你会忘记此事），你就需要明确一个解决问题的具体时间节点。

如果你感觉女儿正承受着较大压力，那就调整沟通方式，放轻松些。有些女孩在感到压力过大时，会想"停下来休整"。或者在感到被"围攻"时，她可能更愿意一对一地和父母交谈。必要时，你们可以换一种强度较低的沟通方式，如便笺、电子邮件、电话等。

安排一次特别的活动，和女儿一起做些有趣的事情。比如，你们可以看一场戏剧，到附近的公园里散步，或者纵情享乐一番。但你需要根据实际情况作出判断。有些女孩可能在心情放松时更愿意进行简短的交流，有些女孩则会觉得自己被利用了，认为母亲故意利用这个时间来麻痹自己，引出争议性话题。你可以适当试探情况，或者直接询问女儿的意见。

在双方陷入白热化对抗时，你要坚定地要求女儿听你说话。这里的重点在于"听"。你不能强迫她说话，事实上，强迫她表达往往只会令她更加沉默。但你可以跟她说话，用短短几句话来阐述你的担忧（比如安全问题）以及你对她的期望。

尽管她可能翻白眼、跺脚或者摆弄作业纸，不直接回应你，但她很有可能正在认真聆听。她正在感知你的关爱，你的焦虑，以及你在这些情感背后的思考。你要相信，无论她的反应如何，或者就算她没有任何反应，其实她也已经明白了你的心意。

第九步：要争论，不要争斗

上述的准备工作和各种策略都是为了尽可能减少女儿防御态度、对立情绪的出现，让她更容易接纳你的意见，同时强化她想要解决争端的意愿。然而，就算你完美地执行了这些建议，女儿或许还是会对你的话完全不买账。为了让你闭嘴或者分散你的注意力，她可能会使用各种手段，比如插话（"等等！"）、挑剔小细节（"我昨天不可能这么做，因为我放学后一直在学校！"），或者反向攻击（"你才是脾气不好的那个人！"）。那么此时，你应该怎么做呢？下面是一些其他母亲认为很有帮助的建议。

分清争论与争斗。两者有几个显著的区别：争论可能是建设性的；争斗则是毁灭性的。争论有助于消除误解、促进关系发展；争斗则会加重矛盾。在解决冲突的过程中，争论能够强化关系；争斗则主要是为了宣泄情绪，捍卫个人立场。争论的时候，双方的主要目标始终都清晰可见；争斗则无章可循。争论时双方始终保持着对彼此的尊重；争斗时则会忽视对方的感受和立场。

尽可能忽略干扰。女儿会想方设法地分散你的注意力，让你偏离自己的主要观点，你要尽量忽略她的这些干扰。实际上，你要始终把握住自己的主要观点，保持全程"在轨"。例如，你告诉女儿，如果她朋友的父母不在家，她就不能去朋友家留宿。

> 💬 女儿："你从来都不相信我！"

❎ 妈妈："我是信任你的。怎么能说我不信任你呢？我不是让你去篮球训练营了吗？"

✅ 妈妈："这不是信不信任你的问题。我只是不放心你在那儿留宿，毕竟她们家没大人在家。"

重复你的核心观点。当你与女儿对峙时，一个有效的策略是，无论她如何挑衅，你都要平静而有力地重复你的核心观点。

女儿："你完全不懂年轻人是怎么想的！"

妈妈："也许吧，但我的责任就是要保护你的安全。"

女儿："别人的妈妈都比你开明！"

妈妈："也许是这样，但我的责任依然是保护你的安全。"

女儿："你根本就不信任我！"

妈妈："我再说一遍，不管怎样，我的底线是保护你的安全。"

暂时停歇。如果你和女儿争论了一段时间后，感觉两人在原地打转，没有任何进展，建议你们暂时冷静一下。这样，你们都有机会重新梳理一下各自要表达的重点。这样可以让你们跳出陷入死循环的无效争吵，能够带着全新的眼光重新开始。

划定红线。 你既不需要也不应该容忍女儿的粗暴行为。如果女儿开始表现得粗暴蛮横、开始对你进行人身攻击，或者做出其他不当的行为，你完全可以选择结束这次沟通。划定红线，及时浇灭令争论升级的火焰，是非常重要的。如果女儿不按你的要求回到她的房间，那么你就自己主动离开。你可以告诉她，因为她表现得不得体，所以你暂时不打算理会她，说完这些你就可以转身离开了。

遏制冲动。 不管怎样，你都要始终掌控自己的情绪和局面，这一点非常重要。有时，一个母亲需要倾尽全力才能遏制自己想要回击、侮辱或报复女儿的冲动。另外，防止争论升级为肢体冲突也是重中之重。

第十步：奖励自己的进步

实践之后，你会发现，每当你把这些步骤落实到生活中，你都会为自己处理事情的方式感到满意和自豪。和学习任何其他技能一样，有些时候，你会感到自己游刃有余，掌控自如；但也有些时候，你可能会感到焦头烂额，甚至累得筋疲力尽。这些都是你在学习的过程中需要预见并接受的常态。然而，由于现在你掌握了多种可以同时使用的沟通策略，你不再是那个深陷于母女冲突的你了。无论你的每一次行动是否能达到你的预期，你都有理由为自己在改善母女关系上所做的每一步尝试感到自豪。你正在成长为一个女儿可以追随的强大榜样，所以你可以骄傲地挺起胸膛。现在，深吸一口气，享受片刻的安宁，尽情陶醉于你所取得的成绩吧！

需要避开的误区

如果你真心期望女儿能够听取你的意见，解决问题，那么你可能需要避免以下几种行为。许多母亲都已经意识到，这些行为会阻碍她们达成目标。

指责她。如果你说出像"你从来就不听我的话！"或者"我就没见过你这么自私的人！"这样的话，你可能无法获得你所期望的积极回应。实际上，面对这样的指责，你的女儿除了采取防御、回避或反击的策略，实在别无他法。

辱骂她。说出像"你就是个邋遢鬼！"或者"你穿那件毛衣看起来像个要饭的！"这样的话，可能无法让你的女儿愿意合作或主动悔过。她是绝对不会说"哦，对不起，妈妈。我从现在开始就会尽量改正这个问题。"此外，辱骂往往会让你的女儿开始学会以牙还牙，这无疑是在火上浇油，只会让争论升级。

道破她的内心。当母亲表现得仿佛比女儿更了解她自己的想法和感受时，女儿会特别反感，即使母亲所言非虚。实际上，母亲越是一语切中要害，孩子就越会恼羞成怒。如果你直接告诉你的女儿，而不是询问她，你永远不会知道你对她的理解是否正确。比如"我知道你在想我有多差劲"或者"你一定觉得你的朋友是在背叛你"，这类说辞必然会激怒她。

夸大其词。即使你心知肚明，知道自己是在故意夸大事实，你的女儿可能并不会认为你是在夸大。在激愤之际，她可能会把你说的每一句话都当成字面意思来理解。所以，如果你说"这是你做过的最烂的事情"或者"我不知道怎么原谅你"，她可能会当真，认为你已经彻底否定她这个人了。她的这种意会，恐怕完全背离了你的本意。

三 路上的沟通良机

母亲常常要耗费大量时间，送女儿上学、参加活动、去各种社交场合。因此，这种路上沟通的良机不容错过。乘坐汽车（公交和火车），可以让母女进行深入、亲密的交流。这是母女二人共处的时光，难得且珍贵。这时候不会有旁人的干扰，也没有门铃甚至是电话铃声会打断你们，你们的注意力可以完全集中在彼此身上。长途驾驶本身也有一种令人放松的魔力。当母亲专注于路况时，与女儿的眼神接触自然会减少，这让女儿有机会说出或问出她们平时不便启齿的事情。也许，随着车辆的摇晃，女儿会进入一种更放松的状态，她们的防备心会降低，从而也更愿意分享自己的心事。

但是，这也可能引发最激烈、最多变的言辞交锋。母亲或许因为旁边有一个跑不掉的听众而感到高兴，但女儿可能会对此感到不适，觉得自己被困于车上的方寸之地。因此，一定要保证你们的对话始终是愉悦的，让女儿能够觉得放松。当她们感到被冗长的说教"攻击"或遭到无情的审问时，有些女孩甚至会打开车门，想从飞速行驶的汽车中跳出去。所以，要妥善利用这段时间。将路上的时光变成特殊的一对一畅聊的机会。尽可能少问问题，好好倾听，你的回复应当尽量简短（例如"哦？""真的？""嗯"），以鼓励你的女儿继续分享心事。许多母亲都在车内听到了一些意想不到的问题，知悉了惊人的消息。所以系好你们的安全带，出发吧！

第09章

应对女儿的情绪爆发

在前文我们已经阐明，作为母亲，如果你想要经营好母女关系，就需要认识自己的优势和不足，选择性地与女儿发生对抗，精进沟通技巧。其中最令人感到欣慰的地方，就是在所有这些步骤中，你都是主导的一方。通过仔细反思、坚定决心和反复实践，你们的母女关系已经在某些时候（当然并不可能在任何时候）表现出显著的改善迹象。也许你的女儿真的开始静静地听你说话，而不是打断你、跑回她的房间，或者用一句伤人的话回击你。这可能让你感到更有掌控感和力量感。你开始相信自己能够在表达意见的同时，又不会引发与女儿的争执，这种自信已经大大缓解了你在重大问题上与女儿进行沟通的焦虑。

然而，每位母亲都有切身体验，这种理想的、在控制之下的"讨论"并不总能提前通过规划而顺利实现。事实上，你可能会在最不想争论的时候被卷入争论。你的女儿可能会突然情绪爆发，用一连串的抱怨对那些你做过或没做过的事情进行质问。比如，当她扯着嗓子说你是地球上最刻薄、最虚伪或最无情的妈妈时，你可能既困惑又震惊。

即使你承认她的指责或许有些道理，但她如机枪般连珠发射的说话方式，却让你无从插话。就在你以为事情已经坏到不能再坏时，她又扔出一颗重磅炸弹："我讨厌你！"讨厌你？她觉得她是谁？自己怎么就养了个白眼狼呢？

即便是最称职的母亲，有时也会被女儿迸发而出的敌意吓到。虽然你确信你绝对能挺过这样残忍的攻击，但你更希望能与她和平共处，坐在一起理智地讨论你们的分歧，以礼貌和尊重的态度对待彼此。

虽然也许你能够理解她的难过、悲伤或痛苦，但当你的女儿用过激的方式对你大发脾气，并且多少有些冤枉你时，你肯定会感到愤怒。谁不会呢？同样地，尽管你由衷希望她能更好地承认和表达自己强烈的负面情绪，但当她在你身上试炼这个本事时，你还是希望她能换个对象。你当然希望她能信任自己的感受、畅所欲言，而不是疏远你或者忽视她自己的情绪。但你唯一不希望的是自己沦为她情绪攻击的标靶。事实上，为了避免这种祸事临头，每次见到她时，你可能都会战战兢兢，感到如履薄冰。

实际上，你根本无法避开她所有的愤怒攻击。而且，无论你的女儿对你的敌意是否正当合理，你的反应都会对她成长中的各种能力，例如她对负面情绪的承受能力、她表达情绪的能力、她对情绪会影响他人这一事实的觉察能力，以及她建立和维持亲密关系的能力，造成巨大的影响。记住，你和她的关系是她未来人际关系的原型，在这个方面，她最主要的学习资料就是你在母女冲突中的一言一行。

如何应对

　　即使你知道女儿偶尔的挑衅，既是这个年龄段青少年的正常现象，又是她学习处理人际关系的良机，但当她以爆发性或其他不当方式发起攻击时，仍然会让你措手不及，无法冷静思考或做出建设性的回应。所以，针对女儿的情绪爆发，母亲需要提前谋划好应对措施。很多母亲说，在面对女儿情绪爆发时，她们思绪纷飞。有些母亲不明白，应该用什么样的标准来衡量女儿的行为是正常还是失控；还有些母亲惋惜地描述了在这些情况下，自己同样具有破坏性的本能反应。有没有方法可以帮助你更好地处理女儿的愤怒？答案是肯定的。

　　在应对女儿的怒火时，你应该优先去控制而非激化她的情绪。你的目标不是证明她错你对，也不是要让她为自己发火而自责。你的目标是缓解紧张的气氛，让她冷静下来，不再"喷发"，并在随后找一个更合适的时间与她进行有效的交流。

　　你要正确地看待发脾气这件事，这是她释放压力的一种方式。在你明确她的火气是针对你，还是纯粹因为其他事情之前，对自己说："无论她说什么，我都先默不作声。"你可以选择听或者不听，但你无须立刻回答她。这样做可以让你在情绪上与她保持一段距离，以便理智地思考，构思出妥当的应对方案。如果你没有一听到她开口就条件反射式地认为她是在指责你，你就更能看清她的立场。至少，你可以拖延一些时间，阻止自己在冲动之下做出无效的回应。我们先看看一些不可取的并且会加剧冲突的回应方式。

> 💬 **女儿："你是最差劲的妈妈，你毁了我的生活！"**
>
> ---
>
> ❌ 妈妈："你在说什么？你是不是疯了？"
>
> ❌ 妈妈："如果你觉得你可以这样对我说话，那你就错了。我绝不会送你去朋友家过夜！"
>
> ❌ 妈妈："你没有资格对我大喊大叫。接下来一个月，每个周末你都不许出门！"

只要你不打算采取防御性的或激化矛盾的方式回应她，你就有了其他选择。如果你愿意，你可以静静听着你的女儿发泄（痛斥和愤怒）。有些母亲不仅能够做到这一点，而且认为让女儿把压力释放出来是必要的。即使女儿的指责如潮水般汹涌，或者她们完全不明白女儿在说些什么，她们都不会打断，只是希望女儿说出来之后能好受一些。当女儿发泄完毕，母亲会着手再安排一次对话。

但这种做法并不适合每个母亲。有些母亲就认为，女儿释放压力后，只会因为自己情绪失控而感到尴尬和羞愧，所以任由她大动肝火完全是得不偿失。研究证实了其他母亲的经验，即女孩因反复回味让她们生气的事情而变得更加激动。更重要的是，当母亲忽视女儿的指责或恶意，或让女儿误以为这些指责或恶意没有给母亲造成影响时，一些女孩可能会认为，母亲心甘情愿成为她们的出气筒。问问自己，你是否希望你的女儿在她的人际关系中扮演这样的出气筒角色？你希望你未来的外孙女也这样对待你的女儿吗？

　　如果你确实能够平静地应对她的发泄，那么就一定要明确自己的忍耐底线。当她第一次踩过你的底线时，请立刻打断她的独角戏（一个简单的"嘿"或者表示"停"的手势就可以了），提示她收敛一下自己的行为。任由你的女儿表现得蛮横粗暴，只会造成"双输"的局面。你让自己成了受害者，同时让你的女儿认为，承受他人的伤害是作为女人的分内之事。另外，你的怨气也会造成负面影响，让你无法再和她共情、支持她，削弱你作为母亲对她的教育能力。如果她做得太过分，你完全可以告诉她，让她调整好状态再来继续和你讨论。最重要的是，要拒绝与她继续对话。如果她坚持不改，你可以坚定并反复地重申你的立场。以下是一些可供参考的做法。

女儿：　"这是我最难熬的一天，都怪你！你一直都刻薄歹毒，现在更是可恶。我讨厌你！"

妈妈：　"我看得出你很生气，但你最好对我放尊重些，不然我一个字也不会听你说。"

女儿：　"为什么？我只是在说事实。你的行为就像个坏女人。"

妈妈：　"我不会任由你辱骂我。如果你想继续讨论这个问题，先停止攻击我。"

> 女儿："你以为你很了不起，你以为你什么都知道，但是——"
>
> 妈妈："等你停止骂人，控制好自己的情绪，我再跟你谈。"

当女儿仍然喋喋不休时，母亲必须出手制止。命令她回房间这一招，可能管用，也可能不管用。即使她听话回到房间，她可能也会在回房间的路上继续攻击你。你直接转身离开，可能更有效。如果她跟着你进入你的卧室或浴室，试着关上门（当然，要轻轻地）。

以上是应对女儿愤怒的一些指导原则。然而，对许多母亲来说，知道该怎么做并不能保证她们在面对女儿爆发的怒火时仍然能临危不乱。面对女儿的尖牙利齿，你很可能会不安、不悦，甚至会生气。在理论上看似完全合理可行的话语，在关键时刻可能会显得荒谬。或者在情绪的支配下，所有的理性思考都会突然从你的脑海中消失，而且很有可能事后你才会想到当时你本可以说的那些话。所有这些都是正常的现象。随着时间的推移，通过不断的练习以及充足的耐心，你最终会改变女儿情绪爆发时你的应对方式。

通过下面的情形，你可以更深入地了解那些女儿令母亲烦恼的行为，以及经常触发女儿情绪爆发的原因。基于上述一般原则，我们将展开描述具体的策略。当你的女儿突然大声责怪你时，你就可以提醒自己从这些策略中选择最顺手的一招使用。

当她的愤怒与你无关

令许多母亲经常感到困惑和生气的是，女儿的攻击往往来得毫无征兆，甚至似乎毫无缘由。她们很难猜到究竟是什么事情引发了女儿的愤怒，也很难预测无辜的自己是否会成为她的攻击目标。青春期的女孩今天还跟朋友聊天来排解坏心情，明天可能就会以母亲放错了自己的袜子为由，冲母亲发火。

丽的妈妈西莉亚说："就算是去打仗，你也可以提前备战，因为你知道对方来就是要打败你。但和一个15岁的女儿相处，你永远不知道她走过来是为了冲你发火，还是为了亲你一下。我真的很不喜欢这种时刻保持警惕的紧张感，我想知道如何才能改变这种情况。"

做母亲难就难在，你不仅要抑制自己因被女儿攻击而产生的愤怒，还要想办法化解女儿的恶劣情绪。而此时，只要你稍不留意，就会火上浇油。保持冷静和镇定需要极大的定力，你既要反抗女儿对你的不公，同时还要让她知道，你随时愿意和她进一步沟通。下文列出了一些让母亲最为恼火的女儿发脾气的案例，同时还有一些对策。这些对策可以让母亲平息而非助长女儿的怒火。

她莫名其妙地对你大发雷霆

> 妈妈："嗨，你怎么样？"
>
> 女儿："你什么意思？"
>
> 妈妈："我是说，你怎么样？今天过得怎么样？"
>
> 女儿："为什么你总是想打探我的私事？"
>
> 妈妈："什么？"
>
> 女儿："你别管那么多！你净爱管我！"

无论女儿是否能准确描述自己的情绪，她们大多会承认——当然，通常是在事后才承认——对母亲发脾气其实"感觉挺爽的"。如果你发现你的女儿最近开始主动和你吵架——无论是有意识地还是无意识地，而你又不知道出于什么原因，那么她可能只是在借此释放压力。在许多情况下，这些火气都与你没什么关系，只是她需要释放一整天积累的压抑和不适。

我们可以代入她的角色，回想她的一天。也许她早上醒来时发现脸上爆出了一颗硕大的青春痘，之后错过了公交车，语文考试又表现不佳，或者她在食堂里当着众人的面不小心把餐盘打翻在地。这一整天中，她的挫败感在一点点地积压，直到忍无可忍。之后，她放学回家刚踏进门，你就映入了她的眼帘，而你这时的表现正好触到了她的"逆鳞"——用怪异的眼神看她、根本不看她，或者笑得有些不自然。于是，你未费吹灰之力，就向她奉上了冲你发火的完美理由。

　　我们不能劝母亲不要把这些攻击放在心里，这样的劝说，既荒谬又缺乏对母亲的尊重。在这个世界上，还有什么比被自己的孩子攻击更令人郁闷的呢？但是你还是可以做些什么。你要理解，你的女儿莫名其妙地冲你发脾气，实际上是在发泄她在青春期感受到的压力。你要像念咒语一般反复提醒自己，她的情绪失控与你无关。告诫自己不要大喊反击或者试图为自己辩解，以避免卷入与她的争论。在这种情况下，你的女儿可能无法进行理性的交流。你可以告诉她，你看得出她很生气，但你也不甘愿平白受气，等她冷静下来后，你还是很愿意和她聊聊。为了最大限度地发挥这个策略的作用，你可以淡定地离开房间。

她甚至都不承认自己心情不好

　　妈妈："你没必要那么做。"

　　女儿："我做了什么？"

　　妈妈："把狗的餐盆踢到地上。"

　　（女儿含糊其词地草草道歉）

　　妈妈："那你想不想跟我说说你遇到了什么烦心事？"

　　女儿："我没什么烦心事。你能不能别瞎操心？"

　　妈妈："真没什么事吗？"

　　女儿："对，在到家之前，我都很好。（她"砰"的一声关上了冰箱门。）你怎么又没买好吃的零食？"

可能你会觉得女儿是在和你玩心理游戏，但其实这不是她的真实意图。青少年往往不太能（甚至完全无法）说清楚自己心情烦躁、变得易怒或好斗的原因。她也许甚至都弄不清自己感受到的究竟是什么情绪。她只知道事情没有如她所愿，所以自己心情不好。有时甚至都不存在什么具体的原因，单纯只是她情绪的自然涨落。几乎没有哪个青春期的女孩会跟母亲解释说，自己发脾气不是因为母亲的错，而是因为日常生活中积累的挫败、失望或伤心。

所以，当你问女儿"你为什么心情不好？"，而她只是茫然地看着你、耸耸肩或者说"不知道"时，她可能真的是在实话实说，而不是想故意激怒你。不过，问她到底出了什么问题总归没什么坏处。你之所以会关心，是因为你在乎她。尽管她的脸上可能满是厌烦的神情，但请相信在她的内心深处，她是知道这一点的。然而，你也应该清楚，过度的追问只会惹她反感。最后，你可以尝试这样说。

> ☑️ 妈妈："看你的样子似乎有些心烦。如果你有任何想说的，我随时愿意倾听。"

尽管问不出让女儿烦恼的真正原因，你会很不甘心，但你要记住，不要对她的沉默大惊小怪。你可以温和地问她，但通常来说，给她一些独处的空间和时间，比强迫她说出问题的所在效果更好。你最好的做法就是，让她知道你随时愿意施以援手，同时鼓励她自己去探索，找出自己烦恼的根源。

她冒犯你在先，却指责你反应过度

> 女儿："你不让我今晚出门，这太不公平了！"
>
> 妈妈："我已经说过了。考试结束前，你是不能出门的。"
>
> 女儿："你太狠心了！我讨厌你！"
>
> （几小时后）
>
> 女儿："妈，今天晚饭吃什么？"
>
> 妈妈："冰箱里有做三明治的肉片。"
>
> 女儿："你不是说会给我做意大利面吗？"
>
> 妈妈："你指望我花几个小时忙前忙后做你最爱吃的饭吗？你刚才还说你讨厌我！"
>
> 女儿："天啊，你知道我那就是随口一说。你这么小心眼，真是让人受不了。"

　　这种情况最为常见，让母亲颇为头痛。女儿先是把你激怒到忍无可忍，然后又装作不明白你为什么会生气。她会狡辩说自己什么都没做，只不过说了这样或那样的话。无论她是真的无辜，还是在假装无辜，她都十分清楚用什么语气说什么话，最能触痛你的神经。

　　她对你的余怒未消感到震惊，但无论你信不信，她这并不是选择性失忆。女儿的情绪瞬息万变，可能之前困扰她的问题此刻已经变成了淡淡的回忆，甚至都不再算是问题了。她的注意力已经转移到了其他的事情上。诚然，她出口伤人是为了故意气你，但那也只是一时的。既然她的怒气已经全部消散，她就理所当然地认为你也应该消气了（"如果我都不生气了，你为什么还要生气？"）。这种让人抓狂的以自我为中心的想法和行为，不论好坏，都只不过是青春期的一部分。

当你的女儿好像什么都没发生过一样问你今晚吃什么时，你要深呼吸一下，然后用最平静的语气告诉她，她之前说的那句话——你要指出来具体是哪句——伤了你的心。就算她"只是随口说了句气话"，或者对她来说那句话"没什么"，但对你来说，那仍旧是一种无法忽视的伤害。你的女儿终究会明白，她需要为自己的行为负责。她不能因为自己的怒火散去，就觉得别人也应该对她造成的伤害一笔勾销、不计前嫌。她要懂得，当她伤害别人时，伤疤可能会一直留在那个人的心上。

当她因你而生气

在上述情形中，你至少可以安慰自己，女儿生气的根源并不在你。尽管无论出于何种原因，被女儿当作出气筒都是一件难受的事情，但如果你知道错不在你，至少会感到些许慰藉。在这种情况下，你的目标是避免卷入冲突，与女儿保持一段距离，等待她自行平复情绪。

然而有些时候，女儿确实有充分的理由指责母亲的冒犯。你或许不能认同她表达情绪的方式，但你无法否认她的指责。因为客观事实就是你做出了让她生气的举动。而现在，你必须对此负责，哪怕只承担其中的一部分责任。

当你认为女儿的控诉存在一定的合理性时——哪怕她只是选择性地说出了部分事实，你也需要加倍地用心倾听，但这也并不意味着你要去忍受她的言语侮辱。不过，在这种情况下，你不能只是告诉她"等你冷静下来再谈"而无视她对你行为的合理谴责。如果她因为你当着她朋友的面让她下不来台，或者你窥探她的日记来与你算账，你就不能简单地告诉她"等你不再朝我大喊大叫的时候再来找我"。这样的回复只会让她认为，即使她合情合理地抗议你的错误，你也还是不以为意、满不在乎，而这可能会进一步激怒她。相反，你可以在承认你自己确实负有责任的同时，告诫她你也有权得到她的尊重和善待。

> 女儿："你没资格这么对我！你一直教育我不能这么做，然后你自己却这么做了！你撒谎，虚伪！"

[✖] 妈妈："慢着，大小姐，你以为你是谁？"

[✔] 妈妈："等你冷静下来，我非常愿意和你讨论发生的事情。我会在楼下等你。"

[✔] 妈妈："你说得完全正确。只要你不再对我恶语相加，我马上会向你道歉。等你准备好的时候就去找我吧。"

[✔] 妈妈："是的，这次是我没有处理好。但我还是要求你对我尊重些。我们都冷静一下，过会儿我们再来聊聊。"

你究竟做了什么能让她如此生气？正如本书所述，青春期的女孩一周之内可以找出千百个母亲让自己生气的理由。但最令她们愤怒、最可能让她们脾气爆发的，往往就是母亲的几种特定行为。下面列出了这些行为，并解释了为什么它们会让女儿震怒，以及母亲该如何处理这些情况。理解女儿是如何看待这些问题的，或许也可以帮助你更好地理解自己，尤其是在女儿情绪失控的时候。

对不公之事的冷漠

"这太不公平了！"这句话也许无数次从女儿的嘴里冒出来，紧随其后的可能是"你真是太过分了！"。这些控诉的主题包罗万象，从宏大的命运（"你为什么不只要我一个孩子？"）到轻微的冒犯（"你不能这么笑话我！"），都能招致她的声讨。你的回应应当取决于控诉事项的真实性和严重性。当女儿因为自己的出生或超出你能力之外的情况感到愤怒时（"为什么我们要住在这里？"或者"为什么你不能像谁谁的妈妈那样，为时装设计师工作？"），你或许会感到非常无奈。公平也好，不公平也罢，你可能只能暗自思忖："这就是生活。"

当女儿说出自己的这些不满时，你可能会下意识地开始为自己辩护（"我们必须住在这里，因为这离我的单位很近，我需要养家！"），或者对她抛出像"谁说生活就应该公平"或者"你最好适应生活的不公"这样的金句。然而，事后回看，你会发现自己的反驳并没有起到应有的效果。你的女儿并不想听你输出一番自我辩解的高论，也不想你来提醒她现实生活的残忍和不公。她真正需要的其实非常简单，而且不需要你耗费什么精力，那就是你的同情。你不必把问题哲学化，更不需要给出金玉良言般的劝诫。你的女儿只希望听到你说："对，这是不公平的，我理解你现在的心情。"也就是说，她希望你能认同和肯定她的感受。

我们现在举一个例子来具体说明这种情况。14岁的詹娜因自己的深色唇毛而自卑，这让她看起来好像长了一圈小胡子。因此，她遇到其他人时都会尽可能低下头，避免别人注意到她的嘴唇。然而，校车上有个男孩在所有人面前嘲笑詹娜的"胡子"，当时她的眼泪几乎夺眶而出。当她回到家时，母亲问她发生了什么事情，她立刻痛哭起来，并且哭喊着："就是因为这个！"她指着自己的嘴说，"这太不公平了。我从你那里遗传来这丑陋的唇毛！全都是你的错！"

显然，詹娜的母亲可能最先想到的是要为自己辩护，说这并不是她的错，或者让詹娜不要为一个傻瓜的话让自己这么难过。但她并没有这样做，也没有揪住女儿的指责喋喋不休。相反，詹娜的母亲让女儿详细描述了事情的经过，并对女儿的尴尬和愤怒表示了理解，甚至提出了一些实际的解决方案，比如带她去漂白面部的毛发。詹娜不仅感激母亲终于为她找到了解决方案（虽然可能并非总有理想的解决办法），自己更是松了一口气。因为母亲对她的困扰表示了同情。她知道母亲对这件事以及对她的感受都给予了足够的重视。

谈论公平问题，经常会涉及兄弟姐妹间的竞争。许多孩子——甚至是绝大多数，对家庭资源的分配（包括金钱、物质，尤其是父母的爱）非常敏感，他们总怕自己被亏待（例如"她上次就坐前座了！"或"你总是让他先吃饼干！"）。面对这种问题，最好的办法是避免介入这种竞争。相反，你从一开始就应该明确，任何东西都不可能被完全平均地分配。这一次，让你的女儿得偿所愿，下一次，再厚待她的兄弟姐妹。同样地，当母女关系中出现不公平的问题时，明智可行的做法是给予女儿提出的这些问题足够的重视。你的女儿是否觉得你越界了？背叛了她的信任？侵犯了她的隐私？行事虚伪？这些指控可能会让你感到不适。你的女儿会像手持显微镜一样细致入微地观察你的性格和行为，放大并指出你的某些瑕疵。你可能一方面会想："她怎么敢这样！"而另一方面又在想："她说得对吗？"。这种时候，最好的做法是与她坦诚相见。即使她指出你的问题时可能夸大其词，你也可以承认她的看法确实有一定的道理。

💬 女儿："你怎么老是管我这管我那的？总把我当小孩子，真是瞎操心！"

✗ 妈妈："你到底要干什么？没必要这么激动吧！"

✓ 妈妈："不能做自己想做的事，你肯定难过，我理解。来跟我说说你为什么觉得我对你过度保护了。"

认真耐心地倾听，是你能给女儿做出的最好的示范。或许，她想要的不过是这样的理解和关注，而不是一个现实的解决方案。

不能兑现承诺

　　每个母亲可能每天都能反复听到"你答应过我"这几个字。失望，如同不公一样，常常会让女儿对母亲产生强烈的愤怒。有时即便你实际上并没有做出过任何郑重的承诺，女儿依然会产生怨念。奇怪的是，一旦你稍微提及某些想法，它们就会被你的女儿当作一种承诺，并在她心里扎下根来。如果计划稍有变动，你的女儿就会认为你之前是故意骗她的。再者，你未能兑现的可能只是微不足道的小承诺（比如，你提了一下带她去吃冰激凌，但后来却没去），也可能是重大的涉及人生的保证（比如，你跟女儿说你无意再婚，但后来却改变了主意）。无论如何，你的女儿会觉得你背叛了她或者你待她不够公平，毕竟她的期望落了空。此外，她的愤怒也可能是因为她只能眼睁睁看着事情发生却束手无策。这时，她对自己在某些事情上不得不依赖你而感到愤怒，她希望独立自主而非寄身于人，因为依赖别人往往会带来失望。

　　如果她的失望是从一开始就注定的，或者只是她日常生活中的常态，那么她就必须学会消化这种愤怒情绪。虽然你不能改变现实，但你可以帮她认识到（如果她自己做不到），她正在被失望甚至愤怒的情绪裹挟。

> 女儿："你骗我！你说好带我、克丽和德娜去看电影，结果你却食言了。我现在已经不相信你了！"

> ❌ 妈妈："你怎么能这么指责我！从现在起，我再也不会带你去看电影了！"

> ✓ 妈妈："我理解你现在的失望。这个周末的计划被打乱了，我向你
> 道歉。"

通过这种回应，女儿会知道，你理解并肯定她的感受，哪怕你无法改变事实。等她冷静下来，你可以向她解释，你"希望"带她去一个地方不等于"承诺"一定会带她去，同时让她明白，如果你最终没能满足她的一份期待并不等于你在故意欺骗她。这个时候，最重要的是展现出你的可靠和真诚。同时，如果你能郑重地对待给女儿许下的承诺，她将会受益匪浅，甚至可能在她成年后，她还会记得这段经历。

压榨和利用她

有些时候，青春期的女孩会察觉到母女关系中的畸形行为模式，并开始对此进行反抗。也许她觉得自己承受了过多的情绪压力（"每次你工作中有不顺心的事，就回家拿我出气，这样太不公平了！"）或者感到劳动负担过重（"我整个周末都在照顾咱们的宠物！"），又或者你的女儿在母女关系中付出得太多。比如，她投入了太多的时间和精力讨你欢心，或者你们的生活状态迫使她反过来照顾你。

当家庭遭遇巨大的压力时，比如母亲罹患严重疾病、离婚或经历了心理创伤，女儿常常觉得她们有责任保护母亲，为母亲撑起一片天，或弥补母亲先前遭遇的不幸。有些女儿，比如酗酒者或重疾幸存者的女儿，会展现出强烈的救

赎倾向。当女儿转变角色，开始将照顾母亲的需求置于照顾自己的需求之上，或小心翼翼地避免惹母亲不快时，她们可能就成了母女关系中的牺牲方。她们压抑自己的需求或者对提出自己的要求感到羞耻，这样一来她们自己的需求就不会得到满足。

有时，女儿会激烈反抗，爆发出强烈的愤怒。17岁的格温在默默忍受酗酒的母亲多年以后，最终决定离家出走："我受够了我妈妈的反复无常。她以为我不知道她每天下午在做什么吗？为什么她每天都能'小憩'，而我要替她照顾我的同母异父的妹妹们？那个女人每天把自己喝得烂醉，而我就要去做本该属于她的苦活。我要离开这里。"

女儿刻薄的言辞往往令你火冒三丈，从而使你错过洞察真相的机会。虽然你不能保证每次都能做好，但你可以提醒自己，下次面对女儿的抱怨时，尝试用一种不同的方式回应。比如，如果她告诉你，你总是脾气暴躁，那么你就可以先抑制住自己想要反驳的冲动，平静地询问她为什么会有这样的感受，好好倾听她的解释。

女儿："妈妈，我真的很讨厌你每次和爸爸争吵之后就来和我吵架。"

[✗] 妈妈："你在说些什么？你的说法完全没有依据，全是胡说八道。"

[✓] 妈妈："你是这么觉得的吗？能不能给我举个例子，我想知道你为什么会有这种想法？"

这样的回应，能带来几个好处：第一，你的女儿会明白你重视她的感受。第二，她从你的身上可以学会如何有效地表达自己。第三，你可能会了解到你作为母亲在母女关系中的作用。令你意想不到的是，你的女儿有时会细致入微地观察你的行为。

抹杀她的真实个性

因为渴望留住母爱，女儿有时会不顾一切地去讨好母亲。她们可能会为了满足母亲的愿望（无论你明示或暗示给她们的）而去做某些事或成为某种人：她们可能会去追求某些爱好（如游泳、烹饪）或目标（如报考某所大学、当上班长）。当女儿觉得母亲希望她们能具备某种性格特点或者特质时，这种现象就更微妙了。女儿经常笃定地自述，自己的母亲希望自己温顺、勤劳或好强。其实，只要这些品质没有与女儿的天性或她们的真实个性产生冲突，是可以接受的。然而，当母亲的期待与女儿的性格不匹配时，有些女孩就会为了留住母爱，过度地放弃自我。久而久之，她们可能会疏远真实的自我，或者逐渐积累对母亲的怨恨。

16岁的迪兹就表达了这样的感受："我妈希望我乖巧可爱，但我不是这样的人。""我喜欢跟男孩一起奔跑、玩耍。我妈总想给我买连衣裙，让我去留女孩的发型。她不能接受我跟其他女孩不一样。"迪兹补充道。她并没有跟母亲谈过这个问题，因为"她会生气，说我不够'女人'。在她看得见的地方，我会按她的要求穿搭，但在她看不见的地方，我就换上我想穿的衣服，这样就能保持自我了"。

许多女孩就跟迪兹一样，她们宁愿扮演成母亲所期望的模样，也不愿向母亲提出抗议。有的女孩甚至无法清晰地认识自我，她们只知道如何扮演好一个能取悦他人的角色。遗憾的是，许多女孩从未体验过维护自我，在母女关系中能畅快做自己的美好感觉。更糟糕的是，这种放弃真实自我、按照他人的期望来塑造自己的态度，也会延伸到女孩其他重要人际关系中（比如友情和婚姻）。

当女儿冲你大喊"我做不到！我不会变成你！"或者"那是你做事的方式，但我不是你！"时，你就应知道她已经有了这种困扰。即使你认为她的言论完全站不住脚（因为实际上你并不期望她变得和你一样），你还是需要明白，她确实产生了这样的感受。或许你是在无意中向她传达了你对她的期望，或许她只是误解了你的意思。

> 💬 女儿："我已经对竞争感到厌倦了。我永远无法满足你的期待，成为冠军！"
>
> ❌ 妈妈："别什么都怪我。你只是因为无法承受压力而选择放弃罢了。"
>
> ✅ 妈妈："我才知道竞争让你觉得这么累，有这么大的压力。那么你参加比赛有多少是我的原因，还有你自己是怎么想的？"

通过回应女儿的核心诉求，你可以清楚地向她传达这样的信息：你在乎她的想法和感受。她会明白，你希望她能发展出独立的自我，而你也会支持她做自己。最重要的是，让她明白，尽管她的性格或喜好与你的不同，你仍然为她感到骄傲，仍然对她的成长充满信心。如果她说的有些事情是真实存在的，你也可以趁机审视自己，并向她解释清楚。

没有尽力去理解她

你的女儿可能会因为得不到自己想要的而生气，比如某种实际的许可（延长睡觉时间或外出时间），或者抽象但更重要的东西（你的关心、支持或者尊重）。因为不能得偿所愿，她可能会怪你不理解她。在她的思维逻辑里，如果你真的理解她，你就会完全按照她的想法做。这就是养育女儿的难题所在。关键的问题在于：你有认真地听她说话吗？你有表示出对她的尊重吗？显然，倾听并不是听到、听清她说的话就够了，而是真正理解她的感受和动机。你有尽可能地去理解她吗？你是以对待朋友的友好态度来对待她吗？

对13岁的贝茜来说，这种极度渴望母亲能倾听自己的心情，正是她情绪失控和产生羞耻感的根本原因。她和母亲经常会爆发激烈的争吵，有些争吵甚至会升级为肢体冲突。在接受咨询时，贝茜开始分析她"大发雷霆"产生的效果。她说："对，事后我确实会被禁足，但至少我妈在那段时间里会停下她的唠叨，去认真听我说话。我觉得我可以用吼叫或者咒骂，把她吓得安静下来。"尽管这种行为给贝茜带来了困扰，但她的情绪失控的确在母女关系中起到了某种作用。

如果你确信自己在倾听和理解女儿方面，已经做得无可挑剔，她这么控诉只是为了达到自己的目的而已，那么你也应该作出相应的反应。无论你是否答应她的请求，你都要对她提出自己需求的权利表示肯定。如果你发现，你确实没有给予她足够的尊重或理解，那么你就需要重视这个问题，意识到自己在这方面的缺失，给她道歉并改正自己的行为。这样一来，女儿也会强烈地感受到你的爱。

> 💬 女儿：**"你怎么这么迟钝！别的妈妈都明白这个派对有多重要！"**
>
> ✖ 妈妈："我迟钝？我清楚你的小伎俩，我可不是三岁的孩子那么好骗！你别想就这么得逞！"
>
> ✔ 妈妈："我知道你很想参加这个聚会，毕竟你所有的朋友都会去。但我不能允许你参加男女混住的聚会。我们看看是不是还有什么折中方案？"
>
> ✔ 妈妈："好吧，你觉得我哪里没有理解你呢？跟我说说吧。"

这些回应可以表明你的态度：你承认这个活动对她来说很重要，你愿意站在她的立场去理解她。的确，她可能仍然会闷闷不乐，持续感到不满，毕竟她没有得到她想要的结果。但至少她能更深刻地明白，你在认真考虑她的感受，在真心地去同情她。征求她的建议、提出寻找一个折中方案、向她解释她的失望情绪，都进一步体现出了你对她的尊重。这么做还有一个好处：你锻炼了她表达自己需求和愿望的能力。这项本领可以帮助她经营好今后的任何人际关系。

灰色地带

生活中的事情并非总是非黑即白。在上述例子中，女儿对母亲的敌意有时候源自一些与母亲毫不相关的事情，有时候是出于对母亲特定行为的不满。然而，在某些情况下，这二者的区别并不是那么明显。比如，母女二人在一些微不足道的事情上的分歧，往往会引发激烈的争执。你们本来是在讨论脱脂牛奶和低脂牛奶哪种比较好，结果却大吵起来，争论的焦点变成了你不给她自由、不尊重她的隐私。你会想，这究竟是怎么回事？也许一段时间过后，真正让你女儿生气的原因会暴露出来。但这暴露出来的就是真正的原因吗？或者说，她最终抖搂出来的原因，是否只是她为自己发火找的借口？

虽然你觉得她对你做或没做的某件事感到恼火是情有可原的，但你仍然认为她的反应过度了。你理解她因为你给她安排洗牙的时间而生气，但她的反应如此激烈，让你不得不怀疑她的怒气其实是因为周五晚上没有人约她出去玩，或者她的好朋友刚被男孩邀约。你可能很难确定女儿的怨气究竟来自何方。

这时候，作为她的母亲——一个负有抚养义务的成年人，你就需要运用自己的判断力了。你是否会承认她说的话也有道理？如果你仔细思考后认为你的女儿说得对，你又会怎么做？有时候她的态度非常明确：问题出在你身上！你就是那个让她痛苦的人。或者确切地说，你是在毁坏她的生活。对于她的控诉，你会做出什么反应往往取决于许多因素。其中，影响最大的因素，就是你能在多大程度上接受她这些强烈的负面情绪以及激烈的表达方式。同时，将她传达的信息内容与传达方式区分看待是至关重要的。你可能不喜欢她说话的方式，但她说的内容可能仍然有道理。所以，你要区别看待这两个方面。责备她不该对你大喊大叫或者骂人是一回事，忽视她所表达的观点又是另一回事。

当你发现自己成为女儿的出气筒时，可以采用前文提供的那些技巧。有些技巧可能让你感觉使用起来并不得心应手，生硬得好像背剧本，有些对你来说可能完全无效。但至少，你掌握了一些可供选择的应对方案。拥有一套语言和行为模板，可以增强你的信心，去阻止女儿的情绪失控，也能抑制自己回击的冲动。看到你这么做，女儿也更愿意用适当的方式表达自己。此外，最重要的是，这些技巧可以避免你们母女间的亲密纽带被怒气和冲突损害。

女儿卧室里的秘密

当女儿把你关在卧室门外时，她其实是在传达一些信息。可以肯定的是，所有母亲都会经历这样的时刻——她们和女儿之间突然"砰"的一声，一道门被关上。就像一位母亲所说："那声音听起来就像是给我的一记耳光。"和其他情况一样，你的反应取决于你对当前情况的分析：你的女儿本身、她的典型反应以及这种行为背后的心理意义。以下是女儿在摔门的动作之下隐藏的信息。

"我已经长大了！" 女儿关门的操作是她获取自主权的象征。她是自己卧室门的主人，可以随心所欲地开门和关门。这种掌控感让她兴奋。当门关上的时候，她在你们之间建立了一道物理屏障，同时也在心理上将你们分隔开来。当她把自己生活的一部分对你保密时，她会感觉自己不再像个小孩。实际上，这种背着你做事或者只与朋友们分享秘密的行为，让她感觉自己变得更加成熟了。她的房间已经成为她的避难所，门则是她的救星。

"我要喘口气！" 女儿躲进自己的卧室也是为了避开家庭生活中偶尔的喧嚣或争吵。当兄弟姐妹争吵、宠物乱跑、电视声音太响或者父母争吵时，青春期的女孩可能会感到不知所措。她们需要关上门，从混乱中寻求一方平静。她们只是需要自己的空间。你的女儿需要满足自己、安抚自己，以相对无害的方式取悦自己，你应当尊重这些正常的需求。

"我现在不能再继续说下去了！" 如果你们在吵得不可开交之时，她突然推门回到自己的卧室里，那么她的撤退可能是在主动隔离自己。也许是因为她感到了一股令人不安的情绪，或者她快要控制不住自己舌尖上马上要迸溅出来的脏话。为了避免失态，你的女儿会主动退回房间，让这道门充当最后的防线。这时，她的卧室门是在替她控制自己。她这种为了避免与你产生更多不快而主动回避的行为，是值得赞扬的。当她重新冷静下来、整理好思绪从卧室出来时，你们两个人可以继续对话。

"我现在感觉自己会伤害别人！" 有些女孩对自己心里涌动的愤怒情绪感到非常不安，害怕她们一怒之下会伤害别人，所以她们一旦意识到自己的这种愤怒情绪，就会习惯性地把自己关在卧室里。每当女儿感觉到自己可能会说出刻薄的言辞或者与别人产生激烈的冲突时，她都可能会选择躲避。她可能需要空间和时间来整理自己的思绪、明确自己的感受，然后再用更合适的方式表达出来。她"砰"的一声关上门，既是直接表达她的愤怒，也是在告诉你，她不想再进一步与你唇枪舌剑了。只要你的女儿能及时与你讨论问题，她短暂的撤退就没有什么大不了。

"我在焦虑或烦恼！" 当女儿一反常态地缩回自己的房间并关上门，她可能是在表达自己正因为一些事情而烦心。比如，如果女儿从学校或朋友家回来时满脸泪光，并把自己关在房间里，你就要立刻和她谈一谈。如果她此时拒绝和你沟通，但似乎并没有任何危险的举动，那么你可以遵从她的心意给她一定的时间或隐私空间。但是，对于反常的关门，你要充分重视，应及时施以援手。

"我需要帮助！" 在极少数情况下，青春期的女孩可能真的在自己的卧室里将自己置于险境。如果你的女儿有严重的抑郁症并伴有自残或自杀倾向，你必须立即推门或破门进去。同样地，如果她非常烦闷、痛苦、失望或者激动，可能会在无意中伤害自己，你也必须确保她的安全。当你的女儿把可能伤害到自己的物品（例如厨房刀具、爷爷奶奶的药物等）带到自己的卧室时，作为父母，你们需要立即介入。正如我们在第5章所讨论的那样，这是你要立即寻求专业人员帮助的信号之一。

关门是无声的沟通。在面对这种情况时，你既要尊重她的隐私，同时也要确保她的安全。你可以敲门而不是擅自闯入，比如你可以问她是否一切都好，是否愿意和你聊天。你也可以提前建立相关的行为规范。你的家里有关于锁卧室门的规定吗？比如什么时候允许她锁门？什么情况下允许她锁门？最重要的是，除非出现紧急情况，否则，你一定、一定、一定要在进她房间之前敲门以示尊重。

第10章

坚持原则

在母女关系中，很多时候你和女儿的互动并不会完全按照你的预期进行。有时，你会被她突如其来的情绪爆发打得措手不及，就像我们在前一章讨论的那样。偶尔，你可能会因为无法真正或完全解决与她的矛盾而感到困惑。或者，尽管你尽了最大的努力，结果却不尽如人意，比如她并没有按照你的想法改变自己的态度或行为，由此让你失望。比如，你希望她能承认你的观点是正确的，希望她能给你道歉或改变自己的行为方式，但她却完全不以为意，或者用敌意和对抗来"回馈"你；或者她阳奉阴违，表面上似乎把你说的大部分内容都听进了心里，甚至许诺自己会做出必要的改变，但就在你松了一口气以为终于能够重获和平时，她却没有落实行动（"她又那样做了！"），或者变本加厉（"她更加生气了，看见什么东西都摔在地上！"），或者对你进行报复性的惩罚（"她整个下午都不理我，不论我怎么沟通都没用。"）。

总之，无论你的女儿有什么样的举动，显然都不符合你的期待。事实上，你甚至可能怀疑，你闹出这么大动静管教她一番，除了在你们之间引起了更多麻烦，似乎什么好处也没落下。反而，她通过扬言不再爱你或让你感到内疚，巧妙地将你的注意力从她的行为转移到了你自己身上，她则趁机摆脱了困境。除了感到失望，你可能还会觉得灰心和困惑，甚至可能会陷入自我怀疑：我的方法是不是错的？我对女儿的期望是不是太高了？我是不是"反应过度"或"小题大做"了？如果对抗的唯一结果是新一轮的对抗，那么对抗还有什么价值呢？

实际上，与其用女儿的接受度和反应来衡量你努力的效果，不如把关注点放在你自己身上，看看你的自我意识是否得到了提高，你的情绪表达是否更加健康合理。一旦你确信你的方法是正确的，那么，作为一名担负抚养义务的母亲，你有责任坚持原则。即便女儿的表现未能如你所愿，或者她对你进行了恐吓或情感勒索，你也不要气馁。重要的是，你不要陷入自我怀疑的深渊。这样，你才能采取必要的手段，向你设定的教育目标稳步进发。你必须相信自己，相信你已经为了她的成长倾尽全力，而且你还会继续这么做（即使她此时的反应让你对自己的做法感到不自信）。这样一来，你无形中就能让她明白，你勇于承担自己对她和母女关系的责任，也为她做出了如何经营自己重要人际关系的良好示范。

女儿是如何操控母亲的

有时候，母亲郑重其事地与女儿进行沟通，结果女儿的反应却不及预期。这种情况有多么让人郁闷，16岁的朱莉娅的母亲帕姆深有体会。她说："每当朱莉娅的朋友德布来家里做客的时候，她对我的态度就会很恶劣。朱莉娅会挖苦我、贬低我，表现得特别任性。我很犹豫是否要和她谈一谈，但我最终还是开口了。我告诉她我再也无法容忍这种行为了。这对我来说迈出了一大步。"

事实上，为了抗议所受的不公，帕姆将该做的事都做了一遍。她先准确地认识到令自己感到不快的具体内容（朱莉娅无情地伤害了她的感情），并确定好了解决问题的措施（要求朱莉娅更礼貌地对待她和尊重她）。帕姆事先推敲好了要说的内容以及说话的方式，她甚至挑了一个理想的时间（在朱莉娅睡前）和朱莉娅开门见山。帕姆说："我甚至提醒自己讲话时要礼貌、要用第一人称的陈述句、不对她进行指责。当朱莉娅道歉并说她会努力改变自己的行为时，我感到非常高兴。我们甚至谈了一点德布这个朋友对她的影响。然而，不到一个星期，当她带着德布回家时，又开始侮辱我！我简直不敢相信。显然，我们的谈话没有解决任何问题。她只是在敷衍我而已，之后就表现得好像我们从未聊过这件事一样。"

除了阳奉阴违，女儿有时候还会采取更直接、更放肆的反应方式。比如，你找她表达心中的不满时，她会辩解说"你对所有事情都反应过度"或"你根本就误会了我的意思"。更糟糕的是，她可能会反咬一口，让你措手不及（"你是最差劲的妈妈！""自从奶奶去世后，你就一直虐待我！"或"我宁愿和爸爸住在一起！"）。也许，你们在交手之后，家中连续几天都充满哀怨、刻薄、讽刺和紧张的气氛。所有这些，都可能让你忍不住思考，女儿的主要任务就是让你质疑和悔恨自己的决定。

由于女儿这些令你失望的行为，你可能会像帕姆一样，怀疑自己是否还有必要坚守原则。帕姆说："朱莉娅的表现让我怀疑自己的感受是否真的那么重要。也许我可以不介意德布对她的不良影响。而且，明天我们又会有其他矛盾。我感觉自己就像被人打倒后又弹起来的不倒翁娃娃。当我终于从与她关于作业的争执中恢复心情，以为我们的关系会再度和谐起来时，两天后我们又开始争论起她的态度问题；没过几天，她又告诉我她同年级的很多女孩都文身了。下一次又会是什么事呢？反正她是不会消停的。有时候我就想破罐子破摔算了，告诉她'去吧，做你想做的事情吧。我不管了！'"

考虑到即便自己与女儿进行激烈的对抗，事情也不会立即得到改善（有时还会变得更糟），或者考虑到女儿的反应实在太折磨人，她们挑衅或威胁的态度太过强硬，许多母亲都动过这样的心思：干脆接受女儿的不良行为或屈服于她们的无理要求算了！这些母亲最初想当然地以为，如果她们能承受对抗引起的不快，那么至少在她们表明自己的态度后，紧张的局势就能得到缓解。讨论会结束，事情会得到解决。然而当女儿反复出现同样的麻烦和问题时，母亲开始觉得，这种管教可能不值得自己再花费力气。

给女儿一些时间

你想要和女儿更亲近或者保持亲密的关系，这种愿望是一种动力，让你每次都能在一些重要问题上管教她或者积极解决你们之间的母女冲突。同时你也明白，对孩子来说有些事情需要时间。不妨回忆一下你的女儿幼年的发育过程，这可以帮助你从长远的角度看待她现在的行为。

许多母亲都经历过哄宝宝入睡的难关，那个时期让人难忘。那时，你的宝贝女儿经常打断你的睡眠，而且很多时候她的哭闹并不是因为她真的有生理需求需要满足。夜复一夜，你检查她是否饿了、尿了，是不是哪儿疼了。许多个夜晚过去后，你终于意识到她的啼哭只是想要你的陪伴。随着你的睡眠时间越来越少，你决定要改变这种情况。所以，你咨询了专家（比如儿科医生或其他母亲）并制订了一个计划。你决定听从别人的建议，拍一下宝宝的后背作为回应，然后不再管她，任由她哭。

你可能永远不会忘记实施这个计划的第一晚：你的宝贝女儿可能已经连哭了好几个小时。你忍不住问自己"这招真的有用吗？"即便宝宝已经再度睡去，你还躺在那里精神紧绷无法入睡。但是，尽管你在这一宿几乎没有好好睡一觉，第二晚你还是会继续执行这个计划。因为你对自己的方法有信心，相信最终宝宝一定会整夜安睡。你本来也没指望第一晚就获得成功。在你的内心深处，你明白改变要循序渐进。所以，当你的女儿没有立刻睡去，你并不气馁。

事实上，随着时间的推移，她哭闹的时间逐渐减少，直到有一天早上，你突然意识到她竟然一觉睡到了天亮。你也预料到她的睡眠情况可能会偶尔退步，比如当她生病或者在一个陌生的环境中入睡时。所以，就算她偶尔又在夜晚哭闹，也不会影响你对自己计划的信心。

同理，如今你不能仅仅因为她的年龄变大了，不再是小婴儿了，就指望她立即或持久地发生改变。你很清楚，她还在发育中，还没有彻底成年。所以她能否听你的话，取决于她当天的激素水平、情绪状态和日常遭遇等这些不可预测且不可避免的因素。在她完全成熟之前，就算她的初衷是好的，有时也无法有效地或完全地控制自己的言行。知道了这一点后，你就大着胆子，继续做那些你认为正确的、对她长期有益的事情吧！你一定要稳住心态！

警惕她企图转移话题

这种情况下，你要做到"有备无患"。了解青春期女孩的常用策略，可以让你看清自己的女儿会用哪些招数来动摇你的信心、破坏你的决心。

纠缠不休。在母亲认为问题已经得到解决后，许多青春期的女孩却仍然对母亲软磨硬泡，想要达成自己的目的。这时候你要知道，要做好一位母亲，你需要立规矩、行规矩。如果你中途改变自己的立场，屈服于她的意志，她会觉得你缺乏原则、容易操控，并且在未来她就可以左右你的决策。虽然你的屈服可能会获得短期的和平，但从长远来看你会失去女儿的尊重。更重要的是，你的屈服也让她看清，在她的青少年时期，你无法为她提供坚定不移的支持，这样她会缺乏本该拥有的安全感。此外，当女儿看到自己可以支配母亲，她会感到非常得意。

质疑事实。有时候，青春期的女孩会坚持让母亲重新考虑一下之前的决定。她们的理由是她们当初没有给你提供足够的信息或者当初自己对情况产生了"误解"。这样的理由会让你措手不及，或者陷入自我怀疑。比如，你的女儿会诱使你对"事实"做出回应，即使这些事实要么无关紧要（"我这一个月都很乖，你为什么不能奖励我一下，让我去参加那个派对呢？"），要么存在逻辑漏洞（"我明白她确实是没有成年人陪着，自己去派对，但你不知道，她之前的一个邻居就住在举办派对的房子的隔壁。"）。如果你仔细听了她的阐述，并决定再次驳回她的请求，你可以说"这个事情已经没有商讨的余地了"。事实上，除非她的观点合情合理，否则你最好连重新考虑的机会都不要给她。

扭曲你的观点。有时候，青春期的女孩会故意扭曲或夸大母亲的观点，让观点看起来荒谬不经，由此成功破坏母亲的信心。例如，帕姆讲述了她和朱莉娅之间发生的一件事。"当我再次表示我对她的无礼行为非常不满时，她开始指责我不喜欢她的好朋友德布。我承认，我的确不喜欢那个姑娘。但接着，她又说：'你不希望我有任何朋友。你希望我一直是个小女孩，一直和你在一起。这就是为什么你总要批评我的朋友。'我知道她说得不对，但这些话却在我的脑海中挥之不去。"

让你感到内疚。在你教育她一番后，她可能会变得郁郁寡欢、闷闷不乐，或者以其他形式表达自己的痛苦（"我开心不起来，我所有朋友都在做一些有趣的事情"），从而让你内疚，把你拽入自我怀疑的旋涡。你可能会问自己，看到她如此消沉，还值得和她较量吗？你有必要做出那样的决定，夺走她迫切渴望的机会吗？一旦你这么想，就等于中了她的圈套。她的目的就是想要你产生自我怀疑，从而让你撤回施加给她的制约措施。这时，你们当中必须得有一个人站出来担任家长的角色来掌控局面，而你显然才是最合适的人选。

讨价还价。也许你已经坚决地表达了自己的态度，并警告她对自己的言行承担责任。但之后她却没有甘心认罚，而是试图和你做交易。比如，她会要求换一种惩罚方式（为了不影响她参加派对），或者提醒你她可以给你一些特殊的"恩惠"，她要用这些行为抵偿现在犯下的错误。这时，一旦你心思开始动摇，你就会开始掂量两个行为的重要性。在你意识到不妙之前，你就已经深陷在另一个新的困境中了。所以，当你做出她们不喜欢的决定时，最好禁止她们反复抗议。

让你尝苦头。女儿在试图让你改变主意或者放松管制时，最有威力的策略之一就是让你尝点苦头。比如，你惩罚你的女儿，禁止她使用手机，而她就带回一份零分的作业作为"回馈"。你问她这是怎么回事，她会若无其事地说："这些题目我不会，我又没有手机，没法打电话向同学求助。"实际上，她的意思是"这就对了！"或者"你自食其果吧！"，让她的不及格看起来像是你的错。她这么做就是为了让你后悔你的决定。

保持立场坚定

为了达到自己的目的，无论女儿采用的是上述花招还是其他伎俩，都可能会使你偏离原本的立场，丧失最初的信念，从而撤回自己的决定。我们现在来看看，当布里吉德给她16岁的女儿托比设下一项禁令后，都发生了什么事情。在看到托比的成绩单后，布里吉德非常震惊，老师们无一例外地指出托比的态度马虎、缺乏学习热情、懒怠、不努力。"虽然她的成绩并不是很差，"布里吉德说，"但是我们都觉得托比可以做得更好。我非常担心她的学习态度，她必须更加认真、努力才行。"为了让托比知道自己非常重视她的学习，布里吉德决定，除非托比的学习成绩有所提高，否则就不允许她去考驾照。

"这事挺难处理的，"布里吉德承认，"如果她只是能力而不是态度的问题，反而简单了。但我不能纵容她拖延、马虎、敷衍了事的学习态度。驾照似乎是我唯一的王牌，所以我打出了这张牌。"

然而，虽然布里吉德对托比晓之以理，托比还是极为不满，变着法和母亲较劲儿，这也让布里吉德吃到了苦头。最后，她开始越来越怀疑自己的决定是否正确。"首先，托比故意给我添堵。她几乎不正眼看我了，尽可能地把我当空气。总体来说，我们过得非常不愉快。我以为她最终会消停，但她却铆足了劲儿，企图让全世界都知道她很愤怒。在气人方面，她可是有着大师级的造诣。其次，托比开始故意乘坐同学开的车，而我对这些同学一点儿也不放心。

她明显是在向我示威，暗示我我的决定是错误的。最后，托比开始扭曲我的意思。她告诉别人，我苛求她完美，而且她会故意让我听到她的这些话。我们都知道这不是我的本意。我对她的要求仅仅是在学习上多用点心，而不是成绩必须达到全优。但她却故意给我泼脏水，把我塑造成恶毒母亲的形象。"

可以想象，布里吉德的决心几乎就要被托比动摇。她这么描述自己的内心矛盾：一方面，她称赞自己坚守立场的魄力；另一方面，她又怀疑自己是否过于严苛。"我一直在问自己，真相究竟是什么？"布里吉德说。

如何坚守原则

布里吉德的经历告诉我们，要判断女儿的诉求是否合理并非易事。有时候，你可能确实需要重新考虑自己的决定。但在大多数情况下，你最明智的做法仍然是硬气地坚守立场和原则。培养这种坚定心态是你要跨越的第一道难关，其中的关键在于你要明白应该用什么样的标准来衡量自己的决策是否正确。如果你总是以女儿的反应为标准来考评自己的决策，那么你对自己的信心很可能会动摇。其中的道理显而易见：因为你的女儿有充分的动机引导你按照她的方式看待问题。你最好的做法就是相信自己的感知和判断。

要培养解决冲突的强大能力，就必须具备足够的自信。无论你的女儿采取什么诡计诱使你偏离自己的原则轨道，你都要沉住气，坚守自己的原则。哪怕她用冷暴力对待你、攻击你，或者把你当成疯子看待，你都必须保持坚定的信念，相信你所做的决定是正确的。有了这份底气，你才能够在母女关系中坚持下去。

为了让自己的信心更加坚定，你可以向他人寻求观点上的支持，前提是你非常信赖和认可这个人或者这个人的价值观。当你面临这种困境时，配偶或朋友可以成为你的倾诉对象，他们会给你提供宝贵的意见。在许多情况下，父亲发挥着无可替代的作用，因为他们很少被女儿当作替罪羊，所以通常能够置身于母女冲突之外，提供更中肯的观点。但是，有时候你可能不愿意听到这样的客观意见，你可能更希望女儿的父亲在这个问题上能够与你建立统一战线、团结一致。但无论你是向配偶还是朋友寻求反馈，只有你愿意冒着自己的观点被质疑的风险，才能在最大程度上有所收获。

当托比向母亲施压，让母亲同意她去考驾照时，布里吉德就曾经寻求别人的支持。"我先和她爸爸谈了这件事，他支持我的决定，他觉得托比应该从被老师批评这件事上吸取教训，但他认为这个方法可能行不通。于是，我又和我的姐姐谈了这件事，她的孩子（现在已经长大）曾经也有过类似的问题。当我告诉她托比把我塑造成恶毒母亲的形象时，她笑了起来，看到她的反应，我感觉轻松多了。她还再三安慰我，我们的母女关系不会因此破裂。他们的意见，让我有了坚守立场的勇气。"

除了从他人的智慧和经验中学习，你也可以自说自话地将一遍你们之间发生的事情，这种方式会让你从中获得新的领悟。只有在大声说出来之后，你才会意识到其中的重点问题。口头梳理通常能让你从一个崭新的角度看待问题。每当你讨论一个棘手的问题时，无论事关你的女儿还是其他青春期的女孩，这种方法往往都会让你有认知上的新收获。以下是其他一些可以帮助你坚守立场的具体方法。

重申你的态度。如果在沟通结束后，你的女儿又开始用反击、狡辩或其他招式来转移话题，你一定不要被她牵着鼻子走，从而偏离了真正的矛盾核心。为此，你只需重复你原本的核心立场。以朱莉娅的故事为例，朋友德布来过之后，她对自己母亲的态度一直很恶劣。

> 朱莉娅："我只是说你最近有点烦人。你没必要大发雷霆。你必须承认，你最近工作压力太大了，所以才那么反应过度。"
>
> ☒ 帕姆："你说我压力大是什么意思？"
>
> ☒ 帕姆："我真的做错了吗？"
>
> ☒ 帕姆："这么明显吗？我很抱歉自己最近的脾气不好。"
>
> ☑ 帕姆："我很失望，你明知道会伤害我，却还是不改正你的行为。"
>
> ☑ 帕姆："朱莉娅，你不尊重我，我很难过。"

如果不这样回应，帕姆只会中了女儿的圈套，转而讨论自己的行为或急于自证。她把矛头对准了朱莉娅的行为，从而确保自己全程没有偏离目标。

适时中止重复。你不需要无休止地重复你的感受和要求，如果你认为你的女儿已经理解了你的意思，即便她仿佛抗议"你根本不懂"，你也要立即结束讨论。你可以对她说"关于这个话题的讨论已经结束了"，这根本不会破坏

250

你们的关系。布里吉德就是这么对待女儿托比的。

💬 托比：“妈妈，你为什么听不明白道理呢？如果你认为不让我学
开车，我就会更爱学习，那你就错了。我只会更生气，没
有心思学习。你觉得，这样的惩罚对事情有什么帮助？”

☒ 布里吉德：“我认为……”

☑ 布里吉德：“我们之前已经讨论过这个问题，我知道你有意见，
但我不会改变我的决定。”

☑ 布里吉德：“让我们换个话题，免得我们又要陷入争吵，彼此都不
开心。”

☑ 布里吉德：“咱俩都知道，这件事情上我们是不可能达成一致意
见的。”

通过这种回应，布里吉德明确地告诉女儿，她们要“放弃说服对方”。如
此一来，她就不会被托比带节奏，转而去讨论自己的决策是否合理了。如果托
比继续纠缠，布里吉德可以按下面的方法回应。

☑ 托比：“你就告诉我你为什么这么做。这太不公平了！”

☑ 布里吉德：“我们不要再讨论这个话题了。”

☑ 托比：“你真是太刻薄了！”（布里吉德转身离开。）

自我提醒。当你的女儿一通争辩，想让你觉得你的决定是错误的时候，你要刻意提醒自己，你的感受和有利于她成长的种种决定，都是正当合理的。告诉你自己要继续做那些你认为是正确的事情，就像教练鼓励你对着目标锲而不舍地努力一样。提醒自己，既然你是世上最了解女儿的人，你必然有能力和她一起解决眼下这个冲突。你也要告诫自己应坚持有效地沟通，而不是被她带到沟里。

在适当的时候承担责任。许多青春期的女孩因为迫切需要良好的自我感觉，所以不愿意承认自己有任何错处。当她觉得"一切都是她的错"时，她会更急于推卸责任。讽刺的是，如果你能承认问题也不全是她的错，她反而更愿意承担那部分属于她的责任。另外，如果你能认领属于自己的责任，那么你的这一行为就相当于鼓励她同样对自己的言行负责，并且给她做出了良好的示范。回到朱莉娅和帕姆的故事上，她们之间可能会发生这样的对话。

> ☑ 朱莉娅："我觉得你反应过度了。你最近工作压力太大。"
>
> ☑ 帕姆： "嗯，也许你说得对。我最近工作上确实很忙，所以可能变得有点敏感。我会再想想这个问题的。但我希望你也能考虑一下你的不对。每次你和德布待过一阵之后，我们似乎都要因为你的态度和语气吵一架。"

通过这种回应，帕姆承认了朱莉娅陈述中她认为属实的部分，但同时也把握住了话题，没有让其偏离正轨或让女儿推卸责任。

有耐心。你要明白，你的女儿可能只是需要时间来消化你的话，思考你的信息，用你的观点来调整她的行为。这并不意味着你必须容忍她对你的恶言恶行或不尊重，但她确实需要你给她一些时间和空间，让她最大程度地吸收你所说的内容。例如，布里吉德可能需要屡次提醒托比，多给她一些机会，让托比改变自己的行为方式；朱莉娅可能需要和德布再多相处几回，才能将自己对母亲的恶劣态度与德布对自己的影响联系起来。与其惩罚她或继续责骂她，不如简单地指出她的行为中蕴含的规律。更好的办法是，问她是否也注意到了这种规律。你应该给她空间和时间去弄清楚她应该怎么改变，同时竭尽所能地保持耐心和冷静。

对于每种情况，你都要专注于自己的具体目标，必要时需要一次又一次地提醒自己不要偏离目标。例如，如果你希望女儿改变她的行为（每天用"太累了"的借口逃避家务、不按时回家、不为期中考试复习等），那么她是否在改变的过程中抱怨或反击都不重要。最重要的是，她做了你要求她做的事情：她改变了她的行为。所以，当你评估你们的冲突是否结出了胜利的果实时，你必须忽略干扰，专注于最终结果。

然而，如果她没有如你所愿做出改变，你就要提醒自己"瞄准"目标，不理会她的抗议和辩解，并坚定地告诉她"这件事没有商量的余地"。布里吉德最后正是用这个态度面对托比的言辞："无论你抗议得多么激烈，或者用什么方式抗议，我都不会让你去学车，除非你向我证明你会对学习更上心。"

不过，也有一些情况，你与女儿进行沟通的目标不是要求她改变某个具体行为，而是单纯与她就你觉得困扰的情况进行讨论。你不确定应该让她改变什么行为，但你相信你应该和她一起讨论一下。在这种情况下，她势必会表达自己的观点、发起争论和反驳。尽管你心里已经预料到这一点，但当女儿当面挑衅、质疑和反驳你，而不是说"好的，妈妈"时，你可能仍然会感到不爽。这时，你一定要提醒自己，你的目标就只是与女儿讨论而已。

放下不切实际的期待

同样地，有时你可能需要在事后进行一些深度反思，弄清楚你为什么会感到失望以及你期望从与女儿的对抗中得到什么结果。也许在内心深处，你希望当你指出她的错误时，她会说类似于"妈妈，我错了！""你说得对，妈妈。我马上改正！"或者"虽然你不让我做我想做的事，但我知道你是一个好妈妈！"之类的话。虽然这些话听起来很傻，但你就是对这样的回应心生向往，所以当你没有听到这样友善的回应时，你会感到失望。接下来，我们来看看母亲在指出女儿的错误时，会对女儿的反应抱有哪些不切实际的期待。

立即认错

女儿能立即承认错误固然很好，但没有哪个女孩喜欢被别人指出自己的错误，或者被批评她惹得母亲不高兴了。你的女儿可能需要时间来思考，甚至需要睡一觉来消化这些信息。她需要一段时间来克服她最初的防御或反击的本能。所以，如果你没有立即得到她的道歉或忏悔，也不必丧失希望或认为沟通已经失败了。

洗心革面

当谈到女儿的品格、判断力或信任等重要问题时，期待她一下子发生巨大的改变是不切实际的。你的女儿可能需要好几年的时间来成长，才能发展出克制冲动、处理情绪和抽象思考的能力。要让她洗心革面，你的干预是必要非充分条件。

歌颂母亲

虽然这听起来有些不可思议，但母亲有时真的会希望女儿注意并赞美自己刚刚掌握的沟通技巧。这种心理很正常，也很常见。然而，尽管青春期的女孩对别人的观察越来越敏锐，但她们却很容易忽视或故意忽视自己母亲最近练就的、令人钦佩的能力，尤其当这项能力会阻止她们满足自己的欲望时。当女儿不承认甚至贬低母亲的改变时，母亲很容易感到受伤和失望。

感激母亲

你作为母亲付出了这么多心血，只希望得到孩子的一点感激，又有什么错呢？确实，只要你不指望她在接下来的十年内一直感激你，这就没有什么错。

尽管青春期的女孩正在磨砺自己的共情能力，但她绝不可能完全理解你作为母亲的经历、需要和脆弱。现阶段，如果她能对你给她的某个恩惠或礼物表示感谢就不错了。实际上，要让她真正感激或欣赏你作为母亲的付出，只能等到她有了自己的孩子后。

如果你能在与女儿的对抗中坚定地守住目标，你就向她展示了你对母女关系的责任感。你没有屈服于她的要求、没有回避冲突、没有灰心丧气地逃避、没有被无助感所束缚，也没有因为愤怒而随意斥责她。但你的所作所为会一直正确吗？很难说。在养育女儿的过程中，你将做出无数个大大小小的决定，对其中的一些决定，你可能会感到后悔。你现在能做的就是根据自己目前掌握的知识和信息，依据自己的直觉，来做出尽可能正确的选择。

即使你的女儿抗议和反对，她也相信你仍然会从她的利益出发，去做你认为对她有益的事情，这对她来说其实是一种安慰。所以，当惩罚和批评过后，她的反应不尽如人意时，你依然可以靠着对她的爱和关心坚定地走下去。就算她抱怨、反对或者公然对抗，你都务必要坚持下去。你要相信，随着时间的推移，你将实现你的最终育儿目标：给她灌输良好的价值观、让她养成好的行为习惯、教她技能、帮助她建立自信。如果你能按照自己的信念行事，并倾尽你的所能为母女关系做出努力，你就已经为你的女儿做了最好的事情。在这个过程中，她将认识到自己是多么宝贵，这种自尊自爱是她以后经营其他健康人际关系的重要前提。

第 **11** 章

应对压力事件

你肯定已经理解，改善母女关系是一项艰巨的任务。日常的压力、挫折、忧虑和失望，都可能令你无法明智地做出选择，无法有效地表达自己，也无法恰当地回应女儿。但是，与重大的生活事件——尤其是严重的疾病、死亡、离婚和搬家——相比，这些日常问题就显得微不足道了。

这些重大的生活事件是现实生活中不可避免的一部分，会对母女关系产生显著的影响，所以任何关于青春期母女关系的书籍都不可能绕开它们。这并不是说重大的人生变化或悲剧只会影响到母亲和女儿，或者对母亲和女儿的影响比对其他家庭成员的影响更大，而是说这些危机会对母亲和女儿以及母女关系产生极为深刻的影响。

在这些重要时刻，你既要面对女儿强烈、痛苦的情绪，还要面对自己内心的煎熬。此外，当女儿费力地招架这些令人不安的情绪时，她更有可能把你当作替罪羊，这种情况会让作为母亲的你承受双重压力。考虑到现实生活中你可能会面临搬家、疾病或家庭成员离世等问题，本章将帮助你更好地理解这些事件对青春期女孩的影响，并指导你根据你的育儿目标去处理这些事件。

女儿眼中的大问题

尽管每个人应对痛苦或创伤性事件的方式各不相同，但可以肯定的是，你的女儿需要付出极大的努力来消化这类事件。当女儿为失去的人或物哀悼，去适应生活中的重大改变时，她通常会出现以下几种棘手的情况。

失控感

在青春期，女孩不断努力争取更多自主权，但同时她们又经历着情绪和身体双双失控的状态，此时，如果外界再抛给她们一个挑战，她们往往会感到非常苦闷。例如，当突然被告知要举家搬迁时，许多女孩会因为在这件事上完全没有发言权而感到愤怒。她们最初的反应通常不是基于对新家所在地的好恶，而是基于突然袭来的失控感。

从某种意义上说，她们确实没有得到发言权。你可能独立地或与另一个成年人（配偶或伴侣）一起做出了搬家的决定，也确实没有询问女儿的意见。无论她最终是否赞成搬家，被动地得知要搬家的消息都会加深她无法掌控局面，只能为人附属的感受，并提醒她这样一个令人恐惧的事实：她仍然是一个必须服从父母意愿的孩子。面对长辈的耳提面命已经足够难受了，但现在她还不得不同朋友们道别，离开熟悉的环境，同时她又无力反抗这一切，她为自己的无力而感到愤怒。哪怕在搬家后适应新环境的过程中，一旦她感到尴尬、不安或不被接纳，这种失控感就会再次萦绕心头。

同样地，对父母分居或离婚的决定，女儿也没有发言权。听到父母分开的消息不仅令她们感到焦虑和震惊，而且还会加深她们无法主宰自己生活的感受。她们觉得自己无力左右父母的决定，却还得深受其害。13岁的阿迪娜这样描述她对父母分开的感受："我震惊得要死。我太生气了，我不敢相信他们会这么残忍地对待我和妹妹。"

对青春期的女孩来说，疾病是对控制权的最终剥夺。她们经常因为不得不接受医生的检查、忍受自己的隐私被侵犯以及忍受自己的身体背叛自己而感到愤怒。此外，成年人，如父母和医生，也会限制她们走动、上学和参加体育活动的自由。17岁的凯莉在高中最后一年患上了疱疹病毒，她说："我感觉很糟糕，本来一切都很美好。这太不公平了。我不得不暂时休学，找家教补课，远离朋友，放弃所有有趣的事情。"

当与女儿十分亲近的人生病或离世时，她们往往也会感到失控。在奶奶患上绝症时，16岁的海迪说："我讨厌的东西很多，但最讨厌的是我对这件事无能为力。这个时机真的很糟糕，我整个暑假都在担心奶奶会发生什么不好的事。"海迪感到自己无法左右现状，她不仅无法让她的奶奶恢复健康或帮她阻止即将到来的死亡，她也无法控制死亡降临的时间。她无心做任何事情，只能提心吊胆地等着奶奶被死亡带走。

有时候女孩还会过度承担责任，即使有些并不是她们的过错。在事件造成的压力之下，她们的思维可能会出现变化，她们会开始迷信或重新表现出幼龄阶段的行为。在面临人生的重大变故时，这种倾向尤其明显。18岁的让说，她的外祖父死后，她感到非常内疚。"我小时候一见到他就非常紧张。他吓到我了。我有好几次祈祷他能消失，比如像死掉那样消失。所以当他突然死于心脏病时，我感到很不安，好像是我杀了他。"你的女儿对生病或去世的人的感情越是矛盾或复杂，她就越容易陷入自责和内疚的情绪旋涡。

同样地，青春期的女孩虽然在理智上明白父母离婚并非她们的错，但很多时候却仍然会莫名地自责，认为是自己激化了父母的感情矛盾。16岁的卡拉说出了许多青春期女孩的心声："如果他们不总是因为我吵架，也许他们还能在一起吧。"女儿往往胡思乱想，觉得是自己的不良行为或问题导致了父母的不和与分离。

应对变化

青春期这个阶段几乎就是变化的代名词。在这个特殊时期，每一个变化都是雪上加霜、火上浇油。对一个必须适应新的内衣尺寸，习惯自己变幻莫测的情绪和不断变化的身体的女孩来说，搬到新房子可能又是一记重击。适应新学校、结交新朋友、融入陌生的社区和城镇，对她而言都是新的"伤害"。14岁的泰勒说："每年开学都要适应新的老师和公交路线，已经让我烦透了，现在我还要去适应新公寓、新房间、新同伴、新地方——我讨厌这一切！”

父母离婚后，孩子的生活也往往会发生翻天覆地的变化。18岁的温迪在父母告诉她离婚的消息后说：“虽然我马上就要去上大学了，但我感觉他们还是摧毁了我的生活。我放假回家，得去一个新的房子，住新的房间。假期也会变得不一样了。一切都会变得陌生。”

各种各样的失去

重大的生活事件也会导致女孩失去曾经拥有的东西。无论青春期的女孩失去的是健康、完整的家庭还是亲近的人，她们都会哀悼自己的损失。在这一过程中，她们会经历各种各样的情绪，其中有些情绪是可以预测的，有些则令人意想不到。《论死亡与临终》（*On Death and Dying*）的作者伊丽莎白·库伯勒·罗斯（Elisabeth Kubler-Ross）描述了人们接受死亡的五个阶段，这五个阶段现在被广泛用来理解由各种失去引发的哀悼过程：否认、愤怒、与上帝讨价还价、抑郁和接受。主流观点认为，并非每个人都会经历所有五个阶段，或者至少不会按照特定的顺序经历。例如，你的女儿可能只是愤怒，而没有否认或抑郁的过程。

死亡是永久而不可逆的失去，这是最糟糕的。当一个亲人去世时，青春期的女孩会哀悼死者，哀悼自己与这个人在未来相伴的可能性，哀悼自己无力缓解或消除对方的痛苦。然而，当被问及她们生活中的创伤性经历时，她们经常会提到心爱宠物的死亡。当宠物死亡时，她们感受到强烈的痛苦和悲伤，这是完全可以理解的。因为这些爱宠不仅无条件地爱着她们，而且忠实地、专注地倾听着她们的心声（毕竟宠物不会反驳）。无论青春期女孩的情绪如何，无论她们多么阴郁、暴躁或叛逆，这些动物在她们眼中始终忠诚而深情。

虽然在程度上有所区别，但搬家所造成的失去，也会让青春期的女孩哀悼。搬家带来的损失包括重要的人、熟悉的地方、令人感到安心的日常，比如"我五岁时的好朋友""我从幼儿园开始就在那里踢球的足球场""我们总是去那里庆祝的餐馆"。有时，这种失去还包括对未来的希望，比如"我本可以在我们高中毕业班的戏剧中担任主角""和戴夫一起去参加舞会""进入游泳校队"等。

父母离婚也常常会造成巨大的损失：原本的家庭、与亲生父母共度的时光、物质资源，有时还包括家庭住房或生活方式。埃玛的父母在她上初中的时候离了婚。在她二十几岁的时候，她说："在那个简短的离婚通知后，我的生活瞬间变得黯淡无光。妈妈卖掉了房子，带着我和弟弟搬到了一个镇上的小房子里。那时我才13岁，我无法接受我已经不能像以前那样随便买漂亮衣服的事实。我所感受到的失去就是这样子的。但后来我意识到我失去的不仅仅是我爸爸——他搬走了，几乎不再见我们——我同时还失去了妈妈，她变得心事重重，总是在工作，再也不是以前的那个她了。"

你要记住，这些事件经常会重新唤起女孩早些时候由其他创伤性经历所造成的痛苦。而且，失去的痛苦是会累积的。14岁的露丝在七年级经历了一次灾难性事件后，接受了心理治疗。在过去的两年里，她又失去了祖父母、跨州搬家，还经历了一场严重的疾病。每一件事情单独来看都足以让人心碎，等它们叠加在一起时，就使露丝感受到了深深的无助和绝望，而她对这些情绪基本上毫无觉察。如果她一直无法认识到这些事件对自己的影响并抚平自己的悲伤，她会继续以自我毁灭的方式来宣泄自己的感受。

女儿的反应

青春期的女孩会如何处理这些棘手的情况呢？由于她们常常对自己的情绪一无所知，而且通常无意识、无法控制地将这些情绪表现出来，她们可能会有以下反应。

冲你发火

女儿会把自己的情绪发泄在母亲身上。正如你清楚地看到，你成了女儿所有挫败感、悲伤和无能狂怒的发泄对象。尽管这并不陌生，但当你自己处于同一个生活危机中，感受着同样的情绪时，你可能会觉得自己已经没有余力再去承受她的愤怒。这时候，最好的办法就是认清她是在朝你发泄情绪，并且了解她情绪背后的原因。

简在45岁时，迎来了自己升职的机会，但那时她需要和女儿搬到另一个州。"那时塞莱娜15岁，"她说，"我知道这对她来说不是件容易的事情，但我必须权衡所有的利害关系。在我这个年纪，这可能是我最后一次晋升到那个级别的机会了，而且非常幸运的是，空缺正好出现在我想去的那个部门。作为一个单亲妈妈，我必须保证家庭的财务稳定。同时，我也明白塞莱娜的高中生活还很长。总而言之，我觉得搬家是值得的，但我觉得她肯定会因此怨恨我很长时间。"

青春期的女孩往往不愿接受她们无法改变的事情，并且会对此进行抗争和抱怨。17岁的泰里因为不得不搬家而生气，她找到了一个恰当的理由来责怪她的母亲。她说："我知道责备妈妈很不公平。她也不想搬家。但是，为什么她不直接拒绝爸爸的提议呢？每次他工作调动，我们都得打包行李跟着他走。她为什么要让他毁了我的生活？"泰里生气是因为她的母亲没有阻止这次令人恼火的搬家。这种不合理的行为让你想起女儿的过去，当她的愿望得不到满足时，她就会强烈抗议。而现在，她一方面宣称自己可以照顾自己，另一方面又寄希望于你能拥有"神力"替她解决所有问题。

还有一种情况也会让女儿对母亲发火。当一个她们身边的人去世时——尤其是父亲，母亲的重要性更加凸显。这对一个青春期的女孩来说是一件非常可怕的事情。她不会想"现在只剩下我妈妈了。如果她也去世了，我该怎么办？"而是会想"我妈妈真是个笨蛋，谁需要她？"她之所以会这样想，是因为这样一来她不必去面对自己要依赖母亲的可怕事实，也不必面对岌岌可危的生存状况和由此产生的恐慌。

无论是母亲还是自己生病，女儿通常都会因为自己的任何不适或不便责怪母亲。例如，如果医生要求做血液检查，女儿可能会迁怒于母亲，因为是母亲把她带到医院的，让她挨了一针。当母亲生病时，女儿一边担心母亲能否康复，一边担心自己的需求是否能得到满足（例如采买生活必需品、准备饭菜、开车参加活动）。

许多母亲对女儿表现出的对母女情的淡漠感到惊讶，甚至是震惊。实际上，青少年以自我为中心，总是根据个人得失评价所有事物的价值，这常常导致人们认为这个阶段的孩子比较自私。47岁的伊迪说："在我做完背部手术的康复期间，我15岁的女儿不断问我'谁会开车送我去打排球？'和'你怎么能不来看我的比赛？'，就好像我有得选似的！她明显对我因为手术而不能伺候她感到生气。"

当亚历克西丝14岁时，她的母亲做了子宫切除手术，需要卧床休息两周。"我知道这不是妈妈的错。她也不想做这个手术。但当她错过了我的合唱团独唱表演时，我还是很生气。那可是独唱呀！"尽管青春期的女孩主要是对自己遭受的不便感到烦恼，但她们确实也对生病的人表达出了敌意——这让她们的母亲感到痛心——以掩饰自己那令人不安的恐惧和内疚。

父母离婚也会促使女儿怨恨母亲。也许，你的女儿只是需要找个人成为她埋怨的对象，或者她憎恨你的离婚决定改变了她的生活。至少她不愿意看到你去和别的男人约会。这个阶段，她正努力证明自己对异性的吸引力，正在探索刚刚萌发的性欲，所以她一想到你的恋情就会觉得不适。15岁的卡丽说出了许多女儿的心声："我无法想象我妈妈出去约会和接吻。这让我感到太不舒服了。"对女儿来说，你恢复单身并开始约会意味着她要承认你同样有性需求这一事实，这可能会加大她的竞争压力，让她忐忑不安。

承担过多责任

当令人不安或者毁灭性的生活事件给了女儿当头一棒时，她们常常会对母亲产生强烈的依赖感。为了确保母亲一直会爱自己,有些女孩会无意识地并且不知疲倦地替母亲挡去所有烦恼、困扰或者压力。她们迫切地想要保卫母亲的幸福,希望她保持开心。例如,当父亲在一场车祸中去世后,12岁的艾莉森不再与母亲争吵,也不再与她对着干了。"她变得太乖了,"她的妈妈埃琳说,"不用我提醒她就会去做家务,晚上会主动给我泡茶,甚至开始照顾她的弟弟。我知道这不正常,至少在艾莉森身上,这是不正常的。她似乎下定决心要确保我会好起来。"像艾莉森这样的女孩,她们会竭尽所能地维持现状,为此,她们常常把所有的负面情绪都锁在心里。她们会坚决避免与母亲发生冲突。

对世界充满愤怒

当女儿不能把生活中的不幸归咎于母亲时,她们就会把自己的怒气对准别的目标。她们也许会抨击医务人员("是他们搞砸了!""他们用我奶奶做实验,害死了她!"或者"他们没有及时给她服药"),也许会责怪其他亲人("我的姑姑们太吵了!""我爸爸很少去探望他!"或者"我那讨厌的表弟总是在瞎指挥!")。有些女孩甚至会埋怨逝者("他为什么要开那么快的车?"或者"为什么我妈妈要再生一个孩子?")。

还有一个原因在于,这些愤怒情绪实际上是在帮助她们向重要的人道别。就像青春期的女孩常常会无意识地向母亲释放敌意,以这种方式完成与母亲的情感分离一样,她们也会以这种方式适应死亡、离婚或者搬家造成的离别。16岁的阿吉亚意识到,两年前她和家人搬到另一个国家时,她就是这么过来的。"从一年级开始,我就和我最好的朋友在一起,我无法想象去一个没有我朋友的地方。然而，随着离搬家的日子越来越近，我越来越烦她了。她做的每件事都让我生气。最后我们大吵了一架，我记得我当时在想，'好了，现在就算搬家我也不怕了。'生她的气可以让我不再去想象以后我会多么思念她。"因此，你的女儿也可能会突然贬低一段关系，来冲抵即将失去这段关系所带来的痛苦。

她变得更需要你

一方面，她怨气冲天，开始疏远你；另一方面，她可能会变得更加需要你，对你的要求也更加苛刻。危机之下、节奏忙碌、日程凌乱、焦头烂额，所以此时她更需要你保证你会在她的身边。除非你理解这些需求的根源，否则你一定会觉得她的要求任性而荒唐。52岁的米米说："我妈妈生病的时候，我女儿似乎回到了小时候。突然间，她原本会做的事情现在不做了。我必须给她准备早餐，否则她就不吃。我们会笑着说，看来除非是我亲自做的，不然法式吐司就不好吃。"

当母亲在照顾自己的父母时，女儿可能会对此心怀怨恨。她的想法是"妈妈为什么不关心我呢？"。尽管你的女儿想要以大人自居，但她也希望在她需要的时候，仍旧可以依靠你来照顾她。14岁的莫妮卡说："我真的受够了我妈妈总去我外婆家。每天她都会离开好几个小时，照顾外婆而不是我们。然后，当她回家的时候，她就会很累。我知道外婆需要她，但是她也得考虑下我吧！"

同样地，当女儿的兄弟姐妹生病时，她可能不会理会他们遭受的痛苦，而只会抱怨你给她的关注太少，这对她很"不公平"。16岁的莱尼说："我妹妹做了几次肾脏手术，我当时很生气，因为我妈妈总是在和她的医生谈话，或者去医院照顾她。我感觉我妈妈根本看不到我。"15岁的特丽莎在弟弟生病期间，心里同样有很多怨气。"他病了很长时间，"特丽莎说，"我妈妈把她所有的时间都花在了他身上。就好像他比我更重要。"

女儿最害怕的就是自己对母亲的依赖感。所以，如果你的女儿变得黏人、苛求，或者责怪你在别人身上花了太多时间时，为了抵抗这种依赖感，她也可能会变得好斗、叛逆或者令人厌烦，以说服自己其实不需要你。在家庭承受重大压力的时候，女儿的这些矛盾行为对母亲来说可能是特别大的挑战和折磨。

母亲的应对办法

你女儿的情绪感受和需求本来已经足够复杂了，这些不幸的生活事件可谓是雪上加霜。不过，此时你可以采用一些你平常使用的方法来应对。在危机时期，你最好把重心放在解决冲突和加强沟通上。这样一来，你不仅可以在这最难熬的时刻减轻女儿的痛苦，还可以继续为她提供支持，并在这个过程中巩固你们的母女关系。面对逆境，你可能需要提醒自己使用以下基本的应对策略。

给自己时间

你的心理状态是决定你能否帮助女儿渡过危机的重要因素。给自己时间去适应新的事态，去哀悼、独处或者去寻求他人的安慰吧。除非你照顾好自己，否则你能给女儿提供的情感支持将会非常有限。同样重要的是，<u>你需要用行动向女儿说明，在困境中照顾好自己不是一种奢侈的行为，而是一种必要条件。</u>

确定如何告诉她

当一件会给你女儿带来打击的事件发生时，你要考虑告诉女儿什么内容，以及告诉她的时间和方式。为此，你可以参考以下建议。

直接、立即知会她。尽管坏消息让人难以开口，但直接与她谈总比通过第三方——或者更糟糕的，让她自己在无意中发现——要好。无论要告诉她的消息是死亡、疾病、离婚还是搬家，你都要尽量面对面地说，并尽可能在事发后立即通知她。推迟告知没有任何意义。事实上，由于青春期的女孩几乎总是能敏锐地感觉到"有什么事情发生"，如果没有得到实实在在的信息，她们反而会想象出各种可能的灾难，并加重自己的恐惧和焦虑。

实话实说。许多母亲为了减轻坏消息给女儿造成的痛苦，会避重就轻或者告诉女儿半真半假的消息。然而，无论你们面对的是何种危机，你都要让女儿相信，她可以从你这里获得最直接、最真实的答案。特别是关于亲人的身体状况和康复情况，你一定要保持诚实。只有她关心的那个人真的在康复，你才可以告诉她那个人"会好起来"。否则，错误的安慰会破坏她对你的信任。此外，撒谎说那个人会康复，也会使女儿错过与垂死之人做最后告别的机会，并无法提前为悲伤做好准备。

只给出必要的信息。不幸事件发生时，母亲可能会忘记青春期的女孩还不是成年人。无论她表现得多么聪明或成熟，过多的详细信息总会令她困惑或不知所措。如果你不确定该告诉她什么内容，可以直接问她："关于这件事你想了解什么呢？"此外，除非理由充分，否则你不应该给她提供敏感的信息，也尽量别让女儿帮你保守秘密，因为这对她来说是很大的负担。当她问了一些让你觉得不适当或被冒犯的问题时，不要回避或撒谎，你可以直接说出你的感受："我不太愿意和你讨论这个。我可以说的是……"

确定合适的时间。如前文所述，根据你对自己女儿的了解，确定向她透露情况的具体时间，同时也要时刻留意她生活中是否发生了一些其他反常的事情。

引导她接纳并表达情绪

在危机之中，你与女儿进行沟通的策略可能与日常使用的那些相同，但也可能有所不同。

接纳所有情绪。如果女儿愿意开口，那就让她自由地表达她的想法和感受，无论她感受到的是什么。在她哀思之时，这样做尤为重要。由于现代人的寿命较长，许多孩子在青春期之前都没有经历过家庭成员的死亡。这可能是你的女儿第一次面对一个人生命的终结。她可能会被自己强烈的悲伤吓到，会因为自己"不合情理"的情绪而感到尴尬，或者因为自己的冷漠而感到羞愧。

有些女孩会说："我爱他，可我为什么并不感到难过呢？"或者"为什么我没有哭呢？"父母离婚的消息也可能引发强烈的负面情绪。如果你能对女儿表示理解，这将让她相信，无论她的情绪反应如何，她都不是一个怪人或坏人，她是一个正常人。你可以跟她强调，就算你不理解她的感受，但是你尊重她产生这种感受的权利。让她接受自己的情绪可以防止她用不健康的方式处理这些情绪，比如饮酒或者向别人发泄她的悲伤。

共情但不劝解。你一定要把握住分寸，既要承认女儿的感受，同时也别拍胸脯保证情况肯定会好起来。许多母亲喜欢向女儿保证痛苦很快就会随时间消散，劝解女儿说她很快就能适应新家或者很快就能放下失去亲人的痛苦。由于青春期女孩的注意力很难从她们当下的痛苦转移开，这些出于好意的宽慰之词可能只会让她们认为，你对她们现在切实感受到的恐惧、悲伤和愤怒不屑一顾。

鼓励用创造性的方式表达情绪。如果你的女儿天性内向，你可以鼓励她通过一些创造性活动来表达她的情绪，比如写日记、创作歌曲、创作故事或诗歌、演奏音乐。

表达你的情绪。尽管母亲常常因为担心干扰女儿而隐藏自己的情绪，但其实女儿知道母亲也会有自己的内心感受。无论你感到悲伤、焦虑、愤怒、内疚或是其他任何情绪，都可以大声表达出来，这样可以给你的女儿提供学习有关情绪词汇的机会，帮助她更准确地描述她说不上来的痛苦。此外，你这么做也相当于是在默许她大声说出自己的感受。简而言之，你表达情绪的行为所传达的信息是：谈论这些事情是可以的。一起痛哭可以帮助你们互相安慰；分享对美好时光的回忆，一起用笑声治愈彼此，也可以让你们两个更亲近。

为你的女儿赋能

为了消除无助感，你可以让女儿发挥更大的主观能动性，而不是仅仅让她被动接受事情的发展。这种做法会增强她对局面的掌控感以及提高她处理危机的能力。为此，你可以采取以下方法。

提醒她看到自己的优点。你可以提醒女儿，她以前成功地处理了生活中的其他挑战。跟她讲讲她上幼儿园的故事、第一次乘坐幼儿园班车的经历、独自去探访祖父母家的经历。这些经历可能会给她带来安慰。分享你自己适应生活变化的故事也会对她有所帮助。

征求她的意见。尽可能给你的女儿机会，让她也能参与决策。例如，虽然她不能决定是否搬家，但可以让她选择搬家的时间以及她的新房间。你也可以邀请她和你一起查看要搬去的城镇、要上的新学校或要住的新房子。当有亲人去世时，你可以询问女儿是否想要参加追悼会或葬礼。许多母亲可能会出于保护女儿的心态而禁止她们参加这样的仪式。然而，青春期的女孩经常在没能参加仪式之后，表达自己"被忽视""被当小孩子一样对待"或"被排除在仪式之外"的愤怒。当她自己生病时，尽可能让她决定自己的治疗方案，尊重她对与医生合作的感受和意见。

教她获取信息。帮助她了解她的疾病，包括病情的发展情况和治疗方案，从而给予她力量。但是当她不愿意配合治疗时，你也要摆明你的态度。你要让她明白，你已经打定主意要带她去看医生，她必须按照医嘱服用药物或做康复运动，以确保她恢复健康或保持健康。当你搬家时，鼓励女儿查找她感兴趣的信息，比如体育设施、组织机构、音乐中心等。帮助她寻找一些社区公布新闻和文化活动预告的渠道。

传授她应对的方法。面对生活突然抛过来的苦难,你的女儿可能会不知所措。当她得知她关心的人即将去世时,她可能会特别焦虑。你可以和她坦诚地讨论这个问题,也可以找一些适合她这个年龄阅读的关于类似话题的书。你还可以建议她利用剩下的时间和濒死之人好好告别。她可能会发现,与即将去世的人谈论自己的感受,对双方来说都是一种礼物,那些交谈、哭泣、笑声和对彼此的安慰,都是很有益的。如果你的女儿这样做了,将会有助于她回顾并记住与那个人的亲密过往,减少因未能做到或说出口的事情而产生的遗憾。同样地,搬家后,你也可以支持她通过给老朋友写信、打电话(合理范围内)、发电子邮件和安排暑假拜访等方式,与老朋友保持联系。

鼓励她积极解决问题。你也可以借机帮助女儿寻求可能的解决方案,扫清障碍,实现自己的目标。从这个角度上来看,家庭危机也可以有积极的影响:促使女儿成长。你的女儿可能会变得足智多谋,知道如何去寻找其他途径比如了解公共交通路线、乘坐其他校车、课后兼职赚取收入来满足自己的需求。一些经历过重大疾病的青少年,之后会致力于筹款支持疾病研究或向他人传播关于这种疾病的科普信息。

在应对困难的过程中,你的女儿将获得在逆境中生存的能力。随着岁月的流逝,她将面临无数的挑战和困难,而你在她人生早期的经历中所给予她的指导,将让她持续受益。这种在困境中操练得来的掌控能力,是对她未来的投资。由此产生的自信如同种子,将随着她最终成年、离家上学和工作,发芽、抽枝、散叶,最终成为让她终身受益的参天大树。

📖 什么时候需要心理介入

有些女孩在经历父母离婚、自己患病或亲人离世后，往往会表现出一些反常的行为，这时候，母亲往往分不清那是女儿正常的悲痛反应，还是预示着她有更深层或更紧急的心理问题。很难说一个正值青春期的孩子从这样的压力事件中恢复过来究竟需要多长时间。这取决于孩子的天生性格、过往经历、内在力量以及复杂的压力因素。一般来说，在一些特殊的日子里或特殊的场合，她的悲痛就会加剧。

总的来说，如果女儿的悲痛持续了很长时间（比如超过了六个月）、强度加剧，或者已经干扰到她的日常生活，你可能就需要寻求进一步的专业心理介入。例如，她无法从自己平时热爱的活动中体验到乐趣，故意疏远朋友或家人，变得焦虑，开始逃避某些活动或场所，学习成绩一落千丈。虽然你很难确定这一点，但你可以阅读女儿的作文和诗歌，看她是否执迷于思考死亡或是否有一些反常的想法。你需要密切观察她，确定她的睡眠或饮食规律是否出现了异常的变化，体重是否暴增或暴减。当她的心里藏着强烈的情感时，她可能会持续出现医学无法解释的身体症状（例如头痛、胃痛）。此外，你要记住，无论何时，只要你的女儿开始表现出冒险或自毁的行为，你一定要立即向专业人士求助。

除了与指导顾问和心理健康专业人员进行一对一的咨询外，许多社区（例如医院门诊、诊所、学校）还专门设立了一些机构，为这个年龄段的孩子提供应对丧亲或父母离婚的心理援助。你可以研究一下这些资源，以确定哪些机构和人员最适合帮助你的女儿。

第12章
目光长远，学会宽恕

你与女儿的相处也许已经发生了令人满意的变化。也许在一次或多次的交锋中，你有意识地用新的方法应对了她的行为，或者使用了一些与平常不同的话术。你可能一改往常的冷言冷语，或者克制住了自己原本的反击冲动。无论是哪种改变，你都会惊喜地发现，你们母女关系的质量明显得到了提高。你们的母女关系并没有日益恶化，你最终能陪伴她安稳地度过她的青春期。

当然，这种乐观可能只持续了两分钟。尽管你们之间的关系已经气象一新，但你和女儿偶尔还是会退回到破坏性的旧行为模式中，犯下令彼此都深感遗憾的错误。你的女儿肯定还会不断考验你的耐心、刺激你的神经，甚至犯下让你对她的判断力感到担忧的低级错误。毕竟，她本质上还是个十几岁的孩子。

你们之间可能突然会爆发一场可怕的争吵，重新唤醒你那种"说什么、做什么都不对"的绝望。出于极度的挫败感和焦虑，母亲往往会立即陷入极端或毁灭性的思维中（"显然，情况没有任何改善""她没救了！""我们永远相处不好！"）。毕竟，如果你在使用了所有好的沟通策略之后，争吵依然每天都在上演，你就会推理得出令自己绝望的结论。这时就是引入"大局观"思维的时候了。

退一步，放眼全局

只有当你退一步，回顾你们所有的共同经历时，才能看清全局。这需要你有意识地关注整个森林而非单棵树木。就像你承认母女关系中的愤怒、挫折和失望一样，你也要有意识地记住那些快乐、幸福，那些女儿令你自豪或她感激你付出的时刻，这样对你们的母女关系大有裨益。

一次争吵——无论多么令人不悦或沮丧——都不会抹去母亲或女儿付出的所有努力，但正身陷争吵的母亲往往很难记住这一点。母亲要明白，单单一次争吵不会导致母女关系就此土崩瓦解，它本质上只不过是一个令人不悦的事件。就算你们之间发生了无数次争吵，就算这些争吵让你们沮丧难过，也不能用争吵来定义母女关系的全貌。母女关系的构成并非源于某一天或某几天的不愉快的事件，而是那些你和女儿共同度过的秒、分、时、天、周、月和年。

诚然，当你的女儿公然践踏你的底线，无耻地对你撒谎或者无故指责你时，保持清醒冷静并不容易。当你站在那里失望地想"我还以为那可怕的一切已经过去了……"时，除了看到她对你权威的漠视、冷酷或无礼，你的眼中很难再容下别的东西。

现在不是对女儿成年后的品格或未来的母女关系质量进行定义的时候。因为你们的关系就像所有的关系一样，有其自然的起伏和波动。你现在需要做的是专注于当下和眼前，专心处理事件，说你该说的话。随着时间的流逝，你自然会找到原谅她的力量，然后陪伴她继续前行。

宽恕的艺术

> 宽恕是行动和自由的关键。
>
> ——汉娜·阿伦特
> （Hannah Arendt）

母亲从伤害和愤怒中恢复的速度和程度，主要取决于她们的宽恕能力。对许多母亲来说，"宽恕"这个词令人烦恼且让人感到沉重。这也许是因为在她们的理解中，宽恕专指原谅女儿的错误。但事实并非如此，宽恕并不意味着纵容或遗忘伤害。宽恕是深思熟虑后的自主决定，它是你给自己的礼物，让你能够摆脱被愤怒不断消耗和束缚的状态。实际上，宽恕你的女儿更多地是把你自己从痛苦中解脱出来，而不是使她得到赦免。宽恕是让你照顾好自己，继而有精力继续改善你们的关系。

苏珊在抓到她15岁的女儿拉克西喝酒后，就认识到了宽恕的价值："我刚下班回家，打算去洗衣房洗衣服。当我走到洗衣房时，我发现拉克西和她的朋友正在喝啤酒。我大声吼她，让她立刻滚回楼上，并且赶走了她的朋友。更糟心的是，我发现她买那瓶酒的钱是从我钱包里偷的！等我冷静下来能够清晰思考时，我上楼找她谈话。她一遍又一遍地道歉，说是她的朋友逼她这么做的，她哭得简直歇斯底里。她一直恳求我原谅她，她看起来非常难过。但事实上，当时我根本无法原谅她。"

苏珊说，事后她连续几个晚上都气得睡不着。她走路上下班时会下意识握紧拳头，脑海中不断回想那个场景。那时她觉得自己永远都无法原谅女儿了，就算原谅也是违心的。但是有一天，她忽然就奇迹般地放下了。"并不是我完全忘记了她的所作所为，"她说，"更多的是，我无法忍受自己的盛怒。这不仅令我痛苦，还耗尽了我的精力。"正是因为怨恨和愤怒会对你产生巨大的心理伤害，所以你才要宽恕你的女儿。从那之后，苏珊松了一口气，她发现，即便回头再看拉克西偷钱买酒的那件事，她也不会被那种盛怒淹没了。

共情是宽恕的第一步

当你怒不可遏或者情绪达到"绝对上限"时，你会觉得自己永远无法原谅她。她的诸多行为都可以被归入"不可饶恕"的这一类。当这类事情发生时，你最好多花些时间逐步消解自己的情绪。也许，等到晚饭后、下周或其他某个时间，你的心境就会发生转变。

要加快心境的转变，最常用的办法是共情女儿的处境。根据美国马里兰州洛克维尔国家医疗研究所的研究主任迈克尔·麦卡洛（Michael McCullough）博士的说法，研究证明共情可以促进宽恕，那些能与冒犯自己的人产生共情的人，比那些没有产生共情的人，更容易原谅对方（更多信息请详见第293页的专栏内容）。你可以站在女儿的角度，想象她做出那些事或说出那些话的动机。例如，如果苏珊能想象一下拉克西那天被朋友逼迫的感受，虽然可能不会让她立即改变批评女儿的行为，但很有可能会让她减轻一些对女儿的愤怒。

你还可以回忆一下，自己年少时做了哪些"不可原谅"的事情，以及当你的母亲最终原谅你的那一刻，你如释重负的感觉。也许那时你假装不在乎母亲的反应，但暗地里还是焦急地等待着母亲原谅你那些古怪或愚蠢的言行。当你回忆起自己青春期的经历时，你对自己女儿的怨气很可能也会开始"退潮"。

如何宽恕

母亲用简洁而甜蜜的言语表达宽恕，通常能让女儿心生感激。很有可能，她已经非常清楚你生气的缘由。重提她的错误可能会适得其反，因为这样也许会重新点燃怨气的余烬。要她保证以后不再犯类似的错误，可能同样毫无效果。就算她诚心保证再也不伤害你、不偷偷摸摸做什么事或不再逃避责任，实际上她以后也很难说到做到。要表达宽恕，最好的做法就是告诉她你原谅了她，既往不咎。

真正的宽恕意味着彻底放下这件事。当你选择原谅时，你就放弃了因为这件事责备她的权利，所以就不能再说讽刺或恶意的话，也不能再去激起她的内疚。在未来的争吵中翻旧账尤为不妥。最后，你也不能为了实现某个目标而对她进行情感上的勒索。宽恕意味着真正地放手！

无法原谅时

当你的女儿惹你生气、用不善的言辞诉说着心底对你这个母亲的真实看法、不守家规、在公共场合羞辱你或者做出诸如此类的行为时，你寻遍自己的方法宝库，努力用客观的视角耐心地思考自己生气的缘由。接下来，你用小心翼翼的措辞，向女儿解释你的想法和感受，其间还确保自己的言辞简洁明了，绝不唠叨。当你终于说出了自己的烦恼时，你觉得自己积压的情绪得以释放，由此松了一口气。这时，如果你特别幸运，你的女儿可能还会向你真诚地道歉，并承诺以后会改变自己的言行，于是水到渠成，你顺心顺气地说出你一直想说的那句"我原谅你了"，说完后你浑身轻松自在，生活也终于恢复了平静。但这只是理想情况，大多数情况下，现实生活并非按照这个"完美剧本"展开。

在某个时刻，你可能会意识到你的愤怒、沮丧或失望并没有完全消散。尽管你已经说出了心里的所有想法和感受——也许你甚至比计划中表达得更好，但你似乎仍然无法摆脱低落伤心的情绪。尽管你已经没有什么可以做或可以说的了，但一旦回忆起发生的事情，你仍然感到难以释怀，甚至感觉更糟。你想知道自己为什么跨不过心里的这道坎，你开始怀疑你自己一定有问题：她明明是自己的孩子，自己也爱她，为什么就不能原谅她呢？如果你也被这样的想法折磨过，那么我要告诉你，你并不是唯一一这样想的母亲。为了找出可能阻碍你宽恕女儿的原因，你可以考虑以下因素。

你的性格让你很难原谅别人

每个母亲都有不同的性格。有些人怒火来得快、去得也快，一旦听到对方说"对不起"，就能迅速冰释前嫌；而有些母亲则截然相反，她们不容易生气，但一旦发怒，身边的人都会识相地躲开，因为身边的人知道她们特别记仇、容易怀恨在心。还有一些母亲则介于这两者之间，她们原谅的速度和程度更多地取决于让她们生气的具体情况，以及女儿作为过错方的回应。通常，愤怒的程度越深，释怀所需的时间就越长。

无论你是哪种类型的母亲，重要的是要了解你自己的个人风格，知道什么会加深你的愤怒，什么会让你接纳自己的反应。如果你需要更多的时间为原谅女儿做好心理准备，就把这一点告诉你的女儿。虽然女儿可能会觉察到你仍然心存芥蒂，但毫无疑问，你的解释会对她有所帮助。

问题之下还有未解决的问题

问题得不到解决也会使母亲不愿意原谅自己的女儿。有时候，你与她的对峙并未触及根本症结。例如，当你的女儿涂上电光蓝色的睫毛膏时，你们立即就此爆发了一场短暂的争吵。但争吵过后，她不经你允许私自化妆的问题仍然没有解决。本来你所恼火的就不是睫毛膏的颜色，而是她不考虑你的意见、藐视你权威的态度。

当黛安娜15岁的女儿艾丽西亚在晚餐时说剑鱼"尝起来像汽车的内胎"时，黛安娜勃然大怒。她知道自己不应该对这个无伤大雅的评论太过计较，但这句话确实像根刺扎在了她的心里。黛安娜猜测自己生气只是因为她付钱点了那条很贵的鱼，但艾丽西亚"表现得像个不知感恩的孩子"，就这样黛安娜算是给自己的愤怒找到了一个合理的解释。

当黛安娜向女儿坦白自己的感受时，艾丽西亚耸了耸肩，道了歉，并说她只是"开个玩笑"。黛安娜说："我能看得出，艾丽西亚认为我是小题大做，但我还是接受了她的道歉，但我这么做只是为了平息风波。"然而几天后，黛安娜意识到自己仍然余怒未消。更糟糕的是，她无法弄清楚自己究竟还在气什么。

"我冥思苦想了几天，"黛安娜说，"最终才想明白我为什么那么生气。根本原因是，我觉得我在艾丽西亚的生活里似乎已经变得没用了。我好像无法帮她解决任何问题，我甚至不清楚她是否还需要我的帮助。尽管这听起来很可悲，但说实话她只有在少数事情上还依赖我，比如准备饭菜。所以当她告诉我我连这个都做不好时，我感到十分恼怒。"

如果在听到女儿的道歉后你仍然无法释怀，可能情况比你最初想的要复杂。在还没弄清楚根本原因之前，你很容易陷入坏情绪中止步不前。这时，最好的做法是退后一步，反思真正让你不安的究竟是什么。问问自己内心都产生了哪些情绪，以及它们可能与当前事件以外的其他事情有什么联系。你可能会发现，你们之间的某些问题已经困扰了你很长时间。与其责备自己之前竟对此毫不知情或让问题一直存在，不如立即采取行动。你可以再次与女儿谈谈你当时或现在动怒的"真正"原因，或者你可以找到一种自己单方面解决问题的方法。无论哪种方式，你都是在前进。

你对她的回应感到不满

也许你无法释怀是因为当你质问女儿时，她的回应令你失望。比如，你鼓起勇气向她倾诉你的脆弱和受伤，但她却没有真诚地表示懊悔，而是否认事实的存在（"完全是你自己想象的！"），强行辩解（"我没有！"）或者指责你（"都是你的错！"）。她也有可能告诉你她有重要的事情要做，比如给朋友打电话或者看电视，来回避与你的交流，仿佛你的痛苦微不足道，不值得她理会一样。她也许只是敷衍地道了个歉就草草结束对话。

正如一位母亲所说："当我质问女儿为什么在我的生日晚宴上放我鸽子时，我本想着她会热泪盈眶地表达歉意。但事实上，她只是翻了个白眼，告诉我她不觉得这是个大问题。我气得说不出话。这还不算是大问题吗？"被自己的女儿忽视总是能令母亲愤怒。

正如我们在前面章节中所讨论的，十几岁女孩的心思全都落在那些与她直接相关的事情上，她根本没空去同情你。这么说只是陈述一种典型现象，并不是让你就此接受她的冷漠。事实上，她甚至有时候都忘了你也是个有血有肉的人！虽然让女儿道歉通常是你的首要目标，但最重要的是，你要表达你在母女关系中能够容忍的底线。只有当你把所有的问题都摊开来说明白，你才能真正地原谅女儿。

女儿的"罪行"很严重

尽快甩开负面情绪并不意味着你必须强迫自己去原谅。影响你原谅女儿的另一个重要因素是她"罪行"的严重性。毫无疑问，一个十几岁的孩子出言不逊或者把麦片撒在地板上，与一个十几岁的孩子把两岁的弟弟一个人留在马路上，这些问题的严重性有着天壤之别。当她撞坏了家里的车、咒骂老师、"忘记"参加重要的考试或者从当地药店偷窃时，要宽恕她就变得难上加难。

我们可以用例子来说明。苏珊发现女儿拉克西偷了她钱包里的钱买酒喝。苏珊告诉拉克西，她要把买酒用的钱一分不少地还回来，并且接下来的四个周末都不能外出。她们进行了长谈，讨论的话题包括：为什么她不允许15岁的拉克西饮酒、她该如何拒绝朋友以及如何应对别人的怂恿。苏珊说："我告诉拉克西，我理解她的懊悔，当然我仍然爱她，但我还没有准备好原谅她。原谅是最困难的部分。我知道她多么渴望我的宽恕，我也希望自己能够原谅她，这样我们就可以放下这件事，继续向前走。可是我做不到，因为我还没有真正释怀，她在许多层面上都失去了我的信任。"

你担心的问题背后存在更大的问题

有时候，母亲对一件事无法释怀，主要是因为她们担心这可能预示着女儿身上会出现更严重的问题（比如青少年酗酒、逃学），并且这些问题可能在未来多次发生。当14岁的谢莉在一个晚上超过宵禁时间回家，衣服还里外颠倒着穿时，她的母亲罗达开始担忧起来。尽管谢莉说自己没意识到衣服穿反了，但她还是承认了自己晚归的错，并接受了惩罚。罗达说："尽管如此，我仍然感到很不安，不完全是愤怒。我反正就是放不下。我担心谢莉有了我所反对的性生活，想到这一点，我成千上万的焦虑都冒出来了。"所以，罗达无法将这个事件抛在脑后，这是完全可以理解的。

有时候你可能还没有准备好原谅你的女儿。如果你心存芥蒂却嘴上说着原谅，女儿会看穿你的虚伪。她会看出来你仍在生气，那么将来你再表达原谅，她也不会再相信你了。由于社会要求女性友好待人、悦纳他人，母亲在心中记恨女儿时往往会陷入自责，或因为无法"从心底原谅女儿"而感到内疚。但不管怎样，重要的是你要忠于自己。当女儿伤害你时，你要在能够原谅的时候原谅她。与此同时，你也可以告诉她，虽然你还在生她的气，但你依然无条件地爱着她，并将永远做她的母亲。

宽恕并不意味着忘记

母亲一次又一次地问自己："如果我的女儿辜负了我的信任，我怎么能够一下子就原谅她并忘记这件事呢？"难道女儿不应该承担相应的后果吗？女儿真的能理解她们对母亲造成的伤害吗？原谅是不是会让她们逃脱责任？原谅女儿是否意味着你应该完全忘记所发生的一切？

一个14岁女儿的母亲说："我正在努力原谅我的女儿，但这次她做得太过分了。她竟然以我的名义伪造了一封信写给我的前夫，向他要钱。我的前夫之前为了另外一个女人抛弃了我们母女！我为她感到羞耻，非常羞耻。虽然我爱我的女儿，但我不知道什么时候才能忘记这件事！"

另一位母亲问道："女儿在我不在家时瞒着我举办派对，把家里搞得一团糟。我能忘掉吗？我忘不掉！"

不，你不应该忘记。虽然你可以并且可能会原谅女儿，但最好不要忘记这个事件本身。宽恕意味着从痛苦中解脱自己，而不是忘记造成你痛苦的原因。事实上，当你的女儿伤害了你，为了确保她不再犯同样的错误，你有充分的理由记住这个错误。原谅你的女儿未经允许开车让你牵肠挂肚是一回事，但放松对她的管教、无视这种潜在的危险行为是另一回事。

原谅你的女儿会让你变得更强大，使你们的关系变得更牢固，但忘记她所做的事情会削弱你的判断力，让你无法为她规避潜在的危险。再次强调：记住她做的事，并不意味着你可以逮着机会就翻旧账，而是让你利用她的错误来指导你未来做出有利于她的明智决策。

重新学会信任她

即使你已经放下怨恨并原谅了她，但冲突所留下来的余烬仍然在那儿隐隐发热，那是你们之间信任的残余。当你的女儿背叛了你的信任，你的感觉就像是自己失去了一些重要的东西。而且，你不知道如何才能重新建立起你们之间的信任。这个问题在你的脑海中挥之不去，它比痛苦的情绪甚至比对事件本身的记忆留存得更久。

对女儿坦诚地表达你对信任的看法是很重要的。女儿必须学会区分母亲的爱和母亲的信任——前者是无条件、始终如一、永恒的，而后者是需要靠自己的言行赢得的。当她在生活中受到了残酷的教训时，你可以告诉她，即使她犯了错，你仍然在她的身边支持她。虽然不是每个母亲都说得出"我非常爱你，我的爱永远不变"这样肉麻的话，但如果你能用一种你能接受的方式来向她表明，就算她犯了错误，你对她的爱也不会减少，这将对你的女儿有很大帮助。

当然，这并不意味着你不可以惩罚她，或让她免于承担不良行为带来的后果。事实上，正是因为你爱她，你才更要确保她能够从错误中吸取教训。告诉她"我忘不了你辜负了我的信任"，经常坚定而清晰地向她传达这一点，将有助于强化你们的价值观。

一旦信任丧失，你的女儿就需要努力去重新赢回它。你得让她知道，你给她重新赢回你信任的机会。此外，你也要给她指明赢回信任的具体方式。否则，那些认为自己永远无法重新赢回母亲信任的女孩就会想，"既然办不到，为什么还要去碰一鼻子灰呢？"在这种心理的影响下，她们就会继续自己的不当行为，甚至变本加厉。所以，你要反复向女儿表明，你重视并希望重建你们之间的信任。

当你需要寻求女儿的原谅时

有时候是你伤害了女儿，让她失望或者辜负了她的信任。母亲面对这种情况常常不知所措，有些母亲认为没必要去承认自己的错误（"母亲总是对的"），还有些母亲则觉得给孩子道歉令人尴尬、丢脸或不安。然而，你要明白，当你做了一件让你十几岁的女儿不开心的事情时，她会仔细观察你在这种情况下的表现。从某种意义上说，这是一次对你的考验。

你始终有机会为你的女儿以身作则。尽管这可能很难，但你必须承认你的行为是错误的。看到你认错道歉，她会知道你尊重她、重视她，而且知道你能严肃对待自己的错误或不当行为。道歉并不会贬低你的形象，反而会让你的形象更加高大，使你们的关系更加坚固。

直接寻求原谅

也许你无意中羞辱了你的女儿，没有履行承诺，或者对她施加了过多的压力，或者你唠叨她，忘记询问她在乎的事，亏待了她。例如，玛丽莲在女儿的抽屉里乱翻，结果被女儿抓了个现行。"那感觉很糟糕。我特别难受。我知道对詹娜来说，一句简单的道歉是远远不够的。"玛丽莲说，"我甚至都找不到一个好的借口解释我为什么去翻詹娜的东西。我只是觉得她最近不再向我分享她的生活，我很好奇。这理由很牵强，我知道！"

玛丽莲立即向詹娜解释她这样做的原因，但詹娜表示不想听，让玛丽莲"最好走开！"。几个小时后，詹娜指责玛丽莲，说她的行为"完全没有道理"，是"最恶心的事情"。玛丽莲静静地倾听，表示完全理解她的感受，并为自己"不可接受的行为"道歉。詹娜告诉她，自己需要一段时间与玛丽莲保持距离。过了一段时间后，二人的关系恢复如初。

玛丽莲犯了错，但事后的处理方式非常妥当。事发后，她第一时间与詹娜沟通，尊重女儿想要冷静一段时间的要求。后来，她能够静静倾听詹娜的控诉，中间没有打断她（"尽管很多话很难听"）。接着，她告诉女儿自己把她说的每一句话都记在了心里，解释了她这样做的动机，真诚地道歉并发誓永不再犯。这时候，唯一剩下的任务就是信守承诺，而玛丽莲也做到了。

有时候，你必须鼓起勇气与愤怒的女儿沟通，尤其是在与她冷战时。承认自己的错误需要勇气和自信。这时，你不妨使用书中之前提到的一些沟通技巧，或者发挥一些创造力，比如在女儿的门上贴一张便条，给她一张写有"对不起"的卡片，或者用一个小小的礼物来表达你的歉意。无论你用什么方式进行沟通，都要真诚而直接。你可以告诉女儿，你对自己所说或所做的事情感到后悔，并且你绝不会再这么做（如果情况允许）。即使你不能承诺不再做某件事，你也可以向她保证你会尽力而为。

在她控诉你时不要打断

你的女儿很有可能会借此机会添油加醋地诉说你的行为给她造成的伤害。即使她指责你的做法"讨厌"或"粗鲁"，你也应该保持宽容的心态。如果她利用这个机会，列举你的其他"罪行"，你在必要时也要忍住别回嘴。抑制住自己的冲动，别去纠正她，也别去向她保证你是出于好心才做出令她不悦的事情。看着你如坐针毡，她的痛快溢于言表，面对她的得意，你也要屏气吞声。毕竟，寻求原谅可不是件容易的事情。

然而，如果她开始对你大喊大叫、侮辱你或说不可接受的话，你一定要打断她。她可以说"你的所作所为很糟糕！"，但不能说"你是个烂人！"。尽管她有权感到不满，但她没有权力攻击你。你可以告诉她："请用一种更加可控的、更尊重人的方式表达自己的感受。"在确定这个底线后，给你的女儿一些时间让她冷静下来。只有冷静下来，她才能有效地处理这个问题，告诉她，等她弄清楚需要说什么后，可以再来找你，你们到时再一起解决问题。等待的时间可能是一个小时，也可能是三天。如果你无法接受与她的冷战，你可以主动"破冰"："我看到你还在生气，我希望我们尽快解决这个问题。如果你准备好了的话，我们就谈谈。"尽管很多母亲看到女儿冷冰冰地把自己当成陌生人的样子，都有一种冲动，想要冲过去搂住女儿肩膀晃着她们的身体大喊：

"跟我说话，跟我说话呀！"或者"你不能永远把我当空气！"，但母亲普遍认同，这样的催逼只会适得其反。

给她一些时间来疗愈

你的女儿可能会继续心存芥蒂，时不时地提起你那可恶的罪行。"够了，够了"，你可能会想。比面对自己的错误更糟糕的是，被十几岁的孩子追着一直算账。刚开始，你可以忽略她的冷言冷语。然而，在某个时候，你可能需要轻声地提醒她，你已经道过歉了，已经做出了补偿，希望她能既往不咎，因为继续纠缠这个问题已经没有意义了。

然而，你需要记住，如果你的不当行为破坏了女儿对你的信任，她可能需要更长的时间来放下此事。信任是双向的。尽管母亲可能喜欢掩盖自己的错误，但可以理解的是，当女儿对母亲的信任受到损害时，她们是不会轻易原谅的。

让十几岁的女孩摸索出应对他人错误的方式，让她们学会接受道歉和消解怨恨是很重要的一课。无论女儿的怒火是在熊熊燃烧还是余烬未灭，她最终都会原谅你的，因为她爱你。从长远来看，你对她情绪的接纳和对她个性的尊重，将在很大程度上培养她的自信，维护她对亲密关系的渴望。

共情促进宽恕

在一项涉及239名大学生（其中131名女性和108名男性）的研究中，迈克尔·麦卡洛和他的同事，评估了受访者与冒犯者和解的意愿强度。受访者填写了问卷，描述了他们被人伤害的事件、他们受到的伤害程度、冒犯者所犯错误的严重性以及冒犯者的道歉诚意。研究人员随后评估了受访者对冒犯者的共情程度，以及受访者与冒犯者和解或对其回避的意愿强度。他们得出结论：道歉确实会引发共情，而共情则促进宽恕。能够宽恕的人也更少怨恨和回避那些伤害过他们的人。

03

第三部分

学以致用

第13章
与女儿的同龄人对抗

在你女儿还小的时候，你在一旁细心看护，不让她去碰烤面包机、锋利的刀具、电源插座和其他危险的物件。偶尔，她可能还是会被烫伤、割伤或叮咬，但这时候你总能立即想到办法去缓解她的不适，比如给她一个抱抱，并总是能成功地让她吸取教训。然而，如今她生活中的危险，远比烤面包机或插座严重得多。青少年的世界里总是危机四伏，其中潜藏着各种黑暗的力量，时刻可能会给你的女儿沉痛一击，比如背叛、抛弃、嘲笑或孤立，而作为母亲，面对这些伤害时你也往往无能为力。

在青春期，大多数女孩会经历朋友（男生和女生）的背叛、施压、抛弃或欺骗。在某个时刻，这些人际关系可能会让她对自己的价值产生怀疑。无论你的女儿是一个相对内敛的人，还是学校的"风云人物"，她都可能要经历一些痛苦，比如没有人邀请她参加社交活动、被"放鸽子"或被一个小团体排斥。总有几个周末的晚上，她无人陪伴，形单影只。她可能会被朋友恐吓、乘车时遇到醉酒的司机或被朋友情感勒索。她会因自己不够漂亮、不够有个性、不够瘦、不够聪明、不够性感而黯然神伤。同样令人不安的是，她会被心怀嫉妒的同龄人批评，说她自视过高，自以为聪明、漂亮、有个性、性感等。

在本书的第三部分，你将运用你目前为止学习到的沟通技巧和解决冲突的技巧，帮助你的女儿解决这些问题。随着她离家的时刻越来越近，你要学会帮助她应对与同龄人、权威人士甚至自己产生的各种冲突。

你是否了解她的社交生活

随着你的女儿从童年走向成年，关于她与朋友平素相处的爱恨情仇，她有时会对你和盘托出，有时又讳莫如深。有时她觉得自己社交生活中的每一个细节都是神圣不可侵犯的秘密，因此她会对你三缄其口。然而，在其他时候，她又会大方地告诉你她与同龄人的每一次对话和交锋，即使她告诉你的目的并不是寻求你的建议。偶尔，她可能愿意简单聊聊她朋友圈里的新鲜事：谁是她最亲近的朋友、谁惹她不开心了、谁对谁做了什么。但正如之前所说的，只要你胆敢开口问她一个哪怕最无关紧要的问题，她就会立刻闭口不言，并对你的好奇心感到不满。

当你的女儿冲你宣泄难过和绝望的情绪时，你会知道她遇到了麻烦。同样地，当她的社交生活不顺利时，你也会成为她情绪攻击的目标。当一个十几岁的女孩与她的小圈子里的成员疏远，或对一个好友感到不满时，她很容易变得闷闷不乐、发脾气或找自己母亲的茬。如果你心思细腻，能捕捉到女儿的社交压力，那么你便能够解读这些信号。尽管你知道她需要直接面对和处理自己的烦恼，但你也要明白你在其中应该起到的作用，尽管这一点并不容易。当女儿与同龄人发生冲突时，你是否需要进行干预以及干预的时机和方式，是本章的重点。

期而未至的邀请

现在我们来做一个测试。请你想象以下情景，这些情景都围绕着一个常见的主题：被同龄人排斥在聚会之外。

女儿的一个同学宣称要邀请朋友们来参加自己举办的派对，但你对此毫不知情。你只看到了，你的女儿连续三天都在不停地检查电子邮箱、重拨电话答录机、偷看信箱。你发现，她放学回家后就会飞快地跑上楼并立刻在门上挂起"禁止入内"的牌子。或者当你下班回家时，从她的语气中感受到了"生人勿近"的警告。你心里想肯定是发生了什么事情，而且这事还与你无关。这时，你站在她的门外，思考着自己该怎么办。试想一下，面对这种情况，你会问她究竟发生什么事情了，还是会退后一步，等她自己来主动跟你坦白？

女儿的同学要举办派对，但她是为数不多没有被邀请的女生之一，为此她感到非常失落。你理解她失望的心情，并建议她在那个晚上安排其他计划。然而，随着派对临近，电话开始响起，你听到女儿正在与电话那头的人紧张地窃窃私语。在派对开始的前一天，她向你不经意地提到她最终收到了那个派对的邀请，并要求你开车带她去。你感到非常担忧。为什么她在最后一刻才收到邀请？她为了获得邀请都付出了什么代价？你是否在明知道别人一开始根本没有考虑她的情况下，依然希望她接受这姗姗来迟的邀请？你是否会要求她解释一下前因后果？你是否要打电话给举办派对的同学的父母？你是否允许她参加？

女儿的同学举办了派对，但你的女儿没有收到邀请。但在派对过后，你的女儿却邀请那个举办派对的女孩来你家过夜。你想知道她为什么这样做，因为你担心她在低三下四地讨好对方。你会说出自己的这种揣测吗？你会禁止她邀请这个同学吗？你会找其他理由让她不邀请这个同学吗？

女儿的同学举办了派对，但你的女儿没有收到邀请。派对结束后的几天，她了解到自己没有被邀请是因为别人认为她"不够酷"，对此她颇为烦闷。你想知道"不够酷"是什么意思。你是否会问她，那些被邀请的人是不是在抽烟或做过其他你不允许女儿做的事情？如果她承认是的，你会采取进一步的行动吗？你会建议你的女儿采取行动吗？你会禁止她与他们见面吗？

女儿的同学举办了派对，但你的女儿没有收到邀请。事后，你的女儿得知她那些受邀的朋友们并没有在派对上为她说话，她为此感到心碎。你会与她谈论真正的友谊是什么吗？你会鼓励她直接与朋友们表达自己的感受吗？你会通过行动或言辞传达你自己对这些朋友的看法吗？

你的女儿在社交生活中遭遇的挫折也会给你带来困扰，这些困扰就像是很多没有明确规则的游戏。你应该直接谈论相应的问题还是旁敲侧击？你应该表现出对她的同情还是假装自己不知道？如果她不予回应，你是否应该多次追问？你希望她能在你的帮助下找到解决的办法，还是希望自己直接替她解决问题？换句话说，当你的女儿与同龄人发生矛盾时，你的作用是什么？你如何才能帮助女儿提振信心，从挫折中学习，然后放下过去，在人际关系中勇往直前？

运用你的技巧

幸运的是，你可以直接利用迄今为止你所学到的，帮助你的女儿应对在青春期面临的这些困境。

直面自己的恐惧

正如你所知道的，只有当你认清了自己的情绪、了解自己被触发的回忆和持有的偏见时，你才能给予女儿最客观、最有效的帮助。当你目睹女儿受到同龄人的伤害时，你自然会火冒三丈、思绪纷乱。因此，与其否认、压抑或胡乱发泄这些情绪，不如反思一下：这些事情会对你作为母亲的筹划造成什么影响。以下是一些母亲常常表达出来的恐惧。

"我不知道说什么合适"

许多母亲为自己无力点拨女儿而感到焦虑。事实上，她们确实感到束手无策，有些母亲甚至试图回避和女儿谈论社交话题。然而，你的女儿其实并不指望你能给她让她醍醐灌顶的金点子，或通透练达的人生智慧。她很清楚你也无法改变她的现状。所以请放心，无论你有多少智慧，都无法完美地提点她在这种情况下应该做什么。你的女儿真正需要的是你的共情，她需要知道你随时都会在情感上支持她，而这些是你完全可以给她的。通过关心和关注，让她知道你会带着想要理解她的意愿去倾听她的烦恼，你会用你的生活经验为她"验证现实"，并随时准备给予她丰沛又温暖的同情。

"我的女儿不受欢迎"

如果你的女儿社交表现惨淡或与同龄人关系疏远，你自然会担心。你希望她的青春岁月足够快乐、足够精彩。但如果你过于关注她是否有社交魅力，你可能会给她带来不必要的压力，甚至让自己在社交方面的不安全感波及她。更糟糕的是，你可能会在潜意识中认为她是个社交弱者，从而变得愤怒、失落，甚至开始逃避与女儿谈论社交问题。你个人的情绪使你无法帮助女儿找到适合她的社交路径。如果你发现自己对女儿的社交状态有情绪反应，回顾一下自己的生活经历，将会帮助你找到自己负面情绪背后的根本原因。

"我的经历会影响我的判断"

有这种担忧，说明你已经认识到自己的社交问题会影响到女儿的社交行为。这种洞察可以极大地帮助你将你们的感受区分开。认识到这一点的重要性后，你才能尽一切努力鼓励女儿去做那些最符合她利益的事情：主动尝试——即使你想保护她免受你所经历的伤害；择友而交——即使曾经的你想和所有人做朋友；说出自己的想法——即使害怕被拒绝。

"我的女儿会受伤"

当你的女儿被朋友伤害时，你可能会为她心痛，对那些让她痛苦的人感到愤怒，并想为她今后的道路扫清此类障碍。但书读至此，你现在应该已经认识到，冲突具有健康和有益的作用。你的女儿必然会在社交方面经历一些痛苦，在这些情况下，不仅她痛苦，你也会跟着她痛苦。但换个角度来看，这些经历又将磨炼她处理复杂关系的技巧，让她更有信心在满足自己需求的情况下容忍不可避免的失望。以后，她可能对那些有类似社交经历的人更具有共情能力。这些经历是她成长过程中必不可少的一部分，有助于提高她的社交能力，使她变得更加坚强和机智。认识到这些经历的益处后，你要做的就是支持她迎接挑战，哪怕你知道她可能会受伤。积极地处理信任、亲密关系和健康关系等问题，不仅有益于她眼前的人际关系，还会有益于她的将来。

鼓励讨论

你可以运用你已经学到的倾听和沟通技巧来帮助女儿解决与同伴之间的矛盾。这意味着你要敏锐地察觉到她何时、何地及如何才最有可能向你敞开心扉，倾诉她内心的烦恼。以下是一些要点回顾。

尊重她的隐私。有时候，你的女儿在向你倾诉之前，需要先私下整理一下自己的感受。比如，她可能会选择与某个朋友打电话，一个人躲进房间哭泣，或者用观看电影麻痹自己。正如之前章节所述，你可以接近她，让她知道你关心她并愿意倾听她的心声。如果她仍然闭口不言，你可以静静等候。

理解她的暗示。只要你能冷静下来，时刻谨记强化母女关系的目标，你自然会对她独特的非言语暗示更加敏感。虽然她可能不会明确地说明问题并直接征求你的意见，但她可能会冷不丁地出现在你身边，带着郁郁寡欢的表情，看上去好像整个世界的重担都压在她身上一样。她可能会朝你投去阴沉、愁闷的眼神，同时还会瞥一眼看看你是否真的注意到了她的信号。毫无疑问，她其实是在邀请你主动向她提出问题、发起对话。

积极倾听。当她准备好时，鼓励她倾诉。在这个过程中，不要打断、反驳或质疑她的表述。

肯定她的感受。我们都知道，没有什么比淡化问题（"派对可能不好玩""事情没你想的那么糟糕""还会有很多其他的派对"）或夸大问题的严重性（"哦，天哪，那太可怕了！""你的周末被毁了！""那个女孩太过分了！"），更能浇灭对方谈话的兴致。虽然你想用赞美来缓解她的痛苦、呵护她脆弱的自尊心，但你要知道，她可能不会接受你的安慰（"你当然会这么说，因为你是我妈妈"或者"你错了，情况永远不会好转的"）。当你的女儿处于这种状态时，无论你说什么，都不会说进她的心坎里。但与其反驳她、淡化问题、否认问题或为她的反应辩解，不如简单直接承认她的感受（"你感到失望/受伤/孤独了"）。这样一来，你就肯定了女儿产生这些感受的权利。

帮助她获取更多信息

有时候，你需要引导女儿获取更多信息来解决问题或化解冲突。这包括让她同时了解到自己和其他人的观点和感受。你中立的态度可以鼓励她设身处地地思考一下其他人的立场（"你觉得她会怎么认为？"或者"你觉得她为什么会那样做？"）。通过这样的方式，她可以学会换位思考，从而更加公正地看待事实。然而，你最好等到女儿不那么生气和焦虑的时候再这么做，否则她可能会把你的客观视角视为一种对她的背叛（"为什么你站在她那边？"）。就像我们在第12章中讨论的那样，帮助你的女儿对他人产生共情，可以使她原谅对方，放下芥蒂。

启发她解决问题

你已经积累了相当多的技巧，这些技巧可以用来帮助你与女儿展开有效的沟通、建设性地解决母女冲突。当你的女儿面临社交问题时，这些技巧也同样适用。

让她主导。尽管你可能急切地想要替女儿摆平她的社交麻烦，但你要抑制住这种冲动，让她自己去解决。也就是说，你不要强行介入，比如不要给那个不邀请她参加派对的女孩的母亲打电话，也不要禁止她与那个女孩继续来往，而是鼓励她自己思考和处理这个情况，让她知道，你相信她完全有能力处理好自己社交生活中的挑战，并能从中学习成长。

提醒她事分轻重。你需要让女儿认识到，对于社交问题，她应该选择重要的问题进行处理。你需要引导她把精力花费在那些值得打的"战斗"上。如果她对每一个轻微的冒犯都同样激动，她的情绪力量很快就会被消耗殆尽。相反，有些不公正的事情她不能也不应该容忍。当你倾听她对问题的解释时，可以帮助她明确和澄清到底是什么让她心烦意乱，以及这个问题有多重要。

允许她有自己的计划。 你还怀有一个更远大的目标，即教会女儿在遇事时要依靠她的直觉和解决技巧，所以你不应该立即给她提供建议。相反，你要询问她，她认为需要做什么才能解决冲突或让自己感觉好一些。如果她说"没什么"或者"算了吧"，你可以温柔地提醒她还有很多别的解决方法可以考虑。可能在你善意的建议之后，女儿仍然对解决某个问题兴致寥寥。但重点在于，你要让她明白，这个问题还有其他解决方式，并且你很乐意在她感兴趣的时候帮助她考虑这些方案。

帮助她集思广益。 如果女儿愿意考虑其他的方案，那就鼓励她多想一想。这时，你千万不要对每个方案都做出点评，只要将它们列出来即可。此外，你一定要克制自己想要对她进行隐秘操纵的欲望，通过一些暗示性的话语（"现在给她打电话太不合适了"或者"你这么聪明，肯定不会说出那样的话"）引导她按照你想要的方式处理问题。你要让她明白，这是她自己的问题，尽管你可能不会选择她所选的解决方案，甚至可能不赞成她的解决方案，但你永远不会因此冷落或抛弃她。最好的方式是你清晰而直接地向女儿说明，你认为应该用什么手段实现她的目的。

教她考虑后果。 在伤心或绝望之下，女儿可能会提出你不太赞同的应对方案（"我要散布一个关于她的恶毒谣言""我会用恭维的话来讨好她""我会告诉她如果她邀请我，我会送给她那场音乐会的票""我会问她我做错什么了"）。与其谴责这些应对方案，不如鼓励她思考这些方案可能会造成的后果。在你的引导下，女儿可以想象每个方案实施后的后果。的确，那个女孩可能因为贪婪、后悔或内疚邀请她，但女儿对自己的行为会有什么看法呢？那个女孩可能会因为谣言而感到崩溃，但女儿最终会对此有何感受呢?

引导她有准备地抗争。如果女儿决定与伤害自己的同龄人进行对峙，帮助她直接且体面地表达自己的想法。建议她使用第一人称的语句，并且简洁地说出自己的诉求。帮助她避免使用煽动性的言辞，以免引发一场更大规模的争斗。也许你可以提醒她参考你在解决你们母女矛盾时使用过的有效方法。

鼓励她坚持下去。当女儿为自己的权利而抗争时，她可能会对朋友的反应感到担忧。你已经知道青春期的女孩很不愿意听到别人指出她们犯了错误或伤害了别人，你能够理解这种恐惧。你的女儿可能会预想有些朋友会否认自己的行为，甚至会反咬一口。你处理母女矛盾时，那种不顾她的抗议和指责坚持自己原则的形象，可以鼓励她采取同样坚定的态度。因为她将从你身上学到这样一个道理：一段双向奔赴的关系是可以经受住冲突的考验，并从解决分歧中成长的。你可以告诉她，真正的朋友会真心在意她以及她们之间的友谊。如此一来，她可以根据自己的内在信念评估自己的行为，而不是根据他人的反应"随风倒"。她的自尊并不取决于别人是否满足了她，也不取决于她的社交目标，而是真正地来自自己丰盈、坚定的内心。

允许她失败。无论女儿的社交能力如何，她都无法避免自己的全部努力在某些情况下会付诸流水。也许她不能让别人倾听自己的观点、无法让别人回应她的请求或者无法按照她的心意改变情况。出现这个结果的原因有可能是她误解了问题本身，或处理方式不当。无论如何，允许她失败是很重要的。当然，这说起来容易做起来难。你要告诉自己，即便是面临最糟糕的结果，她也至少能通过这次失败意识到自己在处理问题上还有哪些不足之处。也许这次失败能够让她加深对一个朋友的了解，或者让她认识到自己的一些偏见。如果她存在认知偏差，失败就是她吸取重要教训的宝贵机会。最重要的是，你的女儿从失望和错误中吸取的经验将使她变得更加坚强，并增强她的内在力量。

出于安全原因介入。你的女儿没有被邀请参加派对或被朋友放鸽子是一回事，被喝醉酒的男朋友送回家或被强迫发生性行为是另外一回事。同样地，如果你发现她的朋友圈子因为她拒绝抽烟、偷窃而孤立她，这时候如果你仅仅表达同情和理解是远远不够的。

如果你的女儿将这些事情透露给你，她就是在请求你介入并成为她的"伟大保护者"。她希望你能站出来帮助她、保护她的安全，即使她表面上也许会进行激烈的抗议。这时，你要支持她，鼓励她听从内心的声音，离开让她感到不舒服的场合。你可能需要扮演"恶人"，禁止她参加任何你认为她面临严重风险的社交场合，即使这可能并不是你想扮演的角色。然而，你的女儿需要你来帮她承担责任，这样她就可以向朋友们抱怨："我真的很想去，但是我妈妈对此态度坚决，她就是不让我去。"

许多母亲也会提前跟女儿约定好，任何时候只要女儿预感到要面临朋友的欺压，她都要立刻通过某种方式传送信息给母亲，告诉母亲自己对所在环境（比如朋友的家、派对、乘坐的车等）感到不适。比如，她可以打电话回家说自己感觉不舒服、需要帮助、忘记关灯等。你可以向你的女儿保证，当你听到预先约定的暗语时，你会立即去相应的地方接她回家，并且绝不多问她任何问题。

当朋友生她的气时

也许犯下错误、背叛朋友、背叛男友、说人闲话、利用同学的人，正是你的女儿。在青春期，女孩难免会有意或无意地伤害别人。她们需要体会这种伤害人的感觉，然后学会为自己所犯的错误付出代价，承担相应的后果。

看到自己的女儿自责，你会非常心疼，并且出于母亲对女儿的怜惜，你可能想要消除她的内疚，告诉她这些事情"没什么大不了的"。然而，你这样的开解不仅是在教会她不需要对自己的行为负责，还是在破坏她对你的信任。因为她心里其实知道自己做错了，也知道伤害别人时，应该感到懊悔。

你的另一种做法可能是强调她的所作所为令人不齿。你不敢相信你竟然养出了这样一个（冷酷无情/没脑子/残忍的）孩子。因此，你心里盘算着一定要让她认识到自己的错误。然而，如果你的女儿已经为自己的行为感到后悔，那么说明她已经在惩罚自己了。此时，你不需要再有多余的动作。因为，青少年已经足够擅长在犯错误时折磨自己了，完全无须成年人再为他们"加码"。

还有一种可能，你认为你的女儿伤害了她的一个朋友，但没有为自己的行为负责，甚至倒打一耙，把问题推到朋友身上。这时，你又该怎么办呢？许多母亲担心会与女儿发生争执，于是干脆甩手不管了。还有一些母亲，她们认为应该教给女儿如何经营友情，于是她们抱着这种态度选择介入女儿的社交关系。这时，你需要就这个问题与女儿进行对抗。虽然你不会干涉女儿每一个细小的社交摩擦，但你会在她做出非常可耻的事情时，挺身表达自己作为母亲的观点。使用有效的沟通方式，可以让你在传达自己观点的同时，又不至于疏远女儿。

你和女儿之间的关系越紧密，这样的对话就越容易进行。当你始终对她怀着拳拳爱意时，她会感受到你是在批评她某个具体的行为，而不是在谴责她的人品。她会对此感到放心，觉得她的"罪行"并没有使自己变得不值得被爱。你最好能够表达你理解她的感受（"我能看出你对此感到非常难过"）。你可以问她想做些什么来让自己感觉好一些，并与她谈论道歉的好处。如果你发现她持续自责、无法释怀，那么你可以告诉她，这种做法对任何人而言都没有好处。此外，女儿常常认为她们的母亲从来没有犯过自己这样的错误，所以，如果这时你还能分享一个恰到好处的故事，比如一个你自己曾经犯下的严重的社交失误，包括不堪的细节，将会在很大程度上给她安慰。从自己的败笔中寻找笑料，也是一项宝贵的特长。最终，你至少可以让女儿安心，而她在经历了这次教训后，今后大概率不会再犯这样的错误。

场景演练

以下是一场你可能与女儿进行过的常规对话。该对话运用了本章介绍的一些沟通技巧。

你：嗨，宝贝，怎么了？

女儿：没事！（气冲冲地走进卧室，砰的一声关上门。）

你：（等待了大约半个小时后，小心翼翼地去找她）你看起来很不开心。你想跟我谈谈你遇到什么堵心的事儿吗？

女儿：不想！

你：好的。如果你改变主意了，我就在楼下等着。

（几个小时后，她走向你。）

女儿：我讨厌埃米！

你：哦？

女儿：她真是个混蛋！

你：真的吗？发生了什么事？

女儿：今晚在派对上，我没答应和她一起出去喝酒，于是她就把我一个人丢在那里，让我面对那么多我不认识的人！

（你用关切的表情看着她，一言不发。）

女儿：我简直不敢相信她居然反过来对我发火！我才是那个可怜

巴巴、发呆一整晚的可怜虫！算了，我再也不和她玩了。我讨厌她！

你：嗯，难怪你这么生气。你想怎么办？

女儿：和她绝交。

你：这是一个办法……还有其他办法吗？

女儿：我想转学。我讨厌埃米和她所有的朋友。

你：好的，转学。还有其他办法吗？

女儿：我没有其他办法了。

你：在我看来，你还有其他的选择。

女儿：比如？

你：你有考虑过和她谈谈吗？

女儿：她不会改变的，她只关心自己。

你：你怎么知道的？你和她谈过吗？

女儿：我该对她说什么？

你：看看我们能不能想出一些可以说的内容。你最想让她承认什么错误？

女儿：她的做法太无礼了！如果你和朋友一起参加派对，你不应该把对方一个人丢在那里，尤其是那个人根本不认识在场的其他人！你们应该一直待在一起才对！

你：这听起来很合理。

女儿：但她可能不会听。

你：她可能不会。但也许你可以考虑一下，用埃米能听进去的方式告诉她。再不济，你说出自己心里的委屈，没准也能舒坦一些。

女儿：是的，但如果她说我愚蠢什么的我该怎么办？

你：你觉得自己蠢吗？你知道你不蠢。她可能不会立即道歉，但你仍然有权利告诉她你的感受。

女儿：她可能会反咬一口，说是我的错。

你：想象一下埃米可能会说什么，提前准备好回应她的话。我觉得你可以多想想……

即使你在竭尽所能提供了专业又成熟的建议后，你的女儿可能仍然犹豫不决，或者选择了你认为不妥的处理方式。比如，她可能在一番思量后觉得，去找埃米算账才最符合她的最佳利益；或者她可能会再次来找你继续讨论，并向你寻求更多关于如何处理此事的建议。最终，她可能决定顺其自然，延续与埃米的冷战，或者用一种完全不同的方式处理这个情况。对母亲来说，当女儿征求她们的意见却不按照自己的意见处理问题时，你可能会觉得特别泄气。但是，在表达失望、难过或愤怒之前，你要告诉自己，你的女儿有权选择是否以及如何处理她自己的社交问题。她的风格和策略可能与你的完全不同。此外，如果你真的倾听了她的思路，你可能会发现她想到的办法居然出乎意料地周全且合乎逻辑。

至于埃米或女儿的其他朋友，在面对女儿的质问时会如何反应，你是无法控制的。有时你的女儿会对自己的抗争行为感到满意，有时则不会。但你可以提醒她，当她根据自己的感受和信念行事时，务必要坚持自己的立场。

身为母亲的一个困难在于，女儿的社交问题层出不穷又变化多端，鲜有规律可循。也许，有那么一次，你综合考虑了所有的事实之后，找到了一种看似行之有效的方法。然而不久之后，又出现了一个新的困境，带来了一系列前所未有的麻烦，导致你之前的策略变得不合时宜。同样地，你的女儿有时乐意采纳你关于她社交生活的建议，有时则不想理睬你。这一秒，她还对你的帮助表示真挚的感激，下一秒，她可能就会叫嚣着"你一无所知"。由于这些原因，母亲几乎不可能在处理女儿的同辈社交问题时保持如履平地般的自信。

或许，你需要认识到这一点：相比你的女儿是否圆满解决了问题，更重要的是她意识到了维护自我权益的重要性，以及考虑了一系列可行的解决方案。当你帮助她仔细审视她的处理措施时，她会变得更强大，而不是一直停留在受害者的角色里。尽管她可能在某些时候表现得不够坚定，但你们共同处理问题的经历则给她提供了宝贵的工具。具体来说，这是一套做出有效决策的模板。这样，你的女儿在下次遇到类似情况时就可以使用它，这一工具她使用得越熟练，她就越能妥善地处理好与同辈的冲突，她在未来就越自信、越安全。

📖 电话霸凌

由于青春期的女孩通常会把大量时间用来打电话聊天，所以很有可能在某个时候，你的女儿会遭遇电话霸凌。也许有天在她最不设防的时候，一个愤怒的朋友会打来电话劈头盖脸地抨击她一通。本来，她在拿起电话时，期待的是一个友好的声音。但当她无辜地"喂"一声后，无情的攻击就刺入她的耳朵。无论她是否真的做错了什么，都不重要。她可能还会接到朋友不断打来的电话，他们或是凶她，或是故意用言语刺激她。面对电话中的言语虐待，女孩经常会选择忍受，因为她们不知道还能怎么办。

对这种问题，你可以教给女儿一个干脆直接的解决方案。首先，跟对方说："我不要听你这样怒吼。等你冷静下来时再打过来吧！"然后，挂断电话。

如果对方确实以尊重的口吻回电话，你的女儿可以就之前发生的事与对方进行理性的讨论。但你要告诫女儿，如果对方再次以同样的、充满愤怒或不敬的态度打来电话，她应该根据需要，再次重复上述步骤。

不受欢迎的电话，特别是半夜来电，对女儿来说可能会更棘手。尽管她提出抗议，但对方还是会不挑时间地打来电话。在这种情况下，你要让她明白，她完全可以暂时将电话线拔掉或关闭铃声。尽管女儿已经要求对方停止这种不妥的行为，但对方还是不断打来电话，特别是当这些电话具有威胁或性骚扰的性质时，你可能需要介入。

第14章
与权威人物交手

尽管母亲在为女儿树立解决冲突的榜样方面，可能会越来越得心应手，但有一种冲突经常会动摇她们的信心：挑战权威人物。对许多女性来说，挑战权威人物，尤其是年长的男性，可能会让她们心生畏惧，甚至觉得太有压迫感。即使女性确信自己的不满和愤懑是正当的，她们却不敢表达出来。有时候，她们甚至担心，将这些委屈表达出来会毁掉自己。如果你对这些感受有一点共鸣，你肯定希望自己的女儿不会走你的老路。你希望她在受到冤屈、侮辱或遭遇其他不公正对待时，能够勇敢奋起，与权威对抗，并能认可自己的表现。其实，你已经完成了最重要的环节——在你的教导下，她认可自己的价值，并且认为自己值得他人的尊重和礼待。现在，她正在脱离家庭的束缚，所以现阶段你需要做的就是支持她，让她学会应对权威人物。然而，在这样做之前，你要先审视一下你自己（像许多女性一样）是否对挑战权威人物心存顾虑。

尊重长辈

在孩提时代，许多女性也许都曾被洗脑要"尊重长辈"。支撑这个说教的是一条铁律：有礼貌的女孩不会对成年人顶嘴或者无礼。即使成年人说了或做了你明知是错的事情，也有人教你放弃抗议、咽下不恭的言语、对长辈表现出尊重。从小你就学到了，年龄似乎赋予了成年人对孩子"胡作非为"的权力。

但是，在你小时候的那个年代，孩子还可以安全地在街上闲逛，去公园也不用家长时刻陪伴。父母教孩子把成年人的权利和感受放在自己之前；如果孩子对成年人表达出不满或嫌恶——更不用说愤怒，几乎肯定会迅速遭到体罚或其他惩罚。因此，成长于那个时代的你，可能已经学会了将自己对成年人的感受和评价压在心里。但是，这些态度还会传递给下一代。不幸的是，这种传承导致当今的孩子仍然会容忍来自成年人的伤害，忍受成年人的轻视、屈辱和贬低，甚至情感或身体上的欺凌。

但与你不同的是，你的女儿在如今这样的文化环境中长大，同时她还需要越来越频繁地与教师、教练和雇主等权威人物打交道。这时候你必须重新思考，你希望她了解哪些对抗成年人的方式。这不是说让母亲放弃教导青少年尊重长辈，而是向女儿强调：女孩有被尊重和公平对待的权利。母亲必须向女儿传达这样一个观点：她完全有权利去评估成年人的动机。当她感到不舒服时，可以划定界限；当她受到冤屈时，应该提出抗议。

害怕受到惩罚

对许多女孩来说，哪怕只是想象一下自己去挑战成年人，就害怕得想钻到被子里藏起来。想象当面控诉成年人的场景，往往会令青春期的女孩感到"可怕""恶心"，有时甚至是"恐惧"。因为她们很少见到成年女性（更不用说女孩了）对抗权威人物，这个过程对她们来说几乎是陌生的。此外，女孩也不知道如何与成年人沟通，或者不知道她们发起对抗后会有什么后果。于是，她们总会想象出最可怕的场景。

尽管她们嘴上拒绝承认，但青春期的女孩常常抱着"成年人最懂得"的观念。毕竟，他们是成年人。当成年人手里还有一定权力时，女孩对反抗不公的恐惧会进一步加剧。对她们来说，为反抗付出的代价太大了。具体而言，她可能会担心自己的反抗会使原本不佳的处境进一步恶化，比如她的教练因为她拒绝尝试危险动作而干脆让她坐上了冷板凳；当她试图退货时销售员却无视她；那对委托她照顾孩子的夫妇因为她提醒他们忘记付薪水而说她的坏话。她与之抗争的那个人，如果到头来不仅没有尊重她的想法和意见，反而因为她有胆量发声而贬低她呢？对方不一定会道歉或承诺改正，所以也难怪许多女孩在被成年人不公对待时选择了忍气吞声。

那么，你如何才能说服你的女儿，哪怕感到恐惧也要为了自己的利益而发声呢？你应该如何教导她去这么做呢？

树立信念

你要知道，在你的女儿能够卸下心理负担、使用对抗方法之前，她必须先培养认知，树立坚定的信念：有时候，她有必要为了捍卫自己的最佳利益而和那些拥有权力的成年人交锋。她必须理解并真正相信她有这样的权利。她要坚信，在自己受到不公平对待时，她有权为自己挺身而出。年龄比她大、地位比她高的人也没有权力践踏她的权利。毫无疑问，在潜移默化中，你会教导她，她有权受到体面和礼貌的对待。但作为一个青少年，她可能需要听到你直接跟她说：成年人无权践踏她的尊严、欺骗她、冒犯她、让她质疑自己的价值或伤害她。

你的女儿可能还没有意识到，控诉待她不公的成年人，最大的好处就是能增强她的自尊。从她出生以来，你一直在努力给她灌输这一点。然而，你还是要一遍又一遍地在她耳边强调她是特别的、是宝贵的，这样，当她第一次对抗成年人时，才能更有力量克服心里泛起的恐惧和迟疑。这种自尊是她随身携带的宝物，是你给她留下的永久印记。当她走向广阔的世界的时候，在自尊的加持下，她将能够大声说出自己的想法、做出正确的选择、建立健康的关系、保护自己、充实地生活。

为了帮助你的女儿克服她与权威人物对抗的恐惧，你可以引导她运用你们在母女关系中学到的沟通技巧，仔细思考她想要达到什么目标，并清晰地向对方传达她的想法和要求。

她在学习与权威人物对抗的过程中，犯的错误并不一定只有负面作用。错误也是她获得进步必不可少的工具。当她担心在掌握这一新技能的过程中可能会犯错误时，你可以带她回忆一下，她在运用技能和学习文化知识方面的发展规律。与权威人物的对抗同样遵循熟能生巧的学习发展规律。你可以告诉她，你并不期望她表现完美，但通过练习，你相信她会不断提升自己的技能。更重要的是，在这一过程中你要支持她不断进取，因为这将使她变得更强大、更有能力。

根据你自己的经验，你可以选择积极倾听女儿关于对抗权威人物的担忧和恐惧，但切忌在这个时候表现得全知全能，不要在她说完之前打断她，也不要对她的担忧不屑一顾。询问她最大的恐惧是什么通常有助于减轻这些恐惧。引导你的女儿评估事态，帮她厘清思路，这样有助于她有效地解决问题。为了激发她思考，你不妨充当"魔鬼的代言人"，扮演那个成年人的角色，或者鼓励她提出尽可能多的解决方案。分享你或其他成年人面对类似困境的轶事通常也能对她有所帮助。和往常一样，一定不能让她感觉到你在考她是否知道标准答案，要让她认识到，在这个问题上并不存在唯一的标准答案。这样一来，你们两个都能从讨论中学有所得。

与她并肩作战

以下例子涵盖了你的女儿可能迟早要遇到、或者她可能已经遇到的情况。青少年的世界中有许多权威人物——亲戚、餐厅老板、辅导员等，但以下例子最能贴近青少年的经历。当你阅读这些内容时，你可以问问自己，也可以问问你的女儿，在每个冲突场景中你们将会如何处理，并且讨论一下你们关于解决方案的想法。听听女儿的想法，可以帮助你确定她在哪些方面可能需要进一步的支持和引导。当你的女儿对这些可能的解决办法进行讨论时，她会意识到自己有能力分析情况并思考出好的对策。

老师

上学期间，你的女儿接触最多的成年人可能是老师，她与老师之间发生冲突也就不足为奇了。毫无疑问，她会喜欢一些老师，也会讨厌和不信任另外一些老师。问题是，当你的女儿觉得自己受到了老师的不公对待，甚至因此使成绩受到影响时，她应该怎么办？以16岁的娜奥米为例，她就有过这样的经历："我因家里有事请了两天假。我回来的那天，我的数学老师发下来一张试卷。我表示自己对这个考试毫不知情，她回答说她在两天前已经在班上通知了这次考试的事情。她说：'如果你请假了，你应该打电话给班上的朋友了解情况。

这是你的责任。'但是，我在班上没什么朋友！所以我问她，我能不能在第二天补考，她说绝对不行。她甚至不愿意多留一天时间给我！"

娜奥米的母亲莱娜认为，那位老师对这件事的处理方式显然过于死板，尤其是她女儿事前已经告知了老师自己因家庭原因要请假。她说："娜奥米提出了第二天补考的要求，这位老师仍然拒绝了。坦率地说，这激怒了我。"尽管莱娜感到愤怒，但她最初对如何帮女儿处理这个情况也拿不定主意。"我当时担心，如果我们和老师吵架或者去找校方介入，娜奥米和我可能会得罪这位老师，娜奥米还要在这个班里待上一整年呢！此外，如果老师要给娜奥米很低的平时表现分，给她穿小鞋，我们该怎么办呢？"

因为害怕直接与老师起纠纷，莱娜起初鼓励女儿参加考试，看看结果如何。结果娜奥米的这次考试只得了62分，大大拉低了她辛苦挣得的平时成绩A。

莱娜说："那一刻，我醒悟了。我意识到我是按照自己一直以来的习惯在处理这件事，那种害怕惹麻烦的习惯。哪怕被欺负，我也不愿意回击，不想表现得跋扈。我妈妈总是喜欢去闹去争，可结果却往往是徒劳的。当我还是个少女的时候，看到妈妈那样大吵大闹，我只感到尴尬。但如今看到娜奥米因为她没有复习就参加考试而闷闷不乐时，我开始重新思考这个情况。我和我丈夫以及一些亲密的朋友聊了这件事，他们都义愤填膺。看着他们的反应，我也坚定了自己的态度。我不想让娜奥米觉得老师总是对的，或者她必须接受这样的不公。"

在和母亲交谈时，娜奥米明确表示她想自己处理此事。因此，两人商定，下一步的行动是让娜奥米再次与她的老师沟通。莱娜帮助她组织措辞。她们大致确定了几个要点：①娜奥米认为她有权在必要时请假，不应该因为行使这项权利就受到处罚；②如果她在这周早些时候知道了有这个考试，她就会做出不同的安排，进行充分的准备；③她在这门课上付出了艰辛的努力，请求重考以展示她真正的知识水平。

莱娜说："最终，娜奥米的老师重新考虑了自己的决定，让娜奥米重新考了一次。毫无疑问，娜奥米为能够在老师面前为自己争取到实在的权益而感到非常开心。我也很高兴我能够克服自己的畏缩心理，让娜奥米有机会为自己去争取，并由此变得更加强大。如果老师没有改变主意，我也准备进一步采取行动，去找她的辅导员或校长——如果有必要的话。"

教练

教练的职责就是训练孩子挑战自我极限、帮她们克服自我怀疑、激励她们突破自我。女孩和她们的父母都信任教练，他们听从教练的指导，全力冲刺或是调整状态。他们相信，在教练的指导下，女孩能挖掘出自己的全部潜力。那么，如果你女儿的教练过于严厉，让她感到自卑而不是自信，或者贬低她的自尊时，她该怎么办？15岁的夏佩尔讲述了发生在她身上的一件事："我正在操场上跑第三圈，并且有意识地控制着跑步节奏，这时我突然听到教练喊：'加油！快！'，听到这声呐喊后，我铆足力气冲刺，我想我这辈子都没有跑得那么快过。当我冲过终点线时，我兴奋极了。我拿到了第二名，打破了自己的纪录。然而，当我走到教练跟前时，他只是白了我一眼，把秒表摔在地上，阴沉着脸说：'跑得太差了！再快三秒你才是冠军！真是可惜！'我简直不敢相信。我知道他一直比较严厉，但我不敢相信他因为我拿了第二名对我发脾气。我哭了起来，说我要退队。"

夏佩尔的教练试图逼她跑得更快，但采取的鞭策方式却带来了极大的副作用。在夏佩尔看来，教练那句话的意思是："除非你拿第一名，否则你的努力就没有意义。"因此，她觉得教练根本不在意她打破个人纪录的表现，他只认为她辜负了团队和他自己。她觉得教练不认可她的努力、成绩和个人目标，她感到难过。

目睹了操场上发生的事情后，夏佩尔的母亲露西娅火冒三丈。她说："我知道我的火暴性子又要给我和我女儿惹麻烦了。我几乎要冲下看台去痛骂那个教练。我不知道是什么阻止了我。我确实站了起来，但没冲下去，也许是因为当时有人抓住了我的手臂，或者我控制住了自己。不管怎样，我当时打算后面再处理这个问题。"

和母亲一样，夏佩尔起初也想告诉教练他是个混蛋，他是个烂透顶的教练。"我本来也想这么说的，但我只顾着哭了。"她当时冲动之下选择退队，那时似乎退出是她唯一的选择。然而，听说女儿要因此退队时，露西娅变得更加愤怒，她认为这个教练没有能力教好自己的女儿。她逼着夏佩尔去与教练对峙，要求她重新回到田径队中。露西娅威胁女儿说，如果女儿不去，她就要亲自去找教练谈。但夏佩尔还是拒绝了她，说她想"忘记这一切"。听到这句话，原本女儿和教练之间的冲突变成了母亲和女儿之间的战争。"经过两天的争吵，"露西娅说，"我才意识到这是多么荒谬。教练的做法很恶劣，是他使夏佩尔无法继续参加她喜欢的运动，但结果却是我们母女在争吵。"

露西娅事后经过一番冷静的思考，明白了夏佩尔（至少作为一个15岁的孩子）并不是那种"会直接向教练表露自己对他的看法"的孩子。所以，哄骗、施压或威胁女儿，都是毫无用处的。她意识到自己无意中给夏佩尔传递了错误的信息，即面对这种情况，只有一种正确的处理方式（她的方式）。最终，她决定帮助女儿捋清楚她对那个田径教练的看法。

关于这个事件的记忆以及持续的强烈情绪让夏佩尔感到不堪重负，于是她决定以写信的方式向教练诉说自己的想法，这样的方式是她最能接受的。大体上，她要告诉教练：①她为自己在田径比赛中取得的成绩感到自豪，因为她尽了最大的努力；②她不会因为没有拿第一名而感到难过；③尽管她喜欢待在田径队里，但她并不认同教练对成功的定义。

很久以后，夏佩尔承认，她希望自己的信能促使教练请她重新回到田径队，但事实却并未如她所愿。此外，尽管后悔自己一气之下退队的决定，夏佩尔仍然不愿低头向教练提出重新加入田径队的请求。"不过，"露西娅说，"我很高兴夏佩尔在说出自己的想法后还能那么坦然。当然，我们两个都得到了另一个教训，那就是在情绪激动时要学会控制自己。我希望将来她不要再有这种为了报复别人却毁了自己生活的做法。"

医生

别说对抗医生，即使是质疑医生，也是人们难以迈过的一道障碍，尤其是对女性而言。许多人认为医生是无所不知、强大到不会犯错的存在，所以他们甘愿忍受医生潦草的检查或者居高临下、粗鲁无礼的口气。但是，我们要告诉女儿，医生的看诊时间是她们花钱买来的，所以对方理应回以尊重。即将去上大学的18岁的达娜描述了一次被医生冒犯的经历："我做了HPV测试，当时我在医生办公室里等待结果。我紧张得要吐，我想着如果我的检测结果有阳性，我该怎么办？当护士把我带进房间时，医生就坐在他的办公桌前，手里拿着我的化验结果。我心想'他肯定是要告诉我我感染了HPV'。但他还未开口，桌上的电话就响了起来，他接起电话开始聊天。他聊起了餐厅和见面地点——那家伙正在安排晚餐！我真的很生气。他又聊了几分钟，就在我觉得我快要从他手里抢过那张化验单时，他挂了电话，告诉我结果是阴性，没有什么问题。我如释重负，欣喜若狂。直到我回到家，想起他的行为，我才后悔自己没有当面质疑他不专业的行为。我当时是在煎熬地等待检验的结果呀，而他竟然坐在那打电话！"

为什么达娜当时没有对医生的行为提出抗议？达娜解释说，是因为听到了好消息而开心，至少在那一刻她甚至没有意识到自己的愤怒。直到后来，她才开始思考这件事，意识到医生的行为是多么冷漠和无情。但达娜也承认，即使她当时觉察到了自己的愤怒，在医生面前她也不会吭声的。她说："事后，我告诉了我妈妈关于我的身体健康状况以及医生对我的冒犯。只有当我开始和妈妈谈论这件事时，我才意识到我有多么生气。"

达娜的母亲琼说，最初她关注的并不是女儿的愤怒情绪。"我对她做HPV测试感到非常震惊，震惊到我自动忽略了达娜对医生的不满。我在想，'她为什么担心自己会感染HPV？'这样的想法让我心烦意乱。"若非竭力控制自己，她甚至都要脱口而出："你怎么了？是不是发生了高危性行为？"但她还是忍住了。她知道如果她说出那些话，她们之间建立的信任将荡然无存。达娜很快就要去上大学了，她不能让这种情况发生。

尽管琼说，她当时之所以沉默，是因为震惊得无言以对，但后来她发现，沉默是她当时能够做出的最有效的回应。看到母亲不说话，达娜才有继续说下去的动力。"我觉得在那次对话中，我对女儿的想法了解得比之前都要多。达娜对医生的看法让我们也讨论了她曾经遇到过的其他情况，这些情况有些我以前从未听她提及。我最后也理解了她在上大学之前进行这项检查的动机。"

达娜和琼确实设想了当时可以采取的应对方法。当然，对她们来说，事后分析——比如构思一个完美的回应，用准确的措辞来表达当时达娜的感受——要比临场发挥容易得多。最后，达娜还是觉得，她希望医生能够意识到他的冷漠伤害了别人，他当时应该先告诉她检查的结果。同时，她希望这位医生以后别再做出这样的事情了。于是，她把自己的想法写在一封信中，并在第二天早上寄出。

琼对自己和达娜一起处理问题的方式感到满意。"这一次，"她说，"我能够将自己的感受与她的感受分开。我能够撇开对她性生活的焦虑，保持一定的中立态度，而这正是她需要的。明年她将独立生活，可以随自己的心意做事，所以我希望我们的谈话对她有所帮助。"琼帮助达娜以恰当的方式向医生传达她的感受，在这个过程中，达娜获得了力量感，褪去了受害者的感觉，母女二人也因为这个经历变得更加亲近了。

雇主

许多十几岁的女孩在放学后会找份兼职工作，比如在办公室打杂、收银、当保姆或包装杂货。也许你的女儿在开始工作后会雀跃不已，享受着新获得的独立和第一笔薪水带来的喜悦。然而有一件事是肯定的：在某个时刻（如果还没有发生的话），付她工资的雇主会做些或说些什么让她感到不悦。在某些情况下（雇主要求她加班或告诉她不能请假），尽管她不情不愿，也必须按照雇主的意愿行事。然而，当雇主滥用权力或者利用她们时，女孩必须勇敢地说出来。13岁的玛格丽特在她的保姆工作中发现了这一点："这是我第一次为新邻居做带娃保姆。我非常兴奋。他们说好的会在十点半回家，所以当到了十一点还没看到他们的身影时，我就开始紧张起来。他们没有打电话或者通过其他方式告诉我他们会晚点回来。要是发生了什么不好的事情怎么办？要是他们出了车祸怎么办？很快，我妈妈打来电话询问情况，她听起来很担心。当那对父母最终回家时，他们只是说：'对不起，我们出去喝了杯咖啡。'他们竟用这个烂借口糊弄我！我想，等我拿到报酬后，我再也不会为他们打工了。"

玛格丽特知道她有充分的理由生气。在她心中，成年人就应该按照约定的时间回家，所以，当他们晚归却又不打电话提前通知她时，她自然会感觉自己被他们利用了。并且，他们也让玛格丽特陷入了不必要的担心。更糟糕的是，他们的延误使她也得晚回家。更让人气愤的是，他们并不承认自己的行为是不对的。尽管有这么多理由可以让玛格丽特生气，但她从未想过，除了保持沉默并礼貌地感谢他们付钱之外，还能做些什么。

玛格丽特的母亲罗莎承认她自己也觉得很矛盾。"我能理解我女儿心里的委屈，但我也不希望她得理不饶人。再者说，在那种情况下，她说什么才能打动对方呢？我知道我自己就是那种闷头承受委屈的人，这也是我在性格上一直想要改变的地方。"由于意识到自己的"软柿子"性格，并希望为玛格丽特打抱不平，罗莎特意与她的姐姐讨论了这个问题。"我特别想听听我姐姐的意见，因为她是我们家族中最直率的人。"根据罗莎的说法，她姐姐认为，即便玛格丽特只有13岁，但那笔钱也是她通过自己的劳动赚取的。那不是额外的礼物或慈善行为，而是她应该得到的劳务报酬。而且，这与那对雇主对待她的方式是两码事。

姐姐的态度增强了罗莎解决问题的信心，但解决方案似乎并不那么明确。她思考着应该是玛格丽特还是她给那对雇主打电话。经过多次讨论，罗莎和女儿决定，如果那对雇主再次打电话请求玛格丽特给他们看孩子，玛格丽特会对他们说，她愿意继续为他们照顾孩子，但需要确保他们之后按约定的时间回家。此外，因为她的母亲担心她不能按时回家，所以，如果他们晚回，必须提前打电话通知玛格丽特。

事实上，后来那个雇主确实打电话来请求玛格丽特再次帮他们照顾孩子，玛格丽特回复说，她可以去，但需要他们接受她母亲的条件，随后她解释了具体都有哪些条件。虽然雇主仍然没有为上次的行为表达深深的歉意，但他们承诺，以后会让玛格丽特按时回家，或者如果他们晚归，会提前打电话通知。夫妻俩遵守了他们的承诺，玛格丽特也继续为他们提供保姆服务。玛格丽特说，如果他们不接受她的条件，她准备告诉他们另找他人。无论对方接不接受，她都对自己主导了这场谈判而感到满意。干净利落地提出自己的要求，使得她不再为自己之前所受的不公待遇而心怀怨恨，也不再责备自己的懦弱无能。她也彻底不再回想当时的情境，并脑补出本可以使用的那些铿锵说辞。玛格丽特和她的母亲都感到很高兴，她们没有被动接受这个情况，也没有因为害怕而放弃抵抗。

商店店员/店主

尽管十几岁的女孩会花费很多时间逛商场，但你会发现她们在与销售人员交流时往往感到不自在。她们很难为自己争取权益，甚至请求帮助，因为她们常常能感觉到销售人员对她们不闻不问或看不起她们的态度。15岁的梅就是这样的一个女孩："当我拿着坏掉的耳机回到店里时，我以为这件事在一分钟内就能处理好。我只是告诉店员这个耳机坏了，我想要一个新的。结果，当那个女店员告诉我说：'抱歉，一旦购买就不予退换'，我立即火冒三丈。我告诉她我有收据，而且我拿到的耳机本身就是坏的。她叹了口气，搞得好像是我在撒谎一样，然后她对另一个女士说了些什么。我越来越生气，所以我再次告诉她我要退钱。她冲我翻了翻白眼，这时我失控了。我对店员吼了起来并骂那家店是黑店。接着，经理出来要求我出去，甚至不给我澄清的机会！"

恰巧在商场里目睹了这一幕的邻居，回来后将这件事告诉了梅的妈妈苏茵。苏茵听闻，又羞又恼，就等着女儿回来质问她。

苏茵说："当时我感到非常尴尬。我满脑子都在想，邻居一定认为我是一个不合格的家长，她会把这事传扬给其他邻居。当我告诉梅我听说了发生的事情并且感到很生气时，她说我和那位经理一样坏，不愿意听听她的说法。甚至，我还要更坏，因为我作为妈妈本应该站在她这一边。"

余怒未消的苏茵告诉梅，她不想再听到任何关于这件事的说辞。然后苏茵给自己的母亲打了电话，向她讲了这件事并想获得一些安慰。然而，她得到的却是一连串的嘲笑。"我妈妈觉得我这是在遭报应，因为我小时候也让她很抓狂。她说得对，我记得当年她不听我辩解时，我也气得冒烟。我听着电话就笑了起来。我意识到，我满脑子想的都是自己的面子，而不是我女儿的遭遇。"

第二天早上，苏茵告诉梅，她想听听梅的说法。听完后，苏茵向梅说明，虽然梅的感受是可以理解的，但她的行为是不当的，不仅仅因为她在公共场合大吵大闹，更因为这样做使她失去了原本可以被人认真对待、达到自己目的的机会。她告诉梅，自己小时候发脾气，大人看到了就会觉得她任性，因此就觉得她的话不值得一听，结果就是他们会完全漠视她的诉求。她接着开始与女儿梅讨论其他争取权益的方法：①要求与店铺经理交谈，让他批准退货；②解释（不发脾气）自己收到了有问题的商品，并希望退款；③联系公司总部（通过电话或信函），描述问题、已经采取的措施以及合理的要求（"我希望在两周内收到退款"或"我希望在下周修好这个产品"）；④如果所有其他方法都失败了，可以致电当地的消费者协会。

最终，梅和苏茵认为，最好还是给店铺经理写一封信，为自己的言行不当表示道歉，同时解释事情的来龙去脉。一周后，经理打电话告诉她，让她去前台领取新的耳机。苏茵说："我很高兴实现了我的教育目的。至少下一次梅在发脾气时，会记得还可以用更好的方式来处理问题。我希望我小时候就能明白如何为自己争取权益，那样的话，我可以省去很多痛苦。"

共同评估维权

一旦你的女儿决定向权威人物提出自己的不满，你所能做的就是坐下来等待，希望一切都能如她所愿。对许多母亲来说，这是最困难的部分。尽管你尊重并赞赏她自己处理这类情况的勇气——实际上，你也一直在教育她要这样做——但当她开始付诸行动时，你会感到不安，因为你无能为力，只能等着结果。

无论维权的结果是否令人满意，仅仅听到你表扬她勇敢和有责任心，你的女儿就能有所收获。如果你能引导她自我批评，而不是直冲上前批评她，她更有可能按照自己的信念行事，而不会为了取悦你才有所作为。当然，有时候她所面对的权威人物并不总能如她所愿，给予她积极的回应。你可能需要告诉她，事实上，一些权威人物在面对十几岁的孩子时并不友善，他们会觉得对方"不知道谁说了才算"或"竟敢顶嘴"。如果对方做出不恰当的回应，她不应该把失败归咎于自己。就像你在母女冲突中应坚守立场一样，你也需要教导她，在与权威人物交手、维护自身权益时，她也应该坚守自己的信念，无论最终结果如何。你希望她能为自己感到骄傲，因为她表达了自己的需求，采取了保护自己的措施，并试图为自己争取正义。无论她面对的是邻居、老师还是教练，这种做法都是正确的。通过这些经历，你的女儿将逐渐培养出一系列强大的能力。

成年人的越界行为

在女儿维权时，如何判断成年人的反应是否恰当？你的女儿所面对的权威人物，不仅有可能不会对她的要求做出积极的反应，有时可能会因为被年轻人质疑而感到不安，从而摆出敌对的姿态。对你的女儿来说，学会识别成年人的行为是否越界至关重要，尤其当这种行为具有暴力或接近暴力的性质时。

让女儿问问自己以下问题。

⇒ **对方的愤怒是否与被指出的错误严重程度不匹配？**

当成年人提高音量或表达出狂躁、极端的情绪时，你的女儿应该合理地怀疑他们是否已经失控了。随着她的经验越来越多，她将更相信自己的判断。

⇒ **我是否觉得受到了暴力威胁？**

当成年人侵犯女儿的个人空间，靠得太近以至于让她感到不舒服，或者带有威胁意味地举起手臂时，她可以笃定，对方表达情绪的方式是不当且危险的。

⇒ **成年人的回应是否残忍或具有攻击性？**

如果成年人利用女儿的弱势，居高临下地践踏她的人格尊严，这是绝对不可以接受的。如果有人提及她的家庭、性别等元素，这就构成了人身攻击，超出了解决冲突的范畴。这种行为是不必要的、残忍的，并能说明对方对你的女儿持有偏见。

⇒ **成年人的回应是否带有无理指责？**

有时，在对自己的情绪或错误认识不到位的情况下，成年人可能会无理指责你的女儿。当成年人突然冒出一些毫无根据的指责，尤其是他们罔顾事实真相时，你的女儿将会识别这种现象。

⇒ **成年人是否一直言辞激烈、疯狂输出？**

要让你的女儿知道，成年人在过于激动时，会一遍又一遍地重复自己的话，并且一直偏离主题。他们的愤怒似乎有自己的生命力，而这已与任何理智和事实都无关了。

只要你的女儿对上述任何一个问题的答案是肯定的，你就要告诉她，她有权保护自己免受对方言语上和身体上的侵害。她不需要听从成年人不恰当或失控的长篇大论。她还应该认识到，在那个时候为自己辩护很可能是徒劳的。如果她选择不容忍，她可以说一些类似"我明白你很生气，但我不接受你这样的对话方式"的话，或者她可能需要与表现不当的人保持距离，比如转身离开、结束讨论或挂断电话。如果她感到有必要再次去面对那个人，最好是在成年人的陪同下，比如你。如果是在学校中，她可以让校长、辅导员或者调解员陪同。

书面表达

不管是你的女儿害怕面对面地与权威人物沟通，还是她最擅长用书面的方式表达自己，她都需要一个基本的写信公式。知道如何有效地提出抗议，将会增强她的力量感和掌控感，也会使她更容易达成自己的目的。以下是你可以与她分享的关于给权威人物写信或发信息的一些注意事项。

正确称呼权威人物。了解收信人的官方头衔或职位非常重要。这些信息可以通过打电话（例如了解商店员工的职位）或上网来获取。

语言要具体。不要只说你"不喜欢"某种做法、态度或行为，要解释你的理由，并在可能的情况下提供支持你观点的证据。

直截了当。直接表达你的意见，不要啰唆。权威人物通常会收到大量邮件，没有太多时间去阅读冗长的文章。因此越简洁越好。

不要指责或恶意攻击。在提出异议之前，尽量提积极的方面。例如，你可以写："虽然我同意您关于_____的做法，但是我对您关于_____的决定有些……"总而言之，如果你不中伤对方，对方就会更愿意接受你的观点。

不要威胁。威胁别人"最好赶紧……，不然就……"，并不利于他们继续阅读你的信件，或接受你的信息。

论证你的观点。在信件中附上与该主题相关的内容。

📖 投诉信样本

尊敬的先生/女士:

　　您好!

　　第一段:简要总结事发情况,包括纠纷发生的日期、内容,你已经与哪些人反映了这个问题,以及他们如何回应。

　　第二段:清楚地说明你希望读信人为你做些什么(退款、换货、重新考虑聘用申请等)。

　　第三段:说明你期望对方何时(例如在某个日期之前、三个星期内)以及如何(打电话、写邮件)回复你的信件。然后感谢对方可能会给你提供的帮助。

　　此致
敬礼!

你的签名

××年××月××日

第15章

帮助她从错误中成长

你不仅要教你的女儿在人际关系中恰当地处理所受的不公、管理强烈的负面情绪、化解冲突，你还要教她妥当地处理与自己的矛盾。当青春期的女孩认为自己犯下了严重的错误时，她们的反应可能非常极端且于事无补，有时她们甚至会做出自残或极其危险的行为。当你的女儿对自己所做或未做的事情感到羞愧，或对自己感到厌恶时，她的表现可能会让你这个爱女心切的母亲头痛不已。

你的女儿能犯些什么"严重的错误"？那简直太多了，多得无法一一列举。任何时候，她都可能对好朋友做出不仗义的事，考试挂科，屈服于酒精或香烟的诱惑，屈从于男朋友的性压迫，或者说出一些令人懊悔的蠢话。虽然你作为成年人，理解那些错误是她成长中无法避免的一部分，但是青少年往往会有一些灾难性的、夸张的悲观想法，她们会觉得自己所犯下的这些错误将使自己余生都不配拥有幸福，或者至少已经断送了她现在的社交生活。就像你引导她处理社交矛盾时的做法一样，你可以运用同样的技巧帮助你的女儿解决向内的冲突。本章将提供一些常见的情景，来检验你的储备方法。让我们先来看一下女孩在犯错后是通过哪些方式表达痛苦的。

表达痛苦的方式

痛苦外露

你很清楚，当你的女儿怨恨自己时，她很可能会直接将情绪发泄在你身上。例如，她会埋怨，正是因为你在上学前询问她惊喜派对的事情，导致她不合时宜地向别人泄露了这个消息。如果不是你在她脑海中植入这个想法，她甚至不会想到这个派对的事，也自然不会大声提起了！但凡责任有可能涉及她本人，你可能就会听到她一句又一句地说"这不是我的错"。

当然，她这样做不是说明她讨厌你或者想让你难过，而是因为面对自己的错误，会让青春期的女孩感觉到一种无法承受之重。承认自己的错误意味着要被后悔、羞愧和巨大的焦虑情绪折磨。对青少年来说，意识到自己会给别人造成伤害，让自己最在乎的人感到失望和受伤——尤其是当她们本来无心伤害别人时，心中就会升起巨大的恐惧。生自己的气和生别人的气一样可怕。她要怎么处理呢？相比自责，指责你似乎是更安全、更容易的办法。

内心压抑

或许你的女儿并不会将情绪发泄在你或其他家庭成员身上，而是会将负面情绪深埋在心底。认识到自己的错误后，她可能会躲进自己的房间，不接电话，疏远亲近的人；她可能会失眠或者食欲不振。当女孩沉迷于痛苦时，她们通常无法集中精力学习。在更极端的情况下，女孩会感到非常羞愧，以至于她们会疯狂地惩罚自己或孤注一掷地做一些冒险行为。在最坏的情况下，她们甚至会轻生。相比这种情况，你可能更希望她把愤怒发泄在你身上，而不是看她自虐。

青春期女孩的常见错误行为

以下这些情形，经常会引发青春期女孩的自责。在你了解这些情形时，想象一下如何运用你到目前为止学到的方法来帮助你的女儿渡过困境。

不负责任

⇒ 你14岁的女儿向隔壁邻居毛遂自荐，说她很乐意在他们度假期间帮他们照顾猫。因为她喜欢他们的猫，也希望能赚点零花钱，于是她说服邻居把这个任务交给她，而不是送到宠物店寄养。第一天，一切都很顺利；第二天，当她打开门时，猫却从房子里跑了出去。她找了好几个小时，开始心烦意乱，她责备自己"愚蠢"，并担心邻居永远不会原谅她。在她看来，她以后再也不会有这样的机会了。

⇒ 你13岁的女儿在做兼职保姆照看一个小男孩，当她正为小男孩调出他最喜欢的动画节目时，突然听到一声可怕的尖叫。她跑到厨房，发现当小男孩从台面上拉扯"小毯子"时，把一个玻璃杯打翻了，杯子的碎片割伤了他的脚趾。虽然她做了正确的急救措施，小男孩看起来也没什么事，但她在接下来的几个小时内一直责备自己不该把杯子放在台面上，并在脑海里排练着要如何告诉他的父母。她忍不住后怕，如果他伤得太重需要去医院该如何是好？

辜负别人的期待

⇒ 你15岁的女儿在季后赛中，被教练安排担任守门员。尽管她觉得自己用尽了全力，但在比赛快结束时，她还是没能挡住对方球队踢过来的两个球。最终，她们输给了对手。你的女儿觉得自己有责任，一再道歉，但她的队友仍然很失望。虽然她们嘴上安慰她说这不是她的错，但你的女儿仍然坚信她们其实讨厌她。她也坦言讨厌自己。

辜负自己的努力

⇒ 你的女儿在高中三年级时，迷上了一个男孩子，每天都围着他转。尽管她的朋友（包括你）都说她变了很多，她却不承认。结果，她在数学期中考试中得了个D，这与她往日的成绩相比退步很大。尽管她担心自己会考不上大学，却还是不愿意寻求帮助，因为一旦去补习班，她就必须牺牲与男朋友在一起的时间。她不去拯救自己岌岌可危的未来，而是继续把所有的精力都投入恋爱。

笨拙或健忘

⇒ 你外出不在家时，你12岁的女儿去拜访了你的一个朋友，这个人也是她最喜欢的阿姨。她请求在对方家留宿。结果，她的脚不小心被地毯边绊住，趔趄之下撞倒了一只花瓶，而这个花瓶是阿姨的好友送来的珍贵礼物。你的女儿慌张地责骂自己。就算阿姨告诉她不要担心，她还是自责不已。她惊恐不安，迟迟无法释怀。

⇒ 你16岁的女儿丢的家门钥匙比家里其他人都多。尽管她发誓会小心看管好新钥匙，但她很快就再一次将钥匙弄丢了。当她父亲无奈地给所有门再次换上新锁并为全家配好足够多的钥匙时，她开始难过，并开始责骂自己。

屈服于同伴压力

⇒ 你15岁的女儿有个朋友。对方当着其他朋友的面，怂恿她喝酒，她屈服了，喝了几杯。她心想："每个人都在看着我呢，就好像在说'喝吧！又不是啥大事！'"更糟糕的是，一个她喜欢的男孩突然对她表现出兴趣，在酒精的作用下，她与他有了超出她本意的亲密接触。酒劲儿过后，她感到羞耻。

⇒ 你17岁的女儿在朋友的劝说下作弊了，理由是整个班的人都在作弊，这"没什么大不了的"。她说她本来从没考虑过作弊，毕竟她只需要保持B就能维持住她的平均成绩。虽然她也认真学习了，但她知道作弊可以确保她在考试中取得好成绩，而她不想冒考砸的风险。此外，她认为这么多孩子都这么做了而且没有被抓到，她也可以，而且她打算只干这一次，以后再也不会干。但这次她被抓到了，因此得到了一个F。这让她非常厌恶自己。

破坏信任

⇒ 她和几个朋友约好半夜两点偷溜出去，到市区的一个俱乐部碰面，但被你抓了个现行，并受到了你的惩罚。她说，看着你现在看她的眼神，她感到特别难过。她感觉到你不再信任她了，她非常希望能够回到过去。她对失去你的信任感到心灰意冷。

⇒ 你17岁的女儿经常上学迟到，但她丝毫没有收敛。当她收到一张留校察看的通知并意识到老师对她的迟到不满时，她意识到了问题的严重性。此外，她的足球教练也知道了这一切，并威胁说如果她再收到一张迟到通知就会把她踢出球队。

说错话

⇒ 你13岁的女儿在学校和一些女生聊天时，提及了一个共同的朋友。她脱口说出了一些关于这个朋友不太友善的评价。你的女儿在事后辩解说，她不是那个意思。然而，几天后这引发了一场巨大的风波，因为同学们在谈论你女儿说过的话。这些话传到了那个被议论的朋友的耳中，于是对方不再搭理她了。你的女儿觉得每个人都讨厌她，没有人再想和她做朋友。

⇒ 在和你争吵的过程中，你15岁的女儿大喊"难怪爸爸不想和你过了！"。她知道自己说的话是多么残忍。尽管她道歉了，但覆水难收。现在，她对自己对你造成的伤害感到羞愧。

回应她的自责

对成年人来说，说错话或做错事会让自己无地自容。但对青少年来说，这简直是毁灭性的打击。正如你所知，无论你多么真诚地安抚她（"明天就没人会记得这事儿"或"一切都会好起来的"），这些话都无法减轻女儿的痛苦和羞耻感。她无法理解，明天所有人真的会忘掉这些，转头去议论其他人的故事或丑事吗？如果你开解她，告诉她她的错误不像她想象的那样显眼、恶劣和不可原谅，她将不再信任你。因为你的劝解只是在否定她的感受，并让她觉得你的判断力无比拙劣。

同样地，如果你表现出不满，也会造成一些不良后果。即使你知道女儿其实是在生自己的气，你也可能会因为她把你当作出气筒而忍不住对她产生怨恨。然而，她只会把你的愤怒理解为对她"罪行"的谴责，而不会认识到你的不满实际上是来源于她对你的态度。这样，女孩往往会在自责的同时，受到母亲的批评和惩罚，而她们认为在某种程度上，这都是自己活该。

与其冲她发脾气、与她针锋相对，你不如专注于帮她处理好自己内心的冲突：承认还是否认自己的过错、保持被动还是采取行动、继续自我贬低还是停止自我怀疑、继续自责还是原谅自己。

告诉女儿，人都是从错误中成长的，她也不会例外。作为她的母亲，你要帮助她度过这个阶段。虽然她认错的态度非常重要，但同时，在她犯错后，你也要注意不让她侮辱或苛责任何人，包括她自己，不用不健康的方式来发泄对自己的失望。最后，无论她做了什么，她都必须学会与自己和解。

帮她处理错误

在上文描述的一些情况下，过错方是你的女儿。但这其实并不是重点。重要的是，无论过错是轻是重，她都需要承认自己的错误，承认她给别人带来的痛苦或给自己造成的痛苦。只有这样，她才能尽最大努力，改正错误。只有改正了自己的错误，她才能接纳这个错误，继续生活。当然，当你的女儿认为她所犯下的是弥天大罪时，让她简单地与错误和解是不现实的。那么，你可以做些什么来帮助她呢？

共情和支持她

你已经具备了丰富的人生经验，所以你能站在人生的宏大视角上，用平和的心态看待生活中的小错误。但你那只有十几岁的女儿还不能做到这一点。缺少这种淡然处之的宏大视角，不仅给她带来很多痛苦，同时也困扰着你。你知道，因为迟到被教练训斥、考试没考好、获得同学的差评……这些事在人生的漫长征途中，充其量只是路上的小沟小坎，很快就会被抛在身后，最终完全被人遗忘。但在你女儿心中，这些错误罪无可赦，所以她们很难正确地看待这些错误，也就无法淡定地接纳它们。

经过前面的学习，现在你已经是一个擅长共情的专家了。遇到这种情况，你可以再次使用有关共情的技巧，理解并接纳她对自己的过错感到内疚和痛苦的事实（"我能理解你有多么难过""我知道你多想重来一次""你会忍不住想'如果当时……就好了'"）。与其告诉她"没什么大不了的"，或者——从另一个极端出发——说她"真的搞砸了"，你应该对她的内疚和痛苦表示理解。

你听到她形容自己"愚蠢"或"邪恶"，即使作为母亲的你感到十分心痛，你也要记住，共情和倾听是你能给予女儿的宝贵礼物。你可能无法解决她的问题，但你的关注和永恒的爱至关重要，因为它们是你女儿衡量自己错误的标准。她会想，毕竟你作为母亲都还没有抛弃她，那么她的错误可能真的没有自己想象的那么可怕。

将她的人与她的行为区分开来

女孩在认识到自己做错事后，往往会变得非常脆弱。你的女儿很可能认为她所做的事情是可恨的，所以你现在一定非常讨厌她。特别是当她知道你也不认可她的行为时，她可能会寻找你不满的蛛丝马迹，并将它们夸大或对它们做出过度反应。这时，你可以用中立和关切的语气，来传达对她无条件的爱意（"也许你可以考虑如何避免下次再犯这个错误""你为什么不另想一个计划呢？"），而不是表达你的愤怒和指责（"你是家里最笨的人""说话之前能动动脑子吗?!""你什么时候才会长记性呢? ")。通过这种方式,女儿会明白,你不是在她的伤口上撒盐,而是在帮助她探寻犯错的原因,以及避免下次犯错的方法。这种认识将有助于她培养自控力。

女孩通常对自己的要求很高,她们过于追求完美,或者对自己过于苛责。有些人在内疚时会通过自我伤害来缓解痛苦。还有些人会通过饮酒、节食减肥,或者故意忘记服用处方药来减轻内心的痛苦。如果你很担心女儿会做出这类行为,那么当她自责时,你可能更需要密切地关注她。例如,与其疏远她甚至拒绝她,你可能需要与她保持更紧密的联系。因此,在她已经为自己的错误感到后悔时,额外的惩罚——例如禁足或限制她待在房间里,可能会适得其反。如果女儿的痛苦和自我批评持续了数天以上,或者已经影响到了学校生活或社交活动,你可以咨询专业人士,判断女儿是否需要进一步的专业帮助。

让她认识到从错误中吸取经验的重要性

当你的女儿做了令自己后悔的事情时,你可以借机教她从错误中吸取经验。她可能会惊讶地发现,许多社会进步都是偶然发生的:很多全新的发明、技术或治疗方法,都脱胎于发明人偶然的失败。你的女儿可能很难接受这样一个事实:人们是通过实践(包括失败)来学习的。尽管当你告诉她这个事实时,她可能会冲你翻白眼,但她总归还是接收到了这个信息。总有一天,她会亲身领悟这种强大的学习规律。这种认识不仅能够帮助她为自己的行为负责,而且还能让她成为一个更有智慧和韧性的人。

引导她宽恕自己

从自我谴责到自我宽恕的过程可以分为五个清晰的步骤，你需要帮助她走完这一过程。

第一步：承认错误

改正错误的第一步是承认错误。如果你的女儿伤害了别人，你应该要求她对自己的行为负责——哪怕她还在辩解说这不全是她的错、她不是故意的或者她不是唯一参与这件事的人。然而，看到你的女儿被内疚和自责折磨得痛苦不堪时，你可能会有一种保护她的冲动，例如，有些母亲会急于安慰孩子（"你没伤害任何人！"），淡化情况的严重性（"这没什么大不了的！"），或者为女儿开脱罪责（"不知者无罪！"）。这样的回应可能确实会暂时缓解女儿的痛苦，但不利于她的成长，使得她无法为未来的生活做好准备。

因此，尽管这对你们两个人来说都很困难，你还是要引导你的女儿去承认，她的的确确伤害或辜负了别人。毫无疑问，你不会接受她给自己的行为找借口（"但这不是我的错！""是猫自己偷偷溜出去了！""我怎么知道柜子上有个杯子？！"），或者将责任推给别人（"如果他……我就不会那样做"）。在与女儿的相处中，如果你在犯错后能主动认错并道歉，那么在她遇到这类情况时，你就可以提醒她，她也可以像你那样做。

无论是面对面、通过电话还是书面留言，只要她能够对那个被她伤害的人表达"我真诚地向你道歉。我会尽我所能改正错误，并尽力确保不再发生这样的事情"，她就能够从内疚和自我厌恶中走出来。她承认自己的错误并道歉后，才能迈出接下来的一步。

第二步：尽力补救

你可以教你的女儿将对自己的愤怒转化为具有实际价值的行动。她可以针对自己的错误做出补偿。例如，如果你的女儿损毁了别人的物品，那么替换一个新的或将毁坏的物品修复好，就不失为一种简单且令人满意的解决方案。但有时候，她可能无法完满地解决问题，这时就需要因时制宜地做出补救措施了。例如，如果猫逃走了，或者在她照看孩子的时候孩子受伤了，她无法让时光倒流，但她可以尽力补救她所造成的损害，比如及时给孩子包扎伤口、寻找猫、张贴寻找猫的悬赏海报、联系收容所或当地兽医等。在这种情况下，孩子的伤口会愈合，猫也可能会被找回来。如果她无法归还被自己丢失的东西，用自己赚到的钱做经济补偿也是一种办法。无论她决定做什么，只要你能支持她努力进行补救，你都相当于在告诉她，她的补救是有价值的，即便她无法完全解决或消除问题。

第三步：培养自我觉察的能力

与其任她在犯错后沉湎于恐惧、悲伤、自责，不如问问你的女儿她为什么会犯这个错误。通过转移她的注意力，你赋予了女儿在思想、情感和行为之间建立联系的能力。

有时犯错的原因是显而易见的：不小心绊倒打破了物品、没有充分备考、或者太紧张、太粗心。然而，有时她可能需要一点时间来深入思考真正的原因，尤其是当她伤害了别人的感情时。即使她的行为不是有意而为，你也可以鼓励她思考，为什么会发生这种情况。

你的女儿可能没有意识到她在选择做某件事时的深层动机，包括一些无意识的动机。她可能会说"我不知道"或"我怎么知道呢"，这时你要鼓励她进一步反思。根据女儿的接受程度，你可以提出几种可能性（"你那样做是不是因为嫉妒她？""是因为你想给别人留下深刻的印象吗？""你是不是害怕说出来？"）。尽管你可能无法立即得到答案，但你可能会激发她洞察自己内心的想法。

尽管你的女儿可能对自己出于恶意、嫉妒或憎恨而伤害别人的事实感到震惊，但她最终会从这种认知中受益。首先，认识到这些负面情绪，将大大避免她以后再做出令自己追悔莫及的事情；其次，她可以选择用口头方式发泄这些负面情绪，或者至少将其转化为建设性的行动；最后，如果你向她保证这些都是正常的人类情感，那么这会使她更能接纳自己的情感。

例如，如果你的女儿承认她在朋友中散布谣言，你先别流于表面地提出建议（"为什么不道歉呢？""给她打电话，邀请她过来"）。你可以探讨她行为背后的动机（"你认为是什么促使你那样做的？""有什么事情在困扰着你吗？""你想达到什么目的？"）。通过这种做法，你将有机会与她讨论危机感、嫉妒心、报复心等情感问题。

有时，这种反思迫使女孩第一次直面她们对人或环境的真实感受。这样的对话可以打开情感的闸门，鼓励女孩倾诉心声。许多母亲和女儿在讨论问题时，会通过争吵获得对彼此的新理解，加深母女之间的亲密联结。换句话说，你和你的女儿可能会借这个机会驱散冲突的阴云，迎来金色的阳光。

第四步：确保她不会再犯

在科学家能够改造出"利落基因"或研发出"超有条理的维生素"之前，你的女儿要想改变自我，就还得靠老方法。以下是一些你可以给她的指导，这些指导已经得到了时间的验证。

变得有条理。让你的女儿给钥匙、钱、作业等重要物品分配特定的位置。并提醒她："万物有其所，万物归原位"（但是不建议你反复引用这句话）。让她养成在使用完重要物品后立即将其收纳好的习惯，而不是把它们随手丢在沙发上或混在桌子上的一堆书中。她还应该设立一个高效的日常流程，比如在晚上把完成的作业收到书包里，而不是在早晨睡眼惺忪时才手忙脚乱地把作业乱塞。如果她在时间管理方面存在问题，那么你可以让她制订一个现实的时间表，并将其张贴在显眼的地方。

制订规则。帮你的女儿制订合理的规则，然后坚持遵守。例如，如果她在学校表现不佳是因为上课犯困，她就必须多休息，甚至可能要早点上床睡觉。或者在前面的例子中，如果她在照看猫的时候，猫趁她不备溜了出去，那就让她想办法在照顾宠物时确保它们的安全。比如，她得更密切地看管它们，或者开门前先用脚挡住门口。制订这些新规则将使她感到自己更有控制力和做事的能力，从而也会让她更有安全感、更自信。

践行价值观。正如前文所讨论的，青少年非常渴望被同龄人接受和喜欢。她们希望营造出有吸引力、有趣、迷人和聪明的自我形象。她们迫切希望别人觉得她们勇敢、有个性，这也是为什么很多人容易屈服于同伴压力。尽管有关"坚决说不"的演讲很多，但在一天结束时，她们还是不想做一个不敢抽烟、不敢喝酒的"书呆子"或"乖乖女"。

这些女孩还没领略过"说不"的内在底气。当她的同伴告诉她喝酒或抽烟很酷时，你简单告诉她这么做是不对的，根本不会起到任何作用。此外，一旦她离开了家，她必须确定自己的行为准则和底线。因此，你应该鼓励她思考自己的个人信念和原则是什么，并忠于这些信念和原则。

你可以问她，例如她想成为什么样的人？她对喝酒、抽烟、偷窃的同龄人怎么看？你可以帮助她找到她钦佩的人身上具有哪些品质，并鼓励她见贤思齐。对于他人的行为，哪些是她赞同的，哪些是为她所不齿的？

一定要引导你的女儿关注她内心的声音。每当她察觉到内心在警告她"不对"，或者敦促她"三思"时，劝她要仔细聆听，并且确保她正在吸收你所教导给她的价值观和原则，让她相信自己的内心。她越是信任并遵循自己内心的声音，她就越安全，从而也就越不容易犯下错误并为之后悔。

三思而后言。你的女儿必须学会在开口伤人之前多思多想。即使作为成年人，你也知道这是最难遵守的行为准则之一。为了帮助她，你可以让她想想，以前她不经思考地说出一些话之后，她有多么后悔，但可惜一切覆水难收。尽管她可能不会一下子就改正自己的行为，但她可能会逐渐学会自我控制。如果她说"我做不到！"或者"这不是我的风格！"，你要让她明白，三思而后言是一种需要长期练习才能养成的习惯。然而，需要注意的是，你要跟她讲明白，蓄意出口伤人是一回事，为了维护自己的权益而说出可能会伤害对方感情的话，则是另外一回事。

第五步：原谅自己

在女儿认真承认了自己的错误、尽一切可能弥补了过失，并认真思考了如何避免将来再犯同样的错误之后，你要告诉她，她也需要原谅自己——哪怕她所伤害的人还没有原谅她。你可以提醒她，她只能对自己的行为负责，而不能对他人的行为负责。和她一起回顾过去你们母女关系中伤害并原谅彼此的经历，或者她被朋友伤害后最终选择原谅的往事，会对她原谅自己有所帮助。

你要教导你的女儿，既然她能原谅那些在伤害她后真诚向她道歉并尽力弥补的人，那么她对自己也该报以同样的温柔和大度。你之前向她展示了共情和宽恕之间的关系，同样地，在她犯错时，你也要鼓励她接受并原谅自己。这样一来，犯错、从中成长和容忍不完美的能力将融合在女儿的自我意识中——这将是一种无价的能力，这种能力将惠及她终身。

珍惜和品味与女儿在一起的时光

本书的焦点始终放在母女关系上。然而，我们希望，通过书中母亲的分享，你能更加深入地与更大的母亲群体产生认同。看了那些故事，你可能松了一口气，原来你那些不舒服、焦虑或不安的感受，是养育青春期的女儿的母亲所共有的经历，你并不孤单。那些为人母的感受并非奇怪或不正常的，相反，它们是完全典型且可预料的，认识到这一点，你可能会像其他母亲一样感到安慰。

当你将新的想法和沟通技巧付诸实践时，寻求其他母亲的支持是非常有帮助的。女性正通过越来越多的方式为彼此提供亟需的帮助。学校的家长委员会、非正式的母亲社群和育儿专家的讲座多种多样。母亲们在公交车站、停车场和杂货店排队时会自发地交谈，讨论她们与女儿之间发生的事情。当她们交流养育女儿的轶事、挫折、希望和困境时，她们得到了对方的共鸣，并收获了许多宝贵的建议。一个母亲可以通过与其他母亲的沟通，了解到当正值青春期的女孩遇到问题时，什么解决方法最有效，以及在什么情况下最忌讳说什么话。通常情况下，即使是两个母亲之间最偶然的相遇和交谈，也会给彼此带来有益的启迪。

与此同时，女儿也正在经历几乎相似的过程。学校越来越意识到青春期的女孩具有分享经验、被倾听和互相学习的需求。例如，在一所中学里，七、八年级的学生可以选择每周一次的"仅面向女孩"开放的选修课。根据学校的说法，这是最受女孩欢迎的选修课之一。这些十三四岁的女孩喜欢与彼此坐在一起，以女孩的身份倾吐心事。

在最新的一期课程开始时，老师让学生们列出人们关于女孩的最大误解。据老师说，当时学生们立刻就活跃起来，她们兴奋地提出自己的想法，并急切地写下来。在这个"误解清单"的第一条就是"女孩不想与妈妈好好相处"。

这一点尤其令人注目，因为整个课程中老师从未提到过父母，女孩都是自发地引出话题。结果，她们提出了一个对她们来说很重要的话题——她们与母亲的关系。这些女孩传达了一个重要的观点：尽管她们以叛逆和与母亲争吵而闻名，但她们认为自己希望能与母亲建立良好的关系。老师向我们透露，具有讽刺意味的是，为了显得有个性和独立，女孩会花很多时间抱怨和批评自己的母亲。但令人感到欣慰的是，不管她们的外在行为表现是什么，一般来说，青春期的女孩实际上并不希望与母亲发生冲突。

许多其他学校设立了"午餐小组"活动，帮助初中和高中女生处理情感和社交问题，这和"仅面向女孩"开放的课程的精神相同。有些课程致力于教女生一些有效的社交和沟通技巧，旨在帮助那些与同龄人相处有困难的女孩；还有专门的女性健康课和戒烟计划（有些甚至从幼儿园开始），这些课程和项目旨在培养女孩的自我意识，以及她们的情绪管理和解决问题的能力，从而使她们能够做出正确的选择。在全国范围内，越来越多的人认识到了社交和情感能力的重要性，这也促使教育工作者将这些重要的生活能力纳入教学工作中。

随着外部力量介入到培养青春期女孩的自尊、教她们处理冲突这一公益事业上来，你将能够更好地用你掌握的新方法来帮助你的女儿。随着时间的推移，在你的言传身教之下，你可能会注意到女儿能够越来越自信地为自己发声，还能直接而有效地解决冲突。看着她一路成长为你所希望的那个坚强、自信的女人，你也会自豪于自己的投入和付出。也许有一天，你会看到你的女儿在她的女儿身上也培养出了这些能力，这是你的投资在进一步增值。

多年前，当你的女儿还小的时候，有人警告过你："你最好抓住她愿意与你亲近的时光好好享受。"这些话可能会让你想到可怕的青春期。但现在，你和你的女儿正朝着更亲密、更令人满意的关系迈进，也许这些话会被赋予一个新的、更积极的意义。随着你们之间的情感纽带更加坚韧、你们的关系更加融洽，你可能会偶尔提醒自己，"抓住她愿意与你亲近的时光好好享受"这句话其实意味着在她长大离家之前，你要好好珍惜和品味你们在一起的美好时光。